智能感知专业核心课系列教材

智能感知系统设计

李　旭　徐启敏　纵冠宇
宋　翔　祝雪芬　编著

东南大学出版社
SOUTHEAST UNIVERSITY PRESS
·南京·

内容简介

本书主要介绍智能感知系统的设计原理与技术。首先结合现代科学技术的新进展，介绍了智能感知系统相关的基本概念、构成和原理以及设计新技术、新方法等，接着结合工程实际，通过具体的智能感知系统设计实例，清晰地介绍智能感知系统设计的全过程，使学习者能较系统地掌握智能感知系统的设计思路、方法和实现过程。

全书共分6章，内容包括：绪论、系统构成、数据预处理、任务及算法、设计方法、综合设计案例等。为便于组织教学，每章配有习题与思考题，帮助读者理解和掌握相关知识点。本书在内容编排上既体现了智能感知系统的系统性和新颖性，又加强了针对工程应用的实践性和创新性。

本书可作为高等学校智能感知工程、测控技术及仪器以及人工智能等相关专业"智能感知系统设计"课程的本科生教材，也可作为自动化、电子信息、机器人等相关学科本科生与研究生的参考书，同时可供有关科研人员和工程技术人员参考。

图书在版编目（CIP）数据

智能感知系统设计 / 李旭等编著. -- 南京：东南大学出版社，2024. 8. -- ISBN 978-7-5766-1517-3

Ⅰ. TH

中国国家版本馆 CIP 数据核字第 2024UR6081 号

责任编辑：姜晓乐　责任校对：子雪莲　封面设计：企图书装　责任印制：周荣虎

智能感知系统设计

Zhineng Ganzhi Xitong Sheji

编　　著：李　旭　徐启敏　纵冠宇　宋　翔　祝雪芬
出版发行：东南大学出版社
社　　址：南京四牌楼2号　邮编：210096
出 版 人：白云飞
网　　址：http://www.seupress.com
经　　销：全国各地新华书店
印　　刷：南京京新印刷有限公司
开　　本：787 mm×1 092 mm　1/16
印　　张：14.75
字　　数：305千字
版　　次：2024年8月第1版
印　　次：2024年8月第1次印刷
书　　号：ISBN 978-7-5766-1517-3
定　　价：59.80元

本社图书若有印装质量问题，请直接与营销部联系。电话(传真)：025-83791830。

序

智能感知工程将感知技术与人工智能技术相互结合，融合多模态传感数据，提高对环境的理解和对事件的识别能力；创造出更具智能化和适应性的系统，提高在各种应用中的性能和效果，实现高效的资源利用和管理；感知与决策迭代，提高系统在复杂环境中的适应性和智能水平。智能感知工程专业培养具备智能感知技术基本理论、方法与系统设计能力的复合型高级专门人才，以满足新一轮技术革命与产业变革对人才培养的迫切需求。

2020 年至今，已有数十所高校开设智能感知工程专业，新专业的课程体系建设亟待完善，尤其是缺乏充分考虑专业特点、从整体角度出发设计的智能感知系统设计教材。作者团队结合自身在智能感知领域多年的教学积累和科研成果，编著了《智能感知系统设计》教材，充分考虑了学生的学习需求，力求使教材内容既具一定的理论深度，同时兼顾发展需求和学校特色，系统性强、实践性强，创新性突出。

《智能感知系统设计》系统地介绍了智能感知工程的基本概念、感知系统构成以及相关基本原理和技术，探讨了智能感知系统在相关领域的应用和发展潜力，理论与实践结合，介绍了智慧交通、智慧城市、自动驾驶、无人系统、智慧医疗、机器人以及智能制造等工程案例，帮助学生更好地理解和把握智能感知系统设计的需求分析、过程实践和应用创新。《智能感知系统设计》不仅为智能感知工程专业师生提供了教材，也为智能感知工程领域相关从业人员提供了一本系统、实用的参考书目，对于推动智能感知工程专业的建设和发展具有重要意义。

曾周末

2024 年 7 月

前　言

智能感知系统融合了传感器、数据采集处理、现代通信、人工智能等先进技术，在智慧交通、智慧城市、自动驾驶、无人系统、智慧医疗、机器人以及智能制造等众多领域展现出广泛的应用前景。

2020 年至今，为面向新一轮技术革命与产业变革对人才培养的迫切需求，已有数十所高校开设智能感知工程本科专业。作为该专业的核心主干课程，亟需能够充分考虑专业特点、从整体设计角度出发的“智能感知系统设计”课程教材的建设。为此，根据相关技术的发展和多年来从事智能感知系统的教学科研实践，作者编著了本教材。本教材力求通过“理论一实践”相结合的方式介绍智能感知系统的基本概念、构成、设计方法与技术及案例等。

全书共 6 章。第 1 章阐述智能感知系统的基本概念、构成、特点及其在各领域的应用发展；第 2 章分析智能感知传感器、处理器和通信模块的工作原理；第 3 章探讨数据预处理的关键技术与方法；第 4 章对智能感知聚类、分类、回归及时序预测等任务算法进行了较系统的介绍；第 5 章阐述智能感知系统的设计思路与方法及注意事项等；第 6 章以实践为导向，精选典型的智能感知系统设计实例进行分析，便于巩固读者对前述章节的理解。另外，为方便组织教学，各章均附思考题，并于附件中详注 7 组感知算法的相关代码。

全书由东南大学李旭、徐启敏、纵冠宇、祝雪芬以及南京晓庄学院宋翔等编著。其中，李旭负责第 1、2、4、6 章的编写和全书统稿，徐启敏负责了第 3、5 章的编写，纵冠宇参与第 3、4、6 章的编写，祝雪芬参与第 5、6 章的编写，宋翔参与第 1、3、5 章的编写。此外，课题组一些博士生与硕士生也参与了部分章节的编写工作。

特别感谢天津大学曾周末教授在本书编著过程中给予的指导、建议和帮助。

智能感知系统相关技术发展迅速，而作者水平有限，书中难免存在不妥之处，恳请专家、学者及广大读者批评指正。

编者

2024 年 7 月

目　录

第1章

绪　论

1.1　概述

感知系统是一类利用传感器数据结合先验知识来获取环境信息的系统，从最初的基础感知系统到复杂的综合感知系统，再到结合人工智能技术的智能感知系统，其发展经历了多个阶段。

基础的感知系统仅使用简单的传感器来获取有限的环境信息，例如温度、湿度等。这些传感器只能提供基础的环境数据，对复杂的环境变化和信息动态的反应能力十分有限。随着技术的进步，特别是传感器技术的飞速发展和信息融合算法的出现，人类开始有能力构建更为高效和精准的综合感知系统。这些系统不仅包含多种类型的传感器，还可以通过相关算法融合异类传感器信息，从而对环境信息进行分析和理解。例如，基于传统的计算机视觉和图像处理技术，通过分析图像和视频等数据，实现对环境的感知和理解，相比于基础的感知系统，这种技术能够提供更丰富、更详细的环境信息。

近年来，随着人工智能技术的不断发展，特别是深度学习技术的广泛应用，感知系统也开始融合人工智能技术。这种融合使得感知系统逐渐向智能化、精细化、全面化方向发展。人工智能技术使得感知系统能够更好地处理和分析复杂的环境信息，甚至能够预测未来的环境变化趋势。

通过融合人工智能技术，感知系统实现了对各种复杂场景的全面感知、理解和分析。这种能力使得感知系统在许多领域都有广泛的应用，例如智能交通、智慧城市、智能农业、智慧医疗等。在这些领域中，感知系统能够实时收集和分析数据，为决策者提供准确的信息和支持，极大地提高了决策的效率和准确性。

综上所述，感知系统的发展历程是一个持续进步与拓展的过程。随着人工智能技术的持续发展，感知系统将朝向更为智能化与自主化的方向发展。相较于传统的感知系统，智能感知系统具有更高的精度、可靠性和实时性，能够更好地适应各种复杂多变的场景和环境，为人类的生产生活提供更加精准、高效、智能的决策支持和服务。同时，智能感知系统也将会更加普及化，成为人们日常生活中不可或缺的一部分。

1.1.1 智能感知系统的概念与功能

智能感知系统尚未形成统一、明确的定义，但一般可以认为它是一类集成了传感器、数据采集、信号处理、人工智能等技术，具备感知、学习、推理、决策等智能能力的系统。它通过感知外部环境，融合多种传感器信息，并利用智能算法进行数据处理，可以实现对环境、物体、人员等目标的感知、识别、跟踪、定位。智能感知系统的功能包括但不限于以下几个方面：

① 数据采集：智能感知系统可以利用各类传感器设备感知周围环境，实时采集环境中的各类数据，包括但不限于温度、湿度、光照、气压、风速等，为环境监测、气象预报等领域提供数据支持。

② 目标识别：智能感知系统能借助图像、文字、声音等多种媒介，识别出人和物的特征以及环境信息，为后续处理和分析提供基础数据。

③ 目标跟踪：智能感知系统能自动跟踪目标，并实时监测和记录相关信息，例如记录人、车辆、物体的位置、速度、姿态等信息，同时对感知到的信息进行分类、识别和特征提取，为安全监控、行为分析等领域提供帮助。

④ 场景理解：智能感知系统能通过对图像、视频等数据的分析，解析出场景中的各种元素及其相互关系，实现对场景的理解。

⑤ 预测分析：智能感知系统能利用采集的数据和识别的信息进行数据挖掘和预测分析，为决策提供科学依据。

⑥ 交互控制：智能感知系统能通过语音识别、手势识别等方式，实现与用户的智能交互和管控。

⑦ 异常检测：智能感知系统能在采集数据的过程中自动检测出异常情况，如火灾、交通事故等，并立即发出警报，为应急救援等领域提供支持。

⑧ 综合信息展示：智能感知系统能将采集的数据、识别的信息以及预测分析的结果等进行综合展示，为用户提供更加全面和直观的信息服务。

目前，智能感知系统的功能非常丰富，已广泛应用于多个领域。

1.1.2 智能感知系统的构成

智能感知系统由物理硬件和系统软件两部分构成，旨在实现对环境的感知，以及对数据的采集、处理和分析。系统根据预设规则或人工智能算法对数据进行处理，进而实现智能化决策和调控。从功能定位和信息层级的角度看，可以将智能感知系统分为 3 个主要组成部分："感""知"和"联"。通过这 3 个主要部分的协同工作，根据具体应用场景的需求，共同实现不同层级的智能感知功能。

"感"即传感,是指利用各种传感器获取外部环境信息。这些传感器可以是物理传感器、化学传感器、生物传感器,包括但不限于摄像头、麦克风、卫星/惯性测量单元、雷达、触觉/嗅觉传感器、温/湿度传感器、压力传感器、光电传感器等。通过这些传感器,智能感知系统能够收集、测量环境中的各种数据,进而将其转化为数字信号,传送给后续处理单元。

"知"即认知,是指对传感器收集到的数据进行处理和分析,涉及硬件算力和软件算法两大方面。硬件算力包括各种性能的芯片、处理器和存储器,能够实现大规模的计算和存储任务。而软件算法通常包括信号处理、图像处理、模式识别、机器学习、深度学习等技术,负责对数据进行处理,例如特征提取、分类、聚类等,从数据中提取有用的信息,并对信息进行分类、预测和优化,以实现对环境信息的理解和解析。例如,通过分析图像和视频数据,可以识别出场景中的目标物体和它们的特征。一般包括预处理、数据处理与分析、决策与控制等。

"联"即联结,其含义包括两个层级,一是实现系统内部传感器之间的互联互通和数据共享,二是实现系统之间的互联互通和数据共享,将物理世界与数字世界相连接。一方面,通过互联网、物联网、无线通信等技术,智能感知系统的各个传感器能够相互协作,共同完成任务。另一方面,通过各种物联网设备、网络基础设施和数据处理中心等,智能感知系统与其他设备和系统相连接,实现远程控制、数据共享、协同决策等功能,使得智能感知系统不再是一个孤立的单元,而是可以与外界进行信息交换和协同工作的网络中的一个节点。进而,智能感知系统将物理世界与数字世界相连接,实时地将收集到的环境信息传输到数据处理中心,供决策者使用,或接收并响应来自用户的控制指令,实现对环境的调控。

总之,智能感知系统的"感""知"和"联"3 个组成部分相互协作,集成了传感器、硬件算力和软件算法、通信技术,共同实现了对环境或对象的智能化感知和识别。

1.1.3 智能感知系统的特点

智能感知系统的优势在于其能够实现对环境的深层次感知、识别和理解,从而为人类提供更加准确、及时、深入、全面的信息和服务。相较于传统的测量感知,智能感知系统的主要特点包括:

① 高效性:具备较为迅速感知并响应环境变化的能力,可有效提升工作效率。

② 准确性:具有较高精度的感知能力,能够准确识别和测量各类环境信息。

③ 实时性:能够实时地收集、处理和传输数据,使得决策者能及时做出反应。

④ 可靠性:具有较高的可靠性和稳定性,能够在恶劣环境下稳定运行,保障系统的持续、正常运行。

⑤ 便捷性:拥有友好的人机交互界面,使得使用者能够便捷地使用该系统。

⑥ 可扩展性:具有良好的可扩展性,能够方便地扩展新的功能和模块,以适应不断变

化的市场需求。

⑦ 安全性：智能感知系统具备严格的安全保障机制，能够保护系统和数据的安全性，避免其遭受攻击和泄露信息。

1.1.4 智能感知系统的算法核心——人工智能算法

智能感知系统的核心是具备强大信息处理和分析能力的人工智能算法，其能够精确处理和分析海量数据，从而理解和识别各类模式及趋势。因此，智能感知系统能够高效地感知周围环境，并在不断变化的环境中保持稳定的感知能力。

此外，人工智能算法还应用于预测未来的趋势和事件，并根据这些预测做出决策。这使得智能感知系统在众多领域中发挥巨大价值，例如自动化、安全监控、医疗诊断等领域。

人工智能算法包含一系列计算步骤，旨在使计算机能够模拟人类智能的多种表现。这些算法利用统计学、计算机科学和数学等领域的知识，通过自我学习和持续优化，逐步提高自身的处理能力和效率。它们可以处理海量的数据，并通过模式识别和数据分析来寻找数据中的规律和趋势。

随着软硬件技术的迅速进步，深度学习算法近年来成为人工智能领域备受瞩目的焦点，其在智能感知系统中的应用也受到了广泛的关注和认可。通过深度学习算法，智能感知系统能够更加精准地识别、感知和理解周围环境中的信息，从而更好地适应各种复杂的应用场景。相比传统的人工智能算法，深度学习算法具有更强的自适应能力和学习能力，能够自动从大量数据中提取有用的特征并进行分类、聚类、预测等操作。此外，深度学习算法还具有更强的泛化能力，能够将所学到的知识应用到新的场景中，避免了传统人工智能算法存在的过拟合、泛化能力差等问题。

1.2 智能感知系统的应用

随着技术的不断进步和创新，智能感知系统已经渗透到各个行业和领域，其应用场景也在不断地拓展和深化，深刻改变着人类的生活和工作方式，为人类的生产生活带来更多的便利。下面仅介绍几个当前典型的应用领域。

1.2.1 智能交通与自动驾驶

当前，智能感知系统已广泛应用于智能交通和自动驾驶领域。利用先进的传感器、摄像头和其他数据采集设备，智能感知系统可实时感知周围环境，包括车辆、行人、道路标志、交通信号灯等，从而提供准确、实时的道路、环境、交通流等信息。

在智能交通方面，智能感知系统可以帮助交通管理部门监测道路交通情况，预测交通流量，提前预警交通拥堵，并能够实时监测道路上的车辆行驶情况，提供及时的路况信息。此外，智能感知系统还可以通过监测车辆的运动轨迹和行人的行为，提供碰撞预警和道路安全提示等功能，有效降低交通事故的发生率。

在自动驾驶方面，智能感知系统发挥着至关重要的作用。通过感知周围环境，为自动驾驶车辆提供准确、实时的道路信息，包括道路标志、交通信号灯、车道线、车辆和行人的位置和速度等信息。这些信息可以帮助自动驾驶车辆实现自主导航、路径规划、避障和安全驾驶等功能。图1.1为特斯拉Autopilot智能驾驶辅助系统，其所包含的智能感知系统具有车身周边8颗外视摄像头、1颗毫米波雷达和12颗超声波雷达，通过8颗摄像头组合，视野范围可达到360°，辅以特斯拉自主研发的神经网络系统，可对汽车周边的三维影像进行准确感知并执行辅助驾驶动作。

图1.1 特斯拉Autopilot智能驾驶辅助系统

此外，智能感知系统还可以通过分析大量数据，做出更加准确的预测，并提供可靠的决策支持。例如，通过分析历史交通数据和实时交通信息，智能感知系统可以预测未来的交通状况，为智能驾驶车辆提供更加准确、高效的行驶路径规划。

1.2.2 智慧城市、智慧楼宇和智能安防

在智慧城市、智慧楼宇及智能安防等应用领域中，智能感知系统的应用对于城市管理、楼宇监控及安防监控具有重要意义。

在智慧城市方面，智能感知系统利用遍布于城市各处的传感器，实时采集和监测城市

环境、交通、治安等方面的数据，实现城市全面的感知和监控。这些数据不仅可以为城市管理部门提供科学依据，以制定更为科学合理的城市规划和管理政策，还可以通过与城市公共服务平台对接，将监测数据与公共资源信息整合，为市民提供更便捷的生活服务。图 1.2 是百度提出的智慧城市解决方案，其运行的基础就是利用遍布城市的智能感知系统作为节点，实现对城市信息的万物感知。

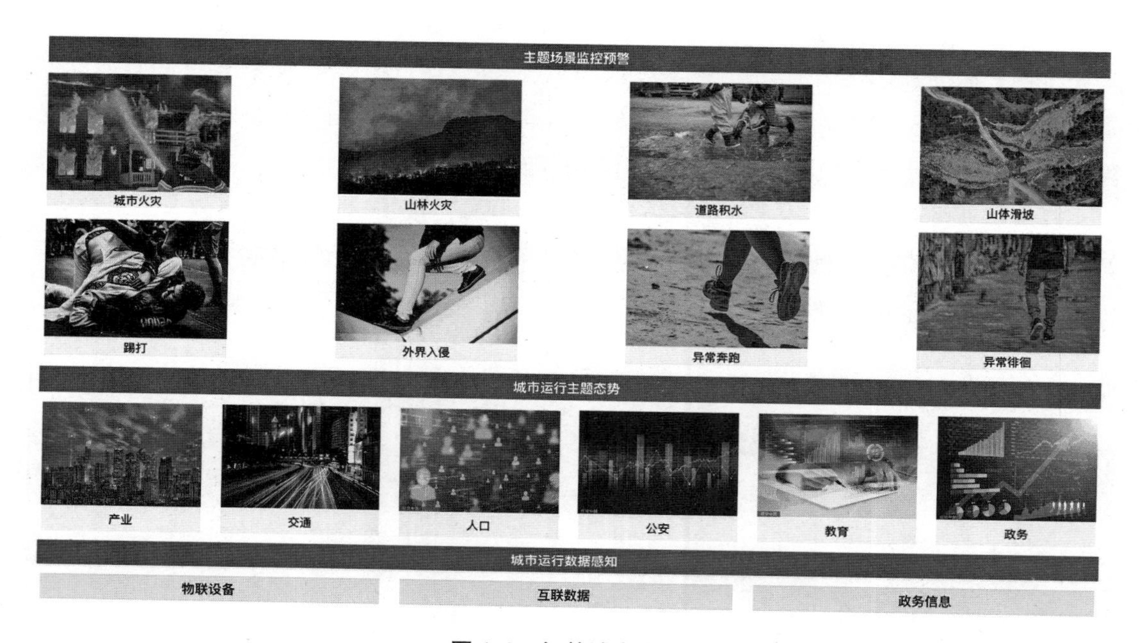

图 1.2　智慧城市方案

在智慧楼宇方面，智能感知系统可以全面感知和监控楼宇内部的环境、设备、人员等，包括对温度、湿度、光照、空气质量等方面的监测和调控。这些数据不仅可以智能调节楼宇设备的运行状态，实现节能减排效果，还可以为楼宇管理部门提供科学依据，以制定更为合理科学的楼宇管理方案。同时，智能感知系统还可以通过智能门锁、人脸识别等技术提高楼宇的安全性。

在智能安防方面，智能感知系统可通过智能化技术手段对安防监控系统进行全面升级和改进，实现对家庭和企业的安全防护。通过视频监控、人脸识别、物品识别等技术，智能感知系统可以对监控区域内的各种异常情况进行监测和报警，提高家庭和企业安全防范的能力。同时，这些数据还可以被安防监控系统用于制定更为科学合理的安防管理方案，提高安防监控的准确性和效率。

1.2.3　工业物联网

当前，各类智能感知系统已经在工业物联网领域展现出其卓越的应用价值。智能感知系统不仅具备高效的数据采集能力，还能够实时监控生产流程中的各种参数，如温度、压力、湿度等，从而为工业生产提供精准的数据支持。

在制造业、电力能源行业等不同工业领域，智能感知系统均得到了广泛的应用，例如在制造业中，智能感知系统可以实现对各种设备的实时监测和数据采集，及时发现设备故障和安全隐患，提高生产效率和设备使用寿命；可以实时监控生产线的运行状况，检测产品的尺寸和质量，实现自动化生产线上的分拣和包装等操作，及时发现潜在的问题，从而有效预防生产事故的发生。在能源行业中，智能感知系统也可以实现对能源管道的实时监控，确保能源的安全、稳定输送。图1.3为某水库安全环境监测预警系统，通过不同的智能感知系统，采集现场图像，远程监控，对现场情况做到无死角安全管控。

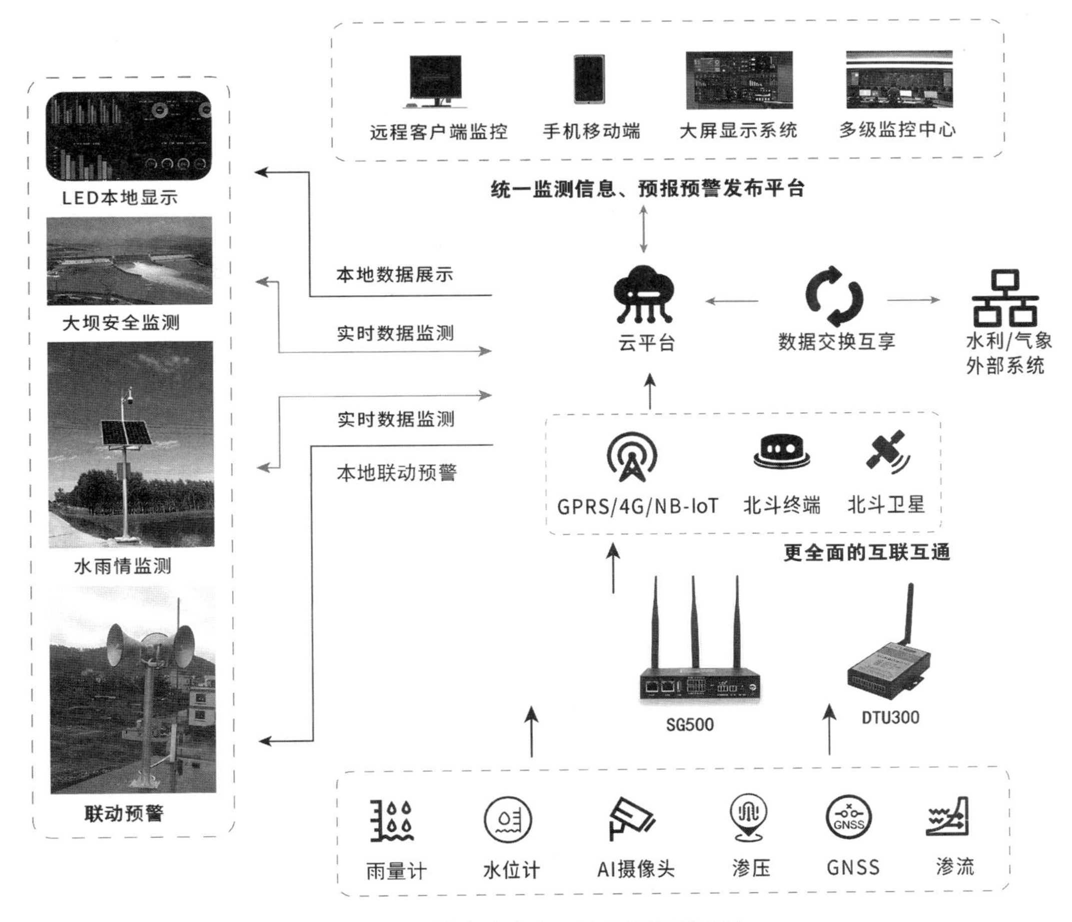

图1.3 某水库安全环境监测预警系统

智能感知系统在工业物联网领域中的应用不仅提高了工业生产的效率，也使得工业生产更加智能化、自动化。此外，智能感知系统还能够对采集的数据进行分析和处理，为工业生产提供更加科学、精准的建议和指导。

1.2.4 生态环境监测

智能感知系统在生态环境监测中扮演着至关重要的角色。通过利用先进的传感器和数据分析技术，智能感知系统能够实时监测环境中的各种参数，如空气质量、噪声水平、水质等，实现对环境质量的全面监测和管理，从而为环境保护提供准确的数据支持。其应用范围也非常广泛，不仅可以在城市环境中使用，还可以应用于农村、偏远地区甚至无人地区。图 1.4 为某地区垃圾焚烧厂环境监测方案，以智能感知系统所获取的生态环境数据为支撑、通过大数据智能研判、结合实时视频监控，进一步提升生态环境质量精细化管理水平。

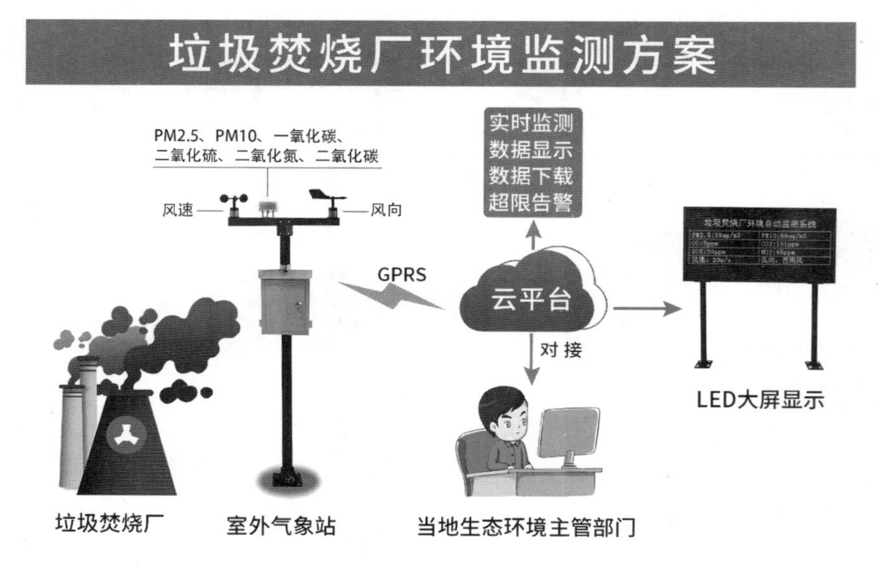

图 1.4 某地区垃圾焚烧厂环境监测方案

智能感知系统能够自动识别和预测环境中的变化，及时发现污染源。同时，它还可以根据监测数据提供科学、有效的治理方案，帮助政府和环保组织更好地了解和保护生态环境，促进可持续发展。

1.2.5 医疗领域

智能感知系统通过先进的算法和传感器技术能够实时收集患者的生理数据，如心率、血压、血糖等，并进行分析，为医生提供准确的诊断依据。通过智能感知系统的监测和采集，医生可以更加全面地了解患者的病情和身体状况，制定更加精准的治疗方案，提高患者的治疗效果和生活质量。

智能感知系统还可以通过监测患者的行为和习惯，预测其健康状况，及时发现潜在的健康问题,并提供个性化的健康建议。例如,通过监测患者的运动量、步数等数据,智能感知系统可以评估其运动习惯是否健康,并给出相应的建议。图 1.5 为某智能可感知脑起搏器 Percept PC,该款脑起搏器可以通过向颅内特定靶点发送电脉冲的电极深入感知和记录患者的大脑电生理信号,获取客观数据,帮助临床医生为患者提供个性化和精准的治疗,同时能够根据患者的治疗需求和病情变化进行灵活调整。

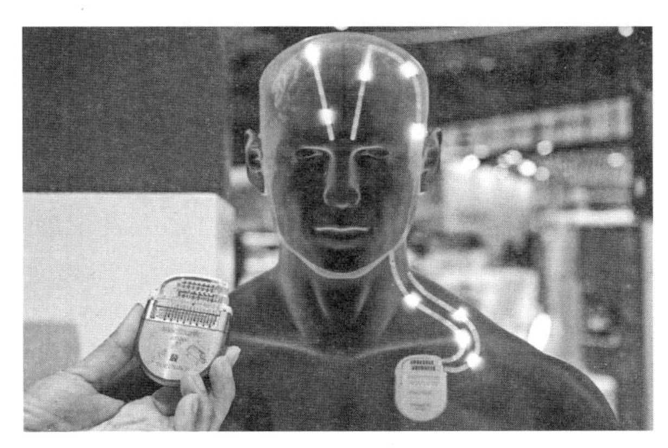

图 1.5 某智能可感知脑起搏器 Percept PC

此外,智能感知系统还可以在医疗过程中提供便捷的交互体验。医生可以通过语音识别技术输入医嘱,智能感知系统能够自动识别并执行医嘱,减少医疗错误的发生。同时,患者也可以通过智能感知系统方便快捷地查询自己的医疗记录和健康状况。

1.2.6 国防领域

在当今高度信息化的时代,智能感知系统在国防领域的应用越来越广泛,其在战场环境监测、武器控制,以及侦察和情报收集等方面都发挥着巨大作用,智能感知系统正逐渐成为现代战争中不可或缺的一部分。

C^3I,即指挥、控制、通信和情报的缩写,是现代战争中最为重要的概念之一。智能感知系统在 C^3I 中的应用,使得指挥官能够更加准确地掌握战场情况,及时做出决策并下达指令,从而提高作战效率。在 C^3I 系统中,智能感知系统主要扮演着"耳目"的角色,通过对各种传感器进行集成和优化,实现对战场环境的实时监控和信息采集。例如,通过部署在各处的雷达、红外、激光等传感器,智能感知系统可以实时获取敌方目标的方位、距离、速度等信息,并通过通信网络将信息传输给指挥中心。指挥官根据这些信息,能够更加准确地判断敌方意图和战斗力,从而做出更加明智的决策。

无人系统是指在没有人类直接参与的情况下,由机器自主完成特定任务的智能系统。在国防领域,无人系统已经广泛应用于战场侦察、目标打击、物资运输等多个方面。智能感知系统则是无人系统中的核心组成部分之一。在无人系统中,智能感知系统主要负责对周围环境进行感知和理解,从而实现对任务的有效执行。例如,在战场侦察方面,无人机可以通过搭载的高清相机、热成像仪等传感器,实时获取战场地形、敌方部署等信息,并传输给指挥中心。在目标打击方面,导弹等无人武器可以通过智能感知系统实现对目标的自动追踪和打击,提高打击精度和作战效率。

1.3 智能感知系统的深入发展

当前,智能感知系统已经取得了长足的发展,其发展呈现出多元化、智能化、集成化、网络化等显著特点。今后,智能感知系统将在多模态融合、自主智能化以及群体网联化等方面持续深入发展。

1.3.1 多模态融合

多模态融合是将不同类型和不同功能的传感器和技术进行集成和融合,以实现更加全面和精准的感知和监测。在智能感知系统中,不同的传感器具有不同的特点和适用范围,例如温度传感器、湿度传感器、压力传感器、光照传感器等,它们可以分别对不同的环境参数进行监测和数据采集。通过多模态融合技术,可以将这些不同的传感器和技术进行集成和融合,实现更加全面和精准的感知和监测。

例如,在智能交通领域,可以通过将摄像头、激光雷达、毫米波雷达等多种传感器进行集成和融合,实现车辆周围环境的全面感知和监测,提高自动驾驶的安全性和准确性。在医疗领域,可以通过将多种生理参数传感器进行集成和融合,实现对患者生命体征的全面监测和数据采集,为医生提供更加准确和及时的诊断和治疗方案。

1.3.2 自主智能化

自主智能化指的是通过人工智能算法和技术实现对环境参数的自主感知、学习和调控。在智能感知系统中,人工智能算法和技术可以实现对环境参数的自主学习和优化,提高感知和监测的准确性和效率。

例如,在智能家居领域,可以通过人工智能算法和技术实现对家庭环境的自主学习和优化,实现自动化控制和调节,提高家居的舒适度和能源利用效率。在智能安防领域,可以通过人工智能算法和技术实现对视频监控的自主学习和优化,提高安全监控的准确性和效率。

1.3.3 群体网联化

群体网联化指的是将多个智能感知系统进行互联互通,实现群体协同和智能化决策。在智能感知系统中,不同的系统可以分别对不同的环境参数进行监测和数据采集,但有时需要对多个系统进行协同和整合,以实现更加全面和精准的感知和监测。

例如,在智慧城市领域,可以通过将多个智能感知系统进行互联互通,实现城市环境的全面感知和监测，提高城市管理的智能化程度。在生态环境监测领域，可以通过将多个环境监测站进行互联互通，实现环境数据的全面采集和整合，为环境保护提供更加准确和全面的科学依据。

当前的智能感知系统将在多模态融合、自主智能化和群体网联化等方面寻求进一步的发展，为各个领域带来更加全面、精准、智能的感知和监测服务。同时，也需要注意到智能感知系统在数据隐私、安全等方面的问题，加强相关法规和技术的研究和应用。

习 题

1. 简述智能感知系统的概念与主要功能。
2. 思考人工智能算法在智能感知系统中所能发挥的作用。
3. 查阅资料并结合生活，思考智能感知系统还有哪些应用领域。
4. 结合智能感知系统在各领域的应用，查阅资料并思考其在智慧农业中的应用场景。
5. 结合生活，思考已有的智能感知系统还能在哪些角度进一步发展。

第 2 章

智能感知系统构成

感知是意识对内外界信息的觉察、感觉、注意的一系列过程。以人类为例，我们身体上的每一个器官都是外在世界信号的“接收器”，只要是它范围内的信号，经过某种刺激，器官就能将其接收，并转换成感觉信号，再经由自身的神经网络传输到我们心念思维的中心——“头脑”中进行情感格式化的处理，进而带来了我们的感知。

人工智能领域中所构建的感知系统机理同样可以类比于上述内容。例如，在感知系统中，我们常借助多类型传感器作为世界信号的“接收器”，感受外界刺激。随后，将接收器所捕获的感知信号进行预处理，并输送到搭建于处理器上的智能感知算法中进行处理，获取感知信息。作为智能感知系统设计的重要组成部分，本章将首先对智能感知系统的硬件构成进行详细介绍，而关于信号的预处理及智能感知算法的介绍则分别安排在本书的第 3 章和第 4 章。

如图 2.1 所示，智能感知系统的硬件构成通常包括：传感器、处理器和通信模块。传感器负责监测和感知外部环境或物体的各种物理量，如温度、湿度、压力、光照强度、声音等。通过这些数据，系统能够了解外部环境的状态和变化，为后续数据处理及算法构建等提供支持。需要说明的是，由于单一的传感器很难实现对外部以及内部信息的完整感知，一个成熟的感知系统通常包含多类传感器。处理器负责接收传感器的数据输入，并通过内置的算法和程序，对数据的特征、关系等进行识别和处理。同时，处理器还能根据处理结果，向执行机构发出控制信号，实现对外界或内部环境的控制和调节。处理器的性能决定了系统的处理速度和准确性，是智能感知系统的核心部件。通信模块负责实现系统内部或与其他设备、网络之间的通信。通过通信模块，系统可以将处理结果或数据发送给其他设备或网络，也可以接收来自其他设备或网络的指令和数据。通信模块使得智能感知系统能够与其他系统进行协同工作，实现信息的共享和交互。

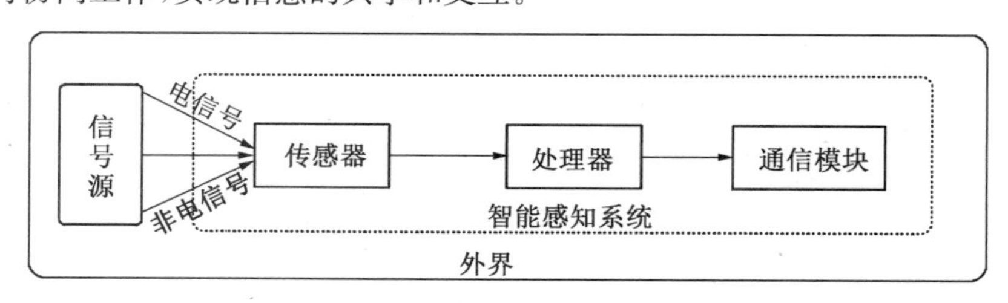

图 2.1　智能感知系统框架图

2.1 智能感知传感器

智能感知系统尚处在快速发展的过程中，其底层的敏感部件采用的可能是普通传感器，但更多的可能是智能传感器，尤其是一些更便于与人工智能技术相结合的传感器。

2.1.1 普通传感器

人类可以通过感官来感知自然环境的变化，但是人类的感知范围也会受到自然界的限制。为了更好地认识世界，传感器应运而生，它的运用延伸了人类的感官功能。在传统意义上，普通传感器（以下称为传感器）是指能够感受规定的被测量并按照一定规律转换成可用输出信号的器件或装置，通常由敏感元件、转换元件和调节转换电路组成。简而言之，传感器是一种物理检测装置，能够感知被测物的信息和状态，可以将自然界中的各种物理量、化学量、生物量转化为可测量的电信号。传感器是信息采集的首要部件，类似人类的感官。

自20世纪80年代以来，传感技术获得了飞速发展，传感器在国防、航空航天、交通运输、能源、机械、石油、化工等领域，以及环保、生物医学、疾控防灾等各个方面发挥着重要作用，同时也贯穿了人们的日常生活，影响着生活的方方面面。例如，"玉兔号"月球车上的各类传感器用来采集月球上的各种数据；户外作业的机械设备上的温度传感器可以检测高温故障；汽车安全带上的压力传感器用来检查安全带是否系上；酒店房间中的烟雾传感器用来检测火灾并可实现自动喷水灭火；与人们形影不离的手机，本身就是一个将各种传感器融于一体的小型系统。

2.1.2 智能传感器

传统传感器应用已经如此广泛，为什么还要提出智能传感器这个概念呢？智能传感器是智能感知系统的"先行官"，智能传感器的概念是美国国家航空航天局（NASA）在1978年提出的，因为航天器上大量的传感器会不断地向地面发送温度、位置、速度和姿态等数据信息，用一台大型计算机很难同时处理如此庞杂的数据，如果想不丢失数据并降低成本，必须使用将传感器与计算机一体化的智能传感器。其思想是赋予传感器智能处理功能，以分担中央处理器集中处理数据的压力。虽然智能传感器还没有严格的定义，但一般认为智能传感器是一种集感知、信息处理和信息交互于一体，能提供一定级别的知识信息，具有自诊断、自校正、自补偿等功能的传感器。智能传感器一般自带微处理器，除了检测被测量、完成对信号的处理、记忆以及对外通信等功能外，甚至还具有逻辑推理、识别算法和判断等能力。

智能传感器一般由传感器敏感单元和传感器微处理单元两部分构成，其结构如图2.2

所示。传感器完成被测对象信息的拾取；预处理器实现信号的放大、滤波和模/数转换等预处理功能；微处理器完成信号的分析、补偿或校正，数据的融合及逻辑控制等任务；存储记录模块用于保存数据信息；通信接口用于实现与上位机的数据交换；控制输出模块用于实现显示、报警等标志的输出。

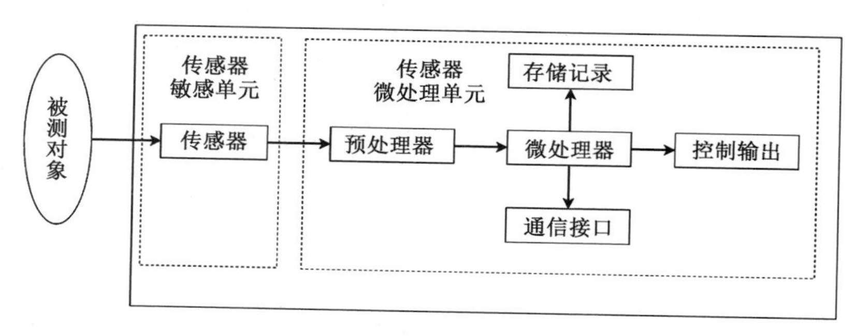

图 2.2　智能传感器

智能传感器自问世以来，在国内外经历了如下发展：

1983 年，美国霍尼韦尔(Honeywell)公司开发出世界上第一个智能传感器——ST3000 系列智能传感器。

1993 年，电气与电子工程师协会(IEEE)和美国国家标准与技术研究院(NIST)提出了智能传感器接口标准(Smart Sensor Interface Standard)。

2000 年，随着微电子机械系统(Micro-Electro Mechanical Systems, MEMS)技术的大规模使用，传感器向智能化、微型化、集成化方向发展。

2010 年，机械工业仪器仪表综合技术经济研究所作为 IEC/TC65 的国内归口单位，在充分调研国内外传感器技术发展现状的基础上，初步建立智能传感器系统标准体系架构，以规范国内智能传感器市场，服务于各相关应用领域，奠定了我国物联网体系建设的基础。

2010 年以后，随着物联网和智能制造的兴起，智能传感器得到了广泛的关注和迅猛发展。

人类和高等动物能通过视觉、触觉、听觉和味觉等感受外界刺激，获取环境信息。智能感知系统同样可以通过各种智能传感器来感知周围环境信息，目前主流的智能传感器包括摄像头、激光雷达、毫米波雷达、卫星导航传感器、听觉传感器、力触觉传感器、距离传感器等。

2.1.3　常用的智能感知传感器

正如前文所言，智能感知系统尚处在发展演进过程中，其底层的敏感部件采用的可能是上述普通传感器(加上适当的处理电路)，但更多的是采用智能传感器。尤其随着技术的发展，一些更便于数据处理、更便于与 AI 算法结合的传感器或感知单元得到了快速的发展和应用。本节将着重介绍目前一些常用的、具有与人工智能技术深度结合能力或潜力的智能感知传感器，如摄像头、激光雷达、毫米波雷达、惯性导航传感器、卫星导航传感器、听觉/触觉/嗅觉传感器等。需要指出的是，随着感知技术的持续发展，不限于本节介绍的新型感知传感器将不断涌现，其势必能为智能感知系统的开发带来更为广阔的空间，感兴趣的读者可查阅相关文献。

2.1.3.1　摄像头

(1) 工作原理

摄像头可以采集周边图像信息，与人类视觉机理类似，摄像头的工作原理也可以简化为小孔成像，如图 2.3 所示。外界物体通过镜头（相当于小孔，使用的是凸透镜，以便能够感知到更多的外界光线）将光学图像投射到图像传感器上，光信号转变为电信号，再经过 A/D（模/数）转换后变为数字图像信号，最后经过色彩校正等调整存储为图像。

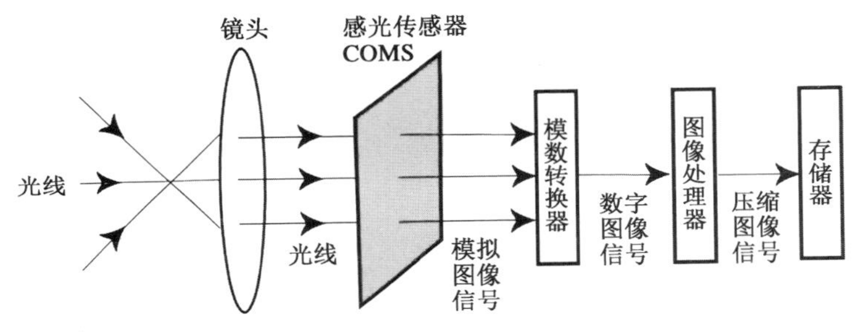

图 2.3　摄像头工作原理图

摄像头拥有较广的垂直视角，较高的纵向分辨率，而且可以提供颜色和纹理信息等。这些信息有助于智能感知中基础环境信息的采集，进而通过图像识别、图像分割和特征提取等获取高层语义信息。

综上所述，摄像头的工作过程就是通过采集图片或图像序列，再经过处理器的处理分析，识别和获取丰富的环境信息。此外，更重要的是还可以通过机器学习算法辅助，实现更多功能。

智能感知系统中常用的摄像头有单目摄像头、双目摄像头和深度摄像头等。

(2) 单目摄像头

单目摄像头如图 2.4 所示，是通过单个镜头采集图像的装置。分辨率是摄像头性能的一个重要指标，是用于度量位图图像内数据量多少的一个参数，通常表示成 dpi(dot per inch，每英寸点)。简单地说，摄像头的分辨率是指摄像头解析图像的能力，也即摄像头的影像传感器的像素数。30 万像素 CMOS 的分辨率为 640×480(307 200)，50 万像素 CMOS 的分辨率为 800×600(480 000)，更新的摄像头则有所谓 720 p(1 280×720,

图 2.4　单目摄像头例子

921 600——100 万像素)，1 080 p(1 920×1 080，2 073 600——200 万像素)，乃至 4 K(1 080 p 的 4 倍面积，800 万像素)，8 K(1 080 p 的 8 倍面积，1 600 万像素)等。分辨率的两个数字表示的是图片在长和宽上占的点数的单位，一张数码图片的长宽比通常是 4∶3 或 16∶9。

值得注意的是，单目摄像头可以输出彩色图像或者灰度图像。对于彩色图像，其每个像素点都包含多个颜色分量，每个颜色分量被称为一个通道。如图 2.5 所示，以 RGB 格式的彩色图像为例，一幅完整的图像可以被分割为红(R 分量)、绿(G 分量)、蓝(B 分量)三基色的单色图；对于灰度图像，在每个像素点上只有一个分量，即该点的亮度值。

图 2.5　RGB 图像及对应三通道图像

图 2.5

① 单目摄像头优缺点

单目摄像头因为只有一个镜头，所带来的最直接的优点就是价格低廉。但也由于只有一个镜头，获得的图像信息有限，尤其缺乏深度信息。可以通过算法实现深度估计，但计算量偏大，且易受光照的影响，可靠性不高。

② 单目摄像头应用场景

单目摄像头的应用场景十分广泛，可应用于超市、商店、机场、公交等室内场景；也可应用于十字路口、港口、码头等室外场景。其不仅可以应用于室内外场景，还可应用于车辆、机器人等动载体设备，同时配以算法对动载体自身位置进行确定，或计算出物体与动载体的距离，从而实现各种预警、防控和服务功能。除此之外，单目摄像头还可应用于运行设备的状态检测，在设备发生故障时能够及时发现。如图 2.6 所示为单目摄像头在室外的应用。

图 2.6　室外单目摄像头

(3) 双目摄像头

单目摄像头以图像的方式呈现外部的环境信息，若无针对特定场景的标定工作，其无法准确获取物体的真实大小和距离。同时，其视场较为固定，观测角度受限。双目摄像头是基于仿生学原理，为获取距离信息，采用视差计算法，利用两个单目摄像头从不同视点观察同一目标，通过计算相机间的像素位置偏差，实现二维场景到三维场景的重构，如图 2.7 所示。简单地说，即通过算法算出被拍摄物体与左/右摄像头的角度 θ_1 和 θ_2，根据固定的 y 值(即两个摄像头的中心距)，就可以推算出 z 值(即物体到摄像头的距离)，即

$$z = y\,\frac{\sin\theta_1\sin\theta_2}{\sin(\theta_1+\theta_2)} \tag{2.1}$$

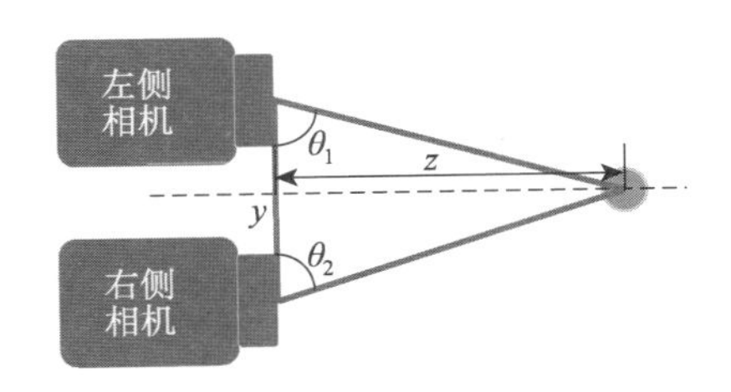

图 2.7　双目摄像头及其测距工作原理

① 双目摄像头优缺点

双目摄像头的测距方法相较于单目摄像头精度更高且更加有效，但计算量较大，对计算单元的性能要求较高，这使得双目系统的产品化、小型化的难度较大。同时，双目摄像头对图像信号处理的要求比较高。

② 双目摄像头应用场景

a. 距离相关的应用：双目摄像头在自动驾驶和机器人等领域应用广泛，它可以提供多场景解决方案，如高速道路、复杂路口等，都可通过双目视觉获取距离信息，进而实现自主跟随（包括列队跟随、组群跟随）、避障等。

b. 光学变焦相关的应用：若两个摄像头的视场角（Field of View，FOV）不一样，一个是大 FOV，一个是小 FOV，再通过算法实现两个光学镜头所拍摄图像的叠加融合，就可以实现光学变焦。

(4) 深度摄像头

深度摄像头是可以获取场景中物体与摄像头物理距离的相机。如图 2.8 所示，深度相机通常由多种镜头和光学传感器组成，根据测量原理不同，主流的深度相机一般分为以下几种测量方法：飞行时间法、结构光法、双目立体视觉法。

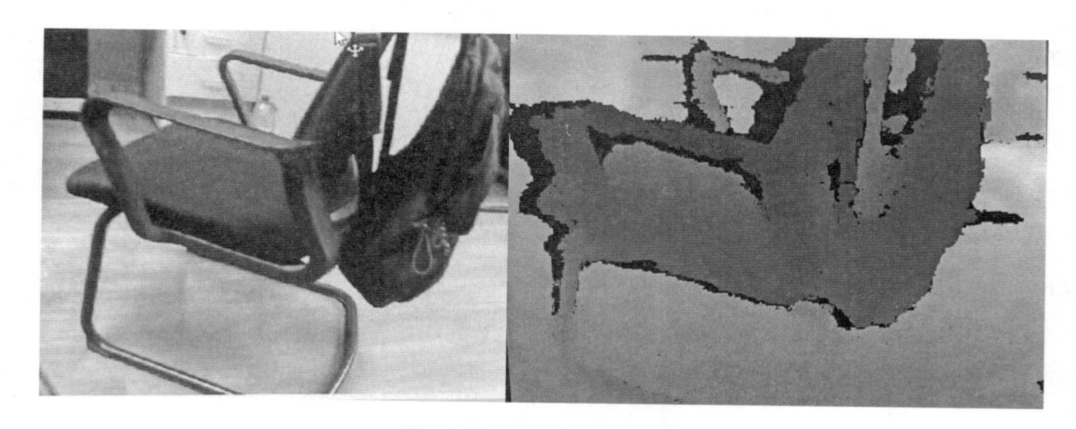

图 2.8　深度相机拍摄效果

①飞行时间法（Time of Flight，TOF）

TOF 就是激光发射器发出的光从发射出去瞬间到碰到物体反射回来再到接收器的瞬间，这段时间为光的飞行时间。已知光速和调制光的波长，通过距离计算公式就可以知道物体表面的深度信息。TOF 法根据调制方法的不同，一般可以分为两种：脉冲调制（pulsed modulation）和连续波调制（continuous wave modulation）。

a. 脉冲调制

脉冲调制方案的照射光源一般采用方波脉冲调制。接收端的每个像素都是由一个感光单元（如光电二极管）组成，它可以将入射光转换为电流，感光单元连接着多个高频转换开关把电流导入不同的电容里。

相机上的控制单元打开光源然后再关闭，发出一个光脉冲。在同一时刻，控制单元打开和关闭接收端的电子快门，将接收端接收到的电荷 Q_0 存储在感光元件中。然后，控制单元第二次打开并关闭光源。这次快门打开时间较晚，即在光源被关闭的时间点打开，将新

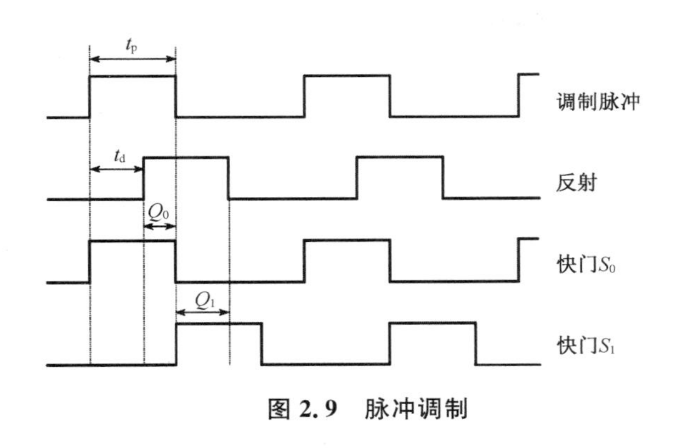

图 2.9　脉冲调制

接收到的电荷 Q_1 存储起来。具体过程如图 2.9 所示。

然后感光传感器中的值会被读出，实际距离可以根据这些值来计算。记光的速度为 c，t_p 为光脉冲的持续时间，t_d 为调制脉冲反射回接收装置所需的时间，结合图 2.9 所示的过程，距离 d 可以由如下公式计算：

$$d = c\frac{t_d}{2} = c\frac{t_p}{2}\cdot\frac{Q_1}{Q_0+Q_1} \tag{2.2}$$

b. 连续波调制

连续波调制方案产生的为连续波，实际应用中，通常采用的是正弦波调制，如图 2.10 所示，图中虚线表示发射端发出的正弦波，实线表示接收端接收到的正弦波。由于接收端和发射端正弦波的相位偏移和物体与摄像头的距离成正比，因此可以利用相位偏移来测量距离。

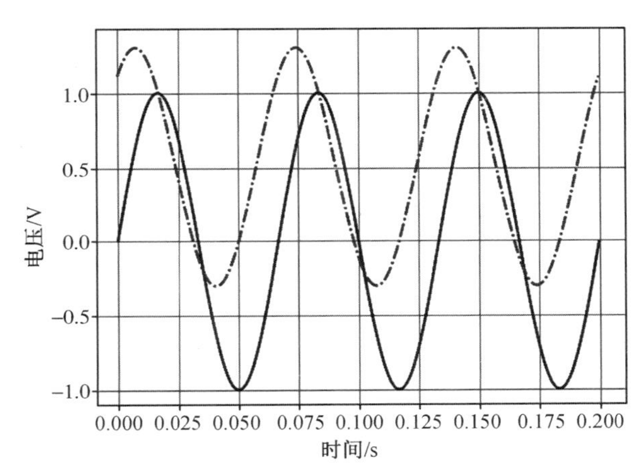

图 2.10　连续波调制测距

② 结构光法

结构光法(Structured Light，SL)的基本原理是通过近红外激光器将具有一定结构特征的光线投射到被拍摄物体上，再由专门的红外摄像头进行采集。这种具备一定结构的光线，会因被摄物体的不同深度区域而采集不同的图像相位信息，然后通过运算单元将这种结构的变化换算成深度信息，以此来获得三维结构。

③ 双目立体视觉法

其原理与双目摄像头类似，不再赘述。

几种深度摄像头测量方法的对比见表 2.1。

表 2.1　TOF、SL 和双目立体视觉法对比

测量方法	TOF	SL	双目立体视觉法
测距方式	主动式	主动式	被动式
工作原理	根据光的飞行时间直接测量	主动投射已知编码图案，提升特征匹配效果	根据两个相机所拍摄图片之间的差异，间接测量

（续表）

测量方法	TOF	SL	双目立体视觉法
测量精度	最高可达厘米级精度	近距离内能够达到高精度 0.01～1 mm	近距离可达毫米级精度
测量范围	可以测量较远的距离，一般在 100 m 以内	测量距离一般在 10 m 以内	受基线限制，一般只能测量较近的距离，距离越远，测距越不准确
影响因素	不受光照变化和物体纹理影响，但受多重反射影响	不受光照变化和物体纹理影响，但受反光影响	受光照变化和物体纹理影响
分辨率	一般低于 640×480	可达 2 K 分辨率	可达 1 080×720
优点	• 检测距离远，在激光能量够的情况下可达几十米； • 受环境光干扰比较小	• 方案较成熟，相机基线可以做得比较小，方便小型化； • 功耗低，单帧图就可计算出深度； • 主动光源，夜晚也可使用	• 硬件要求低，成本低，普通 CMOS 相机即可； • 室内外都适用，只要光线合适
缺点	• 对设备要求高，特别是时间测量模块； • 运算量大，在检测相位偏移时需要多次采样积分； • 边缘精度低	• 容易受环境光干扰，室外效果差； • 精度会随测量距离的增加而变差	• 对环境光照敏感，光线变化导致图像偏差大，进而会导致匹配失败或精度低； • 不适用于单调缺乏纹理的场景，没有特征会导致匹配失败； • 计算复杂度高，纯视觉方法，对算法要求高，计算量较大； • 基线限制了测量范围，测量范围和基线成正比，导致无法小型化

深度相机已广泛应用在智能人机交互、自动驾驶感知与定位、三维重建、机器人、AR 等领域，在移动终端上也有很多基于深度相机的有趣应用。

2.1.3.2 激光雷达

（1）概述

上面叙述的摄像头虽然应用广泛、成本低廉，但是易受环境光的影响，在过亮或者过暗的场景下难以获取待感知对象信息。而激光雷达（Light Detection and Ranging，LiDAR）不受环境光的影响，其向目标发射探测信号（激光束），然后接收到从目标反射回来的信号（目标回波），再与发射信号进行比较，做适当处理后，就可获得目标的有关信息，如目标距离、方位、高度、速度、姿态及形状等参数，从而对动、静态目标进行探测、跟踪和识别。

激光雷达是一种激光测距系统，用于获取数据并产生精确的数字高程模型（Digital Elevation Model，DEM）。激光本身具有非常精确的测距能力，其测距精度可达厘米级。图 2.11 为几种不同形态的激光雷达。

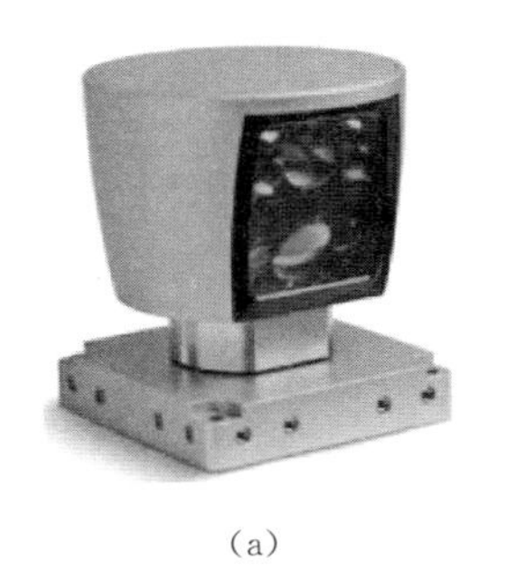

(a)

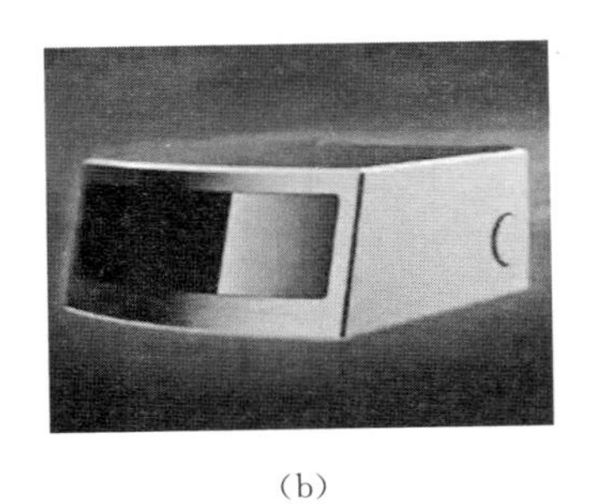

(b)

(c)

图2.11 激光雷达

(2) 工作原理

激光扫描测量是通过激光扫描器来获取被测目标的表面形态。激光扫描器一般由激光发射器、接收器、时间计数器、微计算机等组成。其工作过程如图2.12所示,激光发射器周期地驱动激光二极管发射激光脉冲,然后由接收器接收目标表面反射后的信号,产生接收信号,再利用稳定的石英时钟对发射与接收时间差做计数,经由微机对测量信号进行处理,显示或存储距离和角度信息,最后经过相应系统软件进行处理,获取目标表面的三维坐标数据,从而进行进一步分析计算或建立立体模型。激光雷达通过脉冲激光不断地扫描目标物,就可以得到目标物上全部目标点的数据,对这些数据进行处理后,就可以得到精确的三维立体图像。激光雷达的具体测距公式如下:

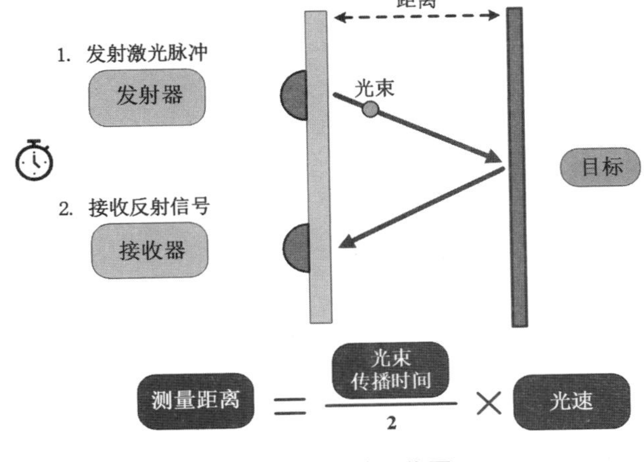

图2.12 激光雷达工作图

$$\rho = 0.5c \cdot t_R \tag{2.3}$$

式(2.3)中,ρ 为测量距离,c 为光速,t_R 为激光脉冲从发射到接收回波信号的时间差。

除应用脉冲激光外,还可采用连续波激光进行测距。这种测距仪一般采用相位法进行测距,其原理是先向目标物发射一束经调制的连续波激光束,光束到达目标物表面后反射,测量发射的连续波激光束与接收机接收回波之间的相位差,从而得出目标物与测距机之间的距离间隔。

假设激光发射器发出的激光波长为 λ,将该激光表示为频率为 f 的正弦波:

$$e(t) = A\sin(2\pi ft) + a \tag{2.4}$$

a 为偏移量,假设经过时延 Δt 后接收到的信号为 $r(t)$,衰减后的振幅为 B,由环境光引

起的强度偏移为 b，将其表示为：

$$r(t)=B\sin[2\pi f(t-\Delta t)]+b=B\sin(2\pi ft-\varphi)+b \tag{2.5}$$

式(2.5)中，φ 表示相位差，单位为 rad。

只需求出 φ，就可得到距离。以 $\frac{T}{4}$ 为周期对反射信号进行 4 次采样，可获得

$$r_i(t)=B\sin\left(2\pi f\frac{iT}{4}-\varphi\right)+b,\quad i=1,2,3,4 \tag{2.6}$$

式(2.6)中 T 表示反射激光的周期，$T=\frac{1}{f}$。

此时，即可求得 φ 为

$$\varphi=\tan^{-1}\frac{r_3-r_1}{r_4-r_2} \tag{2.7}$$

将 $\varphi=2\pi f\cdot\Delta t$ 代入公式(2.3)得：

$$\rho=0.5c\cdot\frac{\varphi}{2\pi f} \tag{2.8}$$

更近一步，将 $T=\frac{1}{f}=\frac{\lambda}{c}$ 代入式(2.8)，则得测距公式为

$$\rho=\frac{\lambda}{4\pi}\varphi \tag{2.9}$$

激光雷达使用的是激光束，工作频率较微波高了许多，有很多优点，主要包括：

① 分辨率高、精度高。激光雷达可以获得极高的角度、距离分辨率。

② 抗有源干扰能力强。与微波雷达易受自然界广泛存在的电磁波的影响不同，自然界中能对激光雷达起干扰作用的信号源不多。

③ 获取的信息量丰富。可直接获得目标的距离、角度、反射强度、速度等信息，生成目标的多维图像。

但是，激光雷达也有明显的缺点：

① 其工作时受天气影响大。激光一般在晴朗的天气里衰减较小，传播距离较远。而在大雨、浓雾等恶劣天气下，衰减急剧加大，传播距离大受影响。

② 激光雷达难以分辨目标的纹理和颜色，通常需要其他传感器(如摄像头等)辅助，进而与环境进行交互。

③ 容易受其他激光雷达的影响，且大气环流还会使激光光束发生畸变、抖动，直接影响激光雷达的测量精度。

④ 比起视觉传感器其成本较高。

（3）应用

下面以 Velodyne - 32 线机械式激光雷达为例，介绍激光雷达的使用方法。Velodyne - 32 线激光雷达的外观如图 2.13(a)所示，该激光雷达拥有 32 个通道，即从＋15°到－25°排列的 32 个激光束通道提供垂直视场，垂直角分辨率为 0.33°，水平视场为 360°，其输出的点云数据采用右手坐标系定义，即 x 轴指向前方，y 轴指向左侧，z 轴指向上方，如图 2.13(b)所示。Velodyne - 32 线激光雷达除了可以输出点云的三维坐标以外，还可以输出每个点云的反射强度等属性信息。点云的三维坐标是以 m 为单位的相对坐标，坐标原点是激光雷达所在的位置，通常会随着载体实时变化。

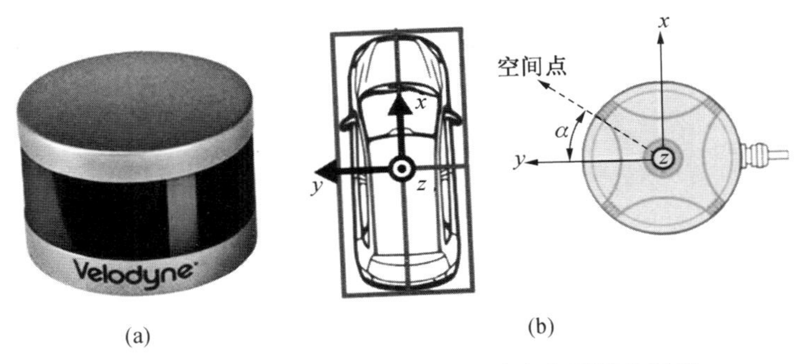

图 2.13 Velodyne - 32 线激光雷达实物图及坐标系

激光雷达的原始数据如图 2.14 所示，将激光雷达用于智能感知相关的应用，就是在解析原始数据的基础上，对一个个点云数据进行分析操作。图 2.15 为解析图 2.14 中原始数据后得到的点云图，以分析图中目标矩形前后车轮中心的位置为例。图 2.16 为解析后得到的两处位置的点云数据：position 属性中的数据是以激光雷达为原点的右手坐标系下的三维坐标；intensity 属性中代表该点的反射强度大小；ring 属性代表激光束编号，即该点属于 32 个激光束通道中的哪一个通道返回的数据。使用三维坐标系下的距离计算公式可得，两处点云与激光雷达的距离分别为 13.94 m 和 15.34 m。实际测量两车轮中心与激光雷达的距离分别为 13.75 m 和 15.37 m。忽略选点误差、传感器噪声等影响，激光雷达的测量值与实际距离一致。

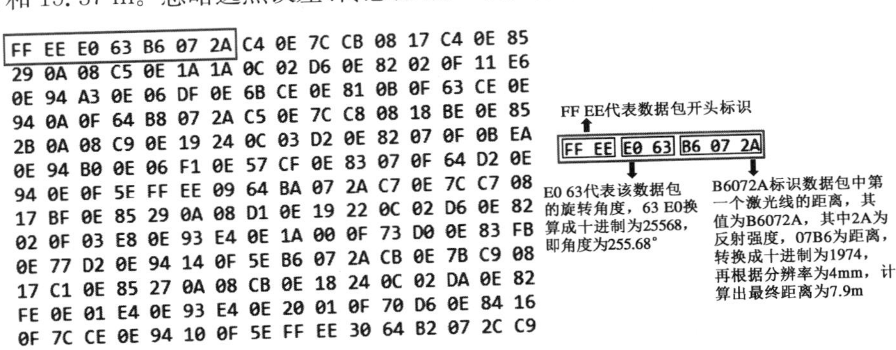

图 2.14 Velodyne - 32 线激光雷达原始数据

图 2.15　Velodyne－32 线激光雷达点云图

▸ Position	13.102; -4.6475; -0.97213
3: intensity	16
4: ring	8
5: time	-0.0748805
▸ Position	13.304; -7.5821; -0.98136
3: intensity	7
4: ring	9
5: time	-0.0712017

图 2.16　解析后的 Velodyne－32 线激光雷达数据

2.1.3.3　毫米波雷达

（1）概述

毫米波雷达是工作在毫米波(millimeter wave)波段探测的雷达，通过发射无线电信号并接收反射信号来测定与物体间的距离。毫米波频率通常在 30～300 GHz(波长为 1～10 mm)，波长介于厘米波和光波之间，因此毫米波雷达兼有微波雷达和光电雷达的一些优点，非常适合于自动驾驶汽车等领域的应用。因为毫米波雷达对塑料有较强的穿透性，因此常被安装在智能感知系统的机体内。

（2）工作原理

表 2.2　毫米波雷达的工作机制表

工作方式	脉冲类型	连续波类型		
特点	测量过程简单，测量精度较高	CW(恒频连续波)	FSK(频移键控连续波)	FMCW(调频连续波)
		只可用于测速但不可用于测距	可探测单个目标的距离和速度	可同时探测多个目标的距离、速度，可对目标连续跟踪

如表 2.2 所示，按照工作方式，毫米波雷达可分为脉冲类型和连续波类型，所采集的原始数据通常采用极坐标系(距离＋角度)，与激光雷达的笛卡儿(XYZ)坐标系不同。其中，调频连续波的波形比较常见，其工作时振荡器会产生一个如图 2.17 所示的频率随时间线性增加的正弦信号(chirp)。这个信号遇到障碍物目标之后，会反弹回来，其时延为 2 倍的距离除以光速。返回的波形和发出的波形之间有个频率差，这个频率差是呈线性关系的：物体越远，返回的波收到得越晚，它跟入射波的频率差值就会越大。将这两个

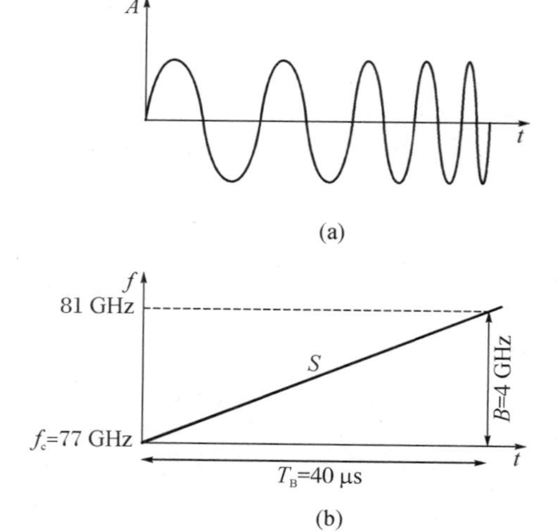

图 2.17　Chirp 信号

频率做减法可以得到二者频率的差拍频率，通过差拍频率就可以求得观测点与目标的距离。

由图2.17可以看出Chirp信号随时间频率线性增加的特征，该Chirp信号具有4 GHz的扫描带宽 B_{sweep}，以及40 μs的扫描时间 T_{B}，信号频率的变化率 $s=\frac{B_{\text{sweep}}}{T_{\text{B}}}$。

在时间域，毫米波的波形公式为：

$$y_{\text{e}}(t)=A_1\cos[2\pi\cdot f_{\text{c}}(t)\cdot t+\varphi] \tag{2.10}$$

式(2.10)中，$f_{\text{c}}(t)$ 是关于时间 t 的一次函数，可以表示为 $f_{\text{c}}(t)=f_0+s\cdot t$，$f_0$ 为初始频率。

① 毫米波雷达测距

毫米波雷达发射信号波之后，遇到目标会反弹回来，这个距离就产生了接收时间差值 $\tau=\frac{2R}{c}$，其中 R 为雷达到目标的距离，c 为光速。将发射波和回波放在一个图里，就得到图2.18(a)。从图中可以看出发射波和回波之间具有时间差和频率差，经过混频器，频率和相位相减，能够获得一个差频信号，该信号的频率为 $f_{\text{b}}=s\cdot\tau$，由 $\tau=\frac{2R}{c}$，$s=\frac{B_{\text{sweep}}}{T_{\text{B}}}$ 可以得出目标的距离 R 与差频信号频率 f_{b} 之间的关系式。

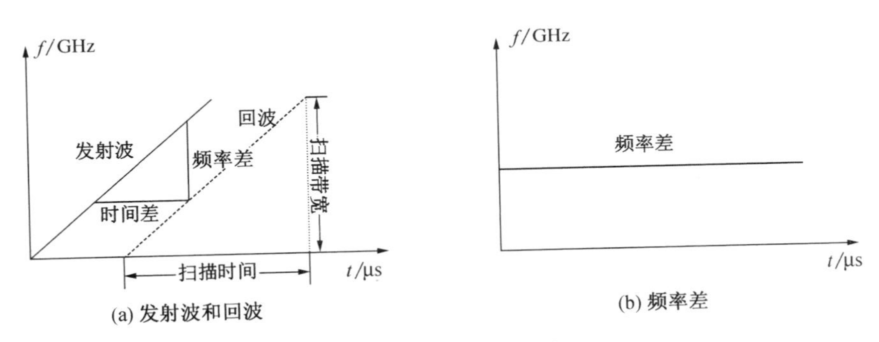

图2.18 单目标测距原理

若已知扫描带宽 B_{sweep}，扫描时间 T_{B}，则距离测量公式为：

$$R=\frac{cT_{\text{B}}f_{\text{b}}}{2B_{\text{sweep}}} \tag{2.11}$$

② 毫米波雷达测速

毫米波雷达还可以利用多普勒频移来直接测量移动物体的速度，即雷达向前发射毫米波波段的电磁波，并接收其回波；如遇到移动物体，则回波频率与发射频率发生偏差，即多普勒频移，利用此频移即可获得相对速度。多普勒频移公式如下：

$$f_d = 2v_r \cdot f_0 / c \tag{2.12}$$

式中，f_d 为多普勒频移，v_r 为相对速度，f_0 为发射频率，c 为光速。

毫米波雷达具有波长短、频带宽、大气传播损耗较大等基本特征，这些特征一方面使毫米波雷达具有以下优点：

① 波长短使得毫米波雷达的元件尺寸更小，结构更加紧凑且轻量化，同时可以获得更窄的波束，从而具有更高的分辨率和精度，此外还使其具有比微波更大的多普勒频移，对低速目标有更强的探测能力。

② 频带宽能够有效地消除雷达之间的相互干扰，同时也使得其距离分辨率更高。

同时，也带来了不利的影响：

① 当波束过窄时，其对目标的搜索能力减弱，不适合做大范围的搜索；若多普勒频移更大，也要求接收机具有更宽的频带。

② 大气传播损耗较大，使其作用距离较近，当环境中湿度较大时，其作用距离也会明显下降。

(3) 应用

下面以德国大陆公司的 ARS－408 毫米波雷达为例，介绍毫米波雷达的使用方法。

ARS－408 毫米波雷达双波束（长距和短距）同时工作，探测区域示意图如图 2.19 所示，短距模式的测距范围是 0.20～70 m，长距模式的测距范围是 0.20～250 m（通过固件升级可增程到 1 200 m），检测到的目标默认按距离远近依次输出。通过 can 总线读取毫米波雷达的原始数据，可以解析出所检测到的目标信息。

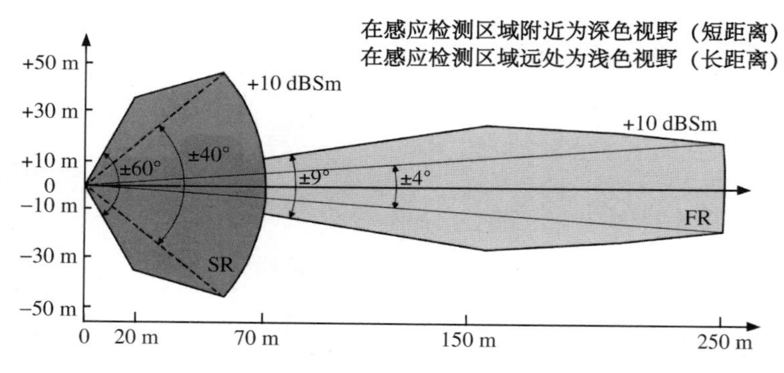

图 2.19　FOV 探测区域示意图

如图 2.20 左半部分所示，ID 号 60A 表示检测出的目标数量，70～80 ms 输出一次；ID 号 60B、60C、60D 为所检测出的目标的位置、速度等信息；ID 号 201 和 700 为状态和版本信息，1 s 输出一次。以其中一条原始数据为例，如图 2.20 右半部分所示，对照数据协议解析可知：目标序号为 6 号；Obj_DistLong 和 Obj_DistLat 分别为目标在 x 和 y 方向上的相对距离（坐标系定义与图 2.19 一致，x 方向为纵向，y 方向为横向），分别为 2.8 m 和 0.2 m；

VrelLong 和 VrelLat 分别表示目标在 x 和 y 方向上的相对速度，均为 0；Obj_DynProp 字段代表目标的状态，当前状态为静止。图 2.21 展示了毫米波雷达检测到的目标和实际图像的对比图，毫米波雷达的检测结果与实际情况是一致的。

```
$ candump -td -x can1
 (000.000000)  can1  RX - -  60A   [4]  02 BA DF 10
 (000.000222)  can1  RX - -  60B   [8]  06 4E 94 00 80 20 01 93
 (000.000257)  can1  RX - -  60B   [8]  01 4F 3C 04 80 20 01 5F
 (000.000278)  can1  RX - -  60C   [7]  06 84 A3 3A 02 20 E8
 (000.000224)  can1  RX - -  60C   [7]  01 7C 61 3A 02 20 E8
 (000.000275)  can1  RX - -  60D   [8]  06 7D 0F A1 70 80 0D 0C
 (000.000251)  can1  RX - -  60D   [8]  01 7D 0F A6 70 80 16 0B
 (000.068508)  can1  RX - -  60A   [4]  02 BA E1 10
 (000.000223)  can1  RX - -  60B   [8]  06 4E 94 00 80 20 01 93
 (000.000286)  can1  RX - -  60B   [8]  01 4F 3C 04 80 20 01 5F
 (000.000296)  can1  RX - -  60C   [7]  06 84 A3 3A 02 20 E8
 (000.000185)  can1  RX - -  60C   [7]  01 7C 61 3A 02 20 E8
 (000.000296)  can1  RX - -  60D   [8]  06 7D 0F A1 70 80 0D 0C
 (000.000235)  can1  RX - -  60D   [8]  01 7D 0F A6 70 80 16 0B
 (000.039077)  can1  RX - -  201   [8]  C0 19 00 00 10 F4 00 00
 (000.000162)  can1  RX - -  700   [4]  04 1E 01 00
```

```
can1  60B   [8]  06 4E 94 00 80 20 01 93

Obj_1_General(Obj_ID: 6,
Obj_DistLong: 2.8000000000000114 m
Obj_DistLat: 0.20000000000001705 m,
Obj_VrelLong: 0.0 m/s,
Obj_VrelLat: 0.0 m/s,
Obj_DynProp: 'Stationary')
```

图 2.20　毫米波雷达原始数据

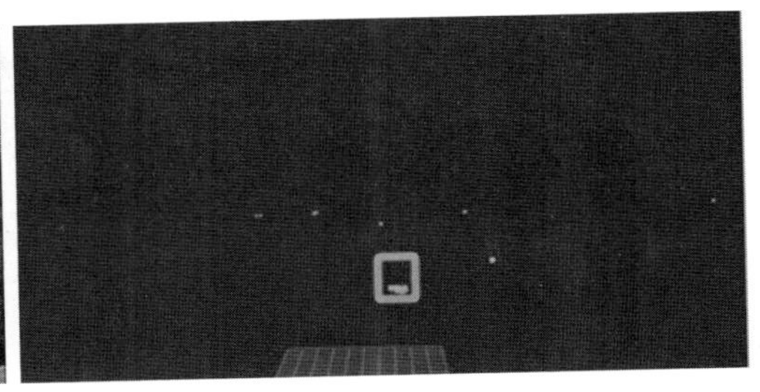

图 2.21　毫米波雷达和图像配准图

2.1.3.4　惯性导航传感器

(1) 概述

惯性导航系统(Inertial Navigation System，INS)是一种利用惯性测量单元(主要由加速度计、陀螺仪组成)来测量运载体本身的加速度和角速度，并通过积分计算和数据运算得到输出载体的位置、速度、姿态、航向等参数的导航系统。现有的惯性导航系统有捷联式惯性导航系统和平台式惯性导航系统，本节将针对其中被广泛使用的捷联式惯性导航系统进行原理介绍。图 2.22 展示了惯性测量单元。

图 2.22　惯性测量单元

(2) 工作原理

捷联式惯性导航系统一般由 3 个陀螺仪、3 个线加速度计和微型计算机组成，相比于平台式惯性导航系统，其省去了复杂的机电平台，而由微型计算机来代替。陀螺仪和加速度计直接固连在运动载体上，分别用来测量运动载体的角运动信息和线运动信息。机载计算机再根据这些信息测量角、速度和位置。其工作原理如图 2.23 所示。

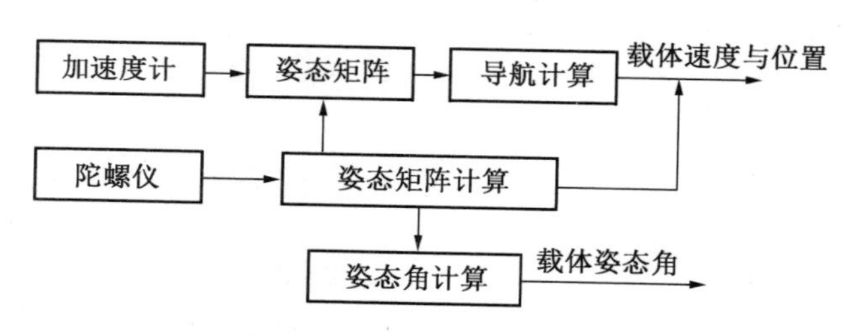

图 2.23　惯性导航系统原理图

载体姿态角是载体坐标系和地理坐标系之间的方位关系，两坐标系之间的方位关系问题，实质上等效于力学中的刚体定点转动问题。在刚体定点转动理论中，描述动坐标系相对参考坐标系方位关系的方法有欧拉角法、方向余弦法和四元数法。其中四元数法在数值求解时只需通过简单的加减乘运算，计算工作量要小很多，便于实时解算。

四元数 Q 可以表示为：

$$Q = q_0 + q_1\mathrm{i} + q_2\mathrm{j} + q_3\mathrm{k} \tag{2.13}$$

式(2.13)中，q_0，q_1，q_2，q_3 为 4 个实数，i，j，k 为虚数单位。也可将四元数表示为向量的形式，$\boldsymbol{Q} = [q_0 \quad q_1 \quad q_2 \quad q_3]^{\mathrm{T}}$

为求解捷联矩阵，需要求解如下四元数微分方程：

$$\dot{\boldsymbol{Q}} = \frac{1}{2}\boldsymbol{M}^*(\omega_{nb})\boldsymbol{Q} \tag{2.14}$$

将式(2.14)展开成矩阵形式得：

$$\begin{bmatrix} \dot{q}_0 \\ \dot{q}_1 \\ \dot{q}_2 \\ \dot{q}_3 \end{bmatrix} = \frac{1}{2} \begin{bmatrix} 0 & -\omega_{nb}^{bx} & -\omega_{nb}^{by} & -\omega_{nb}^{bz} \\ \omega_{nb}^{bx} & 0 & \omega_{nb}^{bz} & -\omega_{nb}^{by} \\ \omega_{nb}^{by} & -\omega_{nb}^{bz} & 0 & \omega_{nb}^{bx} \\ \omega_{nb}^{bz} & \omega_{nb}^{by} & -\omega_{nb}^{bx} & 0 \end{bmatrix} \begin{bmatrix} q_0 \\ q_1 \\ q_2 \\ q_3 \end{bmatrix} \tag{2.15}$$

式(2.15)中，ω_{nb}^{bx}，ω_{nb}^{by}，ω_{nb}^{bz} 分别为载体坐标系相对于指北导航坐标系的转动角速度 ω_{nb} 在载体坐标系上的 3 个投影分量。

四元数微分方程(2.15)的求解，类似矩阵微分方程，可用比卡逼近方法求解，其解为：

$$\dot{\boldsymbol{Q}} = \mathrm{e}^{\frac{1}{2}\int \boldsymbol{M}^*(\omega_{nb})\mathrm{d}t} \boldsymbol{Q} \Big|_{t=0} \tag{2.16}$$

在实际应用中，可根据式(2.17)由 $k-1$ 时刻的四元数 $\boldsymbol{Q}(k-1)$ 递推出 k 时刻的四元

数 $\boldsymbol{Q}(k)$，递推关系如下：

$$\boldsymbol{Q}(k)=\left\{\cos\frac{\Delta\theta_0(k)}{2}\boldsymbol{I}+\frac{\sin\frac{\Delta\theta_0(k)}{2}}{\Delta\theta_0(k)}[\Delta\theta(k)]\right\}\boldsymbol{Q}(k-1) \tag{2.17}$$

式(2.17)中，$\Delta\theta_0(k)=\sqrt{[\Delta\theta_x(k)]^2+[\Delta\theta_y(k)]^2+[\Delta\theta_z(k)]^2}$，

$$[\Delta\boldsymbol{\theta}(k)]=\begin{bmatrix}0 & -\Delta\theta_x(k) & -\Delta\theta_y(k) & -\Delta\theta_z(k)\\ \Delta\theta_x(k) & 0 & \Delta\theta_z(k) & -\Delta\theta_y(k)\\ \Delta\theta_y(k) & -\Delta\theta_z(k) & 0 & \Delta\theta_x(k)\\ \Delta\theta_z(k) & \Delta\theta_y(k) & -\Delta\theta_x(k) & 0\end{bmatrix},$$

其中 $\Delta\theta_x(k)=\omega_{nb}^{bx}(k)T$，$\Delta\theta_y(k)=\omega_{nb}^{by}(k)T$，$\Delta\theta_z(k)=\omega_{nb}^{bz}(k)T$，$T$ 为捷联矩阵的即时解算周期。

由式(2.17)和式(2.18)可看出，在即时解算捷联矩阵之前先计算出 ω_{nb}^b。根据角速度的相对关系可得：

$$\boldsymbol{\omega}_{nb}^b=\boldsymbol{\omega}_{ib}^b-\boldsymbol{\omega}_{ie}^b-\boldsymbol{\omega}_{en}^b=\boldsymbol{\omega}_{ib}^b-\boldsymbol{C}_n^b(\boldsymbol{\omega}_{ie}^n-\boldsymbol{\omega}_{en}^n) \tag{2.18}$$

式(2.18)中，$\boldsymbol{\omega}_{ib}^b$ 为载体坐标系相对于惯性坐标系的转动角速度在载体坐标系中的矢量，即捷联式陀螺仪的测量输出；$\boldsymbol{\omega}_{ie}^n$ 为地球坐标系相对于惯性坐标系的转动角速度在指北导航坐标系中的矢量，其表达式为 $\boldsymbol{\omega}_{ie}^n=[0\quad \omega_{ie}\cos L\quad \omega_{ie}\cos L]^{\mathrm{T}}$，$L$ 为载体所在地的纬度；$\boldsymbol{\omega}_{en}^n$ 为指北导航坐标系相对于地球坐标系的转动角速度在指北导航坐标系上的矢量，其表达式为：

$$\boldsymbol{\omega}_{en}^n=[-V_n/(R_n+h)\quad V_e/(R_e+h)\quad V_e\tan L/(R_e+h)]^{\mathrm{T}} \tag{2.19}$$

其中，h 为载体所在位置的高度；V_e，V_n 分别为载体的东向和北向速度；R_n 为所在地参考椭球子午线曲率半径；R_e 为所在地与子午线垂直的法线平面上的曲率半径。R_n，R_e 的计算公式为：

$$\begin{cases}R_n=a(1-2f+3f\sin^2L)\\ R_e=a(1+f\sin^2L)\end{cases} \tag{2.20}$$

对于捷联式惯性导航系统，由于计算误差、不可交换性误差等影响，会使式(2.18)计算的四元数逐渐失去规范性，即范数不再等于 1，所以应对计算得到的四元数进行周期性的最佳规范化处理。规范化的周期通常取为捷联矩阵即时解算周期 T 的整数倍。具体规范化方法如下：

$$q_i = \frac{\hat{q}_i}{\sqrt{\sum_{i=0}^{3} \hat{q}_i^2}}, \quad i = 0, 1, 2, 3 \tag{2.21}$$

式(2.21)中，q_i 表示规范化后的四元数元素，$\hat{q}_i$ 表示计算求得的四元数元素。

通过规范化后的四元数各元素 q_i，根据四元数与姿态矩阵的关系可求得捷联矩阵 $\boldsymbol{C}_b^n$：

$$\boldsymbol{C}_b^n = \begin{bmatrix} C_{11} & C_{12} & C_{13} \\ C_{21} & C_{22} & C_{23} \\ C_{31} & C_{32} & C_{33} \end{bmatrix} = \begin{bmatrix} q_0^2+q_1^2-q_2^2-q_3^2 & 2(q_1q_2-q_0q_3) & 2(q_1q_3+q_0q_2) \\ 2(q_1q_2+q_0q_3) & q_0^2-q_1^2+q_2^2-q_3^2 & 2(q_2q_3-q_0q_1) \\ 2(q_1q_3-q_0q_2) & 2(q_2q_3+q_0q_1) & q_0^2-q_1^2-q_2^2+q_3^2 \end{bmatrix} \tag{2.22}$$

对上式实时提取 3 个姿态角：

$$R_{主} = \arctan\left(\frac{C_{32}}{C_{33}}\right), \quad P_{主} = -\arcsin(C_{31}), \quad H_{主} = \arctan\left(\frac{C_{21}}{C_{11}}\right) \tag{2.23}$$

式中，$R_{主}$，$P_{主}$，$H_{主}$分别为载体侧倾角 R、俯仰角 P 和方位角 H 的主值，当载体为自主车辆时，对于侧倾角 R 和俯仰角 P，其主值就是其真值；方位角 H 需要根据捷联矩阵其他元素的情况来确定其真值：

$$H = \begin{cases} H_{主} + 2\pi, & 当\ C_{11} > 0, C_{21} < 0 \\ H_{主} + \pi, & 当\ C_{11} < 0 \\ \dfrac{\pi}{2}, & 当\ C_{11} = 0, C_{21} > 0 \\ \dfrac{3}{2}\pi, & 当\ C_{11} = 0, C_{21} < 0 \\ H_{主}, & 其他 \end{cases} \tag{2.24}$$

在捷联矩阵实时解算的同时，导航的其他参数，如速度和位置等也必须随之进行实时更新解算。当载体坐标系与指北导航坐标系及地理坐标系相互重合时，惯导基本方程可表示为：

$$\dot{\boldsymbol{V}}_e^n = \boldsymbol{f}^n - (2\boldsymbol{\omega}_{ie}^n + \boldsymbol{\omega}_{en}^n) \times \boldsymbol{V}_e^n + \boldsymbol{g}_l^n \tag{2.25}$$

式(2.25)中，$\boldsymbol{V}_e^n$ 为指北导航坐标系相对于地球的速度矢量，其分量形式 $\boldsymbol{V}_e^n = [V_e \quad V_n \quad V_u]^{\mathrm{T}}$；$\boldsymbol{g}_l^n$ 为当地重力加速度矢量在指北导航坐标系中的投影；$\boldsymbol{f}^n$ 为加速度计测量的比力矢量在指北导航坐标系中的投影，其分量形式为 $\boldsymbol{f}^n = \boldsymbol{C}_b^n \boldsymbol{f}^b = [f_e \quad f_n \quad f_u]^{\mathrm{T}}$。

将式(2.25)展开为矩阵形式，可得

$$\begin{bmatrix} \dot{V}_e \\ \dot{V}_n \\ \dot{V}_u \end{bmatrix} = \begin{bmatrix} \cos H\cos P & \cos H\sin P\sin R - \sin H\cos R & \cos H\sin P\cos R + \sin H\sin R \\ \sin H\cos P & \cos H\cos R + \sin H\sin P\sin R & \sin H\sin P\cos R - \cos H\sin R \\ -\sin P & \cos P\sin R & \cos P\cos R \end{bmatrix} \begin{bmatrix} f_x \\ f_y \\ f_z \end{bmatrix}^{\mathrm{T}} -$$

$$\begin{bmatrix} 0 & -2\omega_{ie}\sin L-\dfrac{V_e\tan L}{R_e+h} & 2\omega_{ie}\cos L+V_e/(R_e+h) \\ 2\omega_{ie}\sin L+V_e\tan L/(R_e+h) & 0 & V_n/(R_n+h) \\ -2\omega_{ie}\cos L-V_e/(R_e+h) & -V_n/(R_n+h) & 0 \end{bmatrix}\begin{bmatrix} V_e \\ V_n \\ V_u \end{bmatrix}+\begin{bmatrix} 0 \\ 0 \\ -g \end{bmatrix} \tag{2.26}$$

式(2.26)中，$[f_x \quad f_y \quad f_z]^T$ 为加速度计测量输出的比力向量。

由经纬度和距离椭球面的高度所表示的自主车辆位置矢量 $[\lambda \quad L \quad h]^T$ 可根据式(2.27)积分求得：

$$\begin{bmatrix} \dot{\lambda} \\ \dot{L} \\ \dot{h} \end{bmatrix}=\begin{bmatrix} \sec L/(R_e+h) & 0 & 0 \\ 0 & 1/(R_n+h) & 0 \\ 0 & 0 & 1 \end{bmatrix}\begin{bmatrix} V_e \\ V_n \\ V_u \end{bmatrix} \tag{2.27}$$

当只需在局部小范围内确定自主车辆位置，即只需用局部切平面直角坐标来表示自主车辆位置时，可直接对 3 个速度分量积分求位置坐标 $[P_e \quad P_n \quad h]^T$：

$$\begin{bmatrix} \dot{P}_e \\ \dot{P}_n \\ \dot{h} \end{bmatrix}=\begin{bmatrix} 1 & 0 & 0 \\ 0 & 1 & 0 \\ 0 & 0 & 1 \end{bmatrix}\begin{bmatrix} V_e \\ V_n \\ V_u \end{bmatrix} \tag{2.28}$$

在上述速度、位置的实时解算中，R_e 与 R_n 的更新计算可根据式(2.20)进行。

2.1.3.5　卫星导航传感器

(1) 概述

上节叙述的惯性导航系统虽然可以不受外界环境的干扰，不依赖外部信息，但是长时间工作时存在较大的累计误差。而卫星导航系统(Global Navigation Satellite System, GNSS)是通过卫星与接收机之间的相对距离进行定位的，只要能观测到 4 颗及以上的卫星，就能实时定位，不存在累积误差的问题。

GNSS 中的坐标系统用于描述与研究卫星在其轨道上的运动、表达地面观测站的位置以及处理定位观测数据，通常使用以地球质心为原点的地心坐标系，如 WGS-84 坐标系、PZ-90 坐标系、CGCS2000 坐标系、GTRF 坐标系等。

GNSS 中的时间系统作为最基本、最重要的物理量之一，包括世界时、历书时、力学时、协调世界时等。准确的距离测量需要精确测定信号传播的时间。GNSS 采用独立时间系统作为依据，称为 GNSS 时间系统，简称 GNSST，属于原子时系统，其秒长与原子时秒长相同。

（2）工作原理

GNSS的基本原理是将空间的人造卫星作为参照点，确定一个物体的空间位置。根据几何学理论可以证明，通过精确测量地球上某个点到3颗人造卫星间的距离，能对该点的位置进行三角定位。

位置已知的卫星发出规则的时间信号，根据测量出的无线电波（以光速 c 穿越空间的电磁信号）的行程时间来计算用户到已知卫星的距离。如图2.24所示，如果仅仅使用单颗卫星的测距信息，则用户的位置解为以卫星为球心，半径为 R_1 的球面，这是一个位置面。若使用两颗卫星的测距信息，则用户位置解的轨迹为半径分别为 R_1 和 R_2 的两个球的相交圆。如果再增加第3颗卫星测距信息，则用户的位置解限制在图2.25所示圆上的两个点上（图中仅标注一个）。对于大多数应用情况，实际上仅仅存在一个位置解，而另一个位置解可能在太空，也可能在地球内部或者是用户操作区域之外。如果两个解都可行的话，则可以使用第四个距离测量值来解决定位解的模糊性，如图2.26所示。

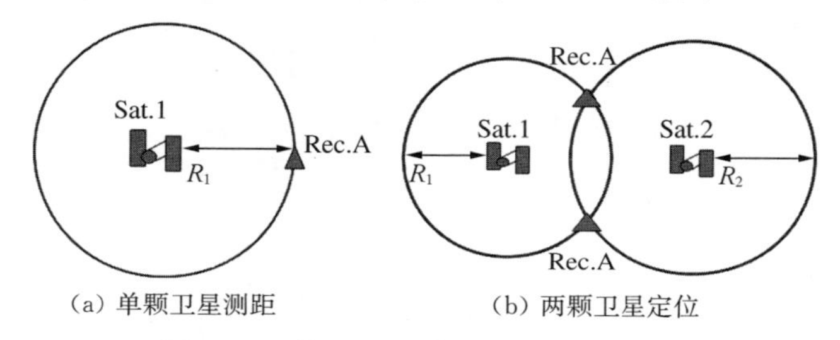

（a）单颗卫星测距　　（b）两颗卫星定位

图2.24　单颗卫星测距和两颗卫星定位

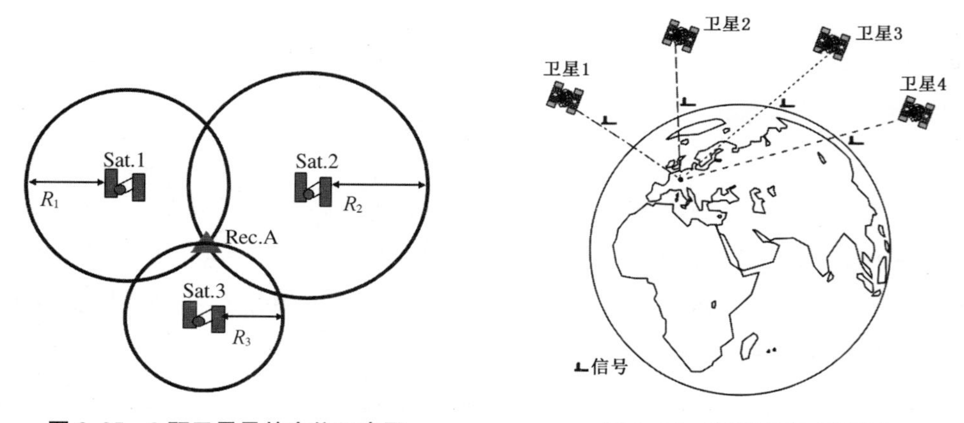

图2.25　3颗卫星导航定位示意图　　**图2.26　GNSS定位示意图**

但是实际上因为卫地距离是通过信号的传播时间差 Δt 乘信号的传播速度 v 而得到的。其中，信号的传播速度 v 接近于真空中的光速 c，量值非常大。因此，这就要求对时间差 Δt 进行非常准确的测定，如果稍有偏差，那么测得的卫地距离就会谬以千里。

（3）应用

如图2.27所示，假设用户在驾车行驶过程中开始使用导航，卫星1为他服务并于

8:00:00 发出了一个信号(含卫星所处坐标值 x_1、y_1、z_1 和信号发射时刻 t_1=8:00:00),并以光速 c 到达地球。假设用户的接收器——手机(坐标 x, y, z)接到该信号时的时刻 t_a 是 8:00:02,那么时间差 $\Delta t_1 = t_a - t_1 = 2$ s,两者距离 $L = c \cdot \Delta t_1 = 60$ 万 km。但是,这里出现了一个致命问题:Δt_1 的确定受到双方时间精准性的影响。卫星上安置的原子钟,稳定度很高,t_1 准确度没有问题,但用户手机上的时钟精度很低,与标准时间有 t 的误差(受限于制造成本,该误差难以消除)。这将导致用户的手机显示是 8:00:02 接收到的信息,但实际此时是 8:00:01,即 Δt_1 是 1 s 而不是 2 s,再乘光速 c 之后,定位误差会极其大,失去定位意义。为了解决上述问题,则需要引入第 4 颗卫星,建立 4 组参数方程,并将接收器固有时间误差 t 同接收器位置坐标一起作为待确定参数,以消除其带来的影响。具体地,如公式(2.29)所示,(x_i, y_i, z_i), $i=1$, …, 4 代表 4 颗卫星的空间位置坐标,c 为光速,Δt_i 代表 4 组卫星发射信号时间与接收器信号接收时间之间的差值,(x, y, z, t) 为待求解参数,分别代表接收器所处的经度、纬度、高度及接收器固有时间误差。

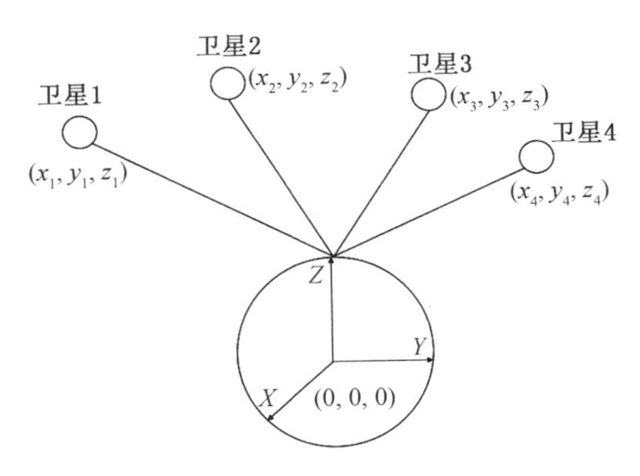

图 2.27 卫星定位原理图

$$\begin{cases} \sqrt{(x_1-x)^2+(y_1-y)^2+(z_1-z)^2} - c(\Delta t_1 - t) = 0 \\ \sqrt{(x_2-x)^2+(y_2-y)^2+(z_2-z)^2} - c(\Delta t_2 - t) = 0 \\ \sqrt{(x_3-x)^2+(y_3-y)^2+(z_3-z)^2} - c(\Delta t_3 - t) = 0 \\ \sqrt{(x_4-x)^2+(y_4-y)^2+(z_4-z)^2} - c(\Delta t_4 - t) = 0 \end{cases} \tag{2.29}$$

(4) 3 个主要的 GNSS 系统

全球卫星导航系统国际委员会公布的全球最主要的卫星导航系统供应商,包括中国的北斗卫星导航系统(Beidou Navigation Satellite System, BDS)、美国的全球定位系统(Global Positioning System, GPS)、俄罗斯的格洛纳斯卫星导航系统(Global Navigation Satellite System, GLONASS)和欧盟的伽利略卫星导航系统(Galileo Satellite Navigation System, GALILEO)。

GPS 是世界上第一个建立并用于导航定位的全球系统,由美国国防部于 20 世纪 70 年代组织研制,于 20 世纪 90 年代建成。GPS 利用卫星发射的无线电信号进行导航定位,具有全球性、全天候、高精度、快速实时三维导航、定位、测速和授时功能,以及良好的保密性和抗干扰性。目前 GPS 采用 WGS-84 坐标系,GPS 所发布的星历参数就是基于此坐标系统的。GPS 时间系统与世界标准时间(UTC)相关联,时间起算的原点定义在 1980 年 1 月

6日世界协调时UTC 0时，GPS时间不随UTC闰秒而进行整秒数的校正。因此，自2017年1月以来，GPS时间超前UTC时间18 s。

GLONASS是继GPS后的第二个具备完全运营能力的全球卫星导航系统，是苏联为满足授时、海陆空定位与导航、大地测量与制图、生态监测研究等建立的，苏联解体后由俄罗斯继承。GLONASS使用的是1990年苏联官方所制定的PZ－90参考坐标系，GLONASS的时间标准与莫斯科标准时间(UTC＋3)相关联，且与UTC同时采用跳秒校正，因此GLONASS时间与UTC之间不存在整秒数的时间偏差，但存在3 h的常数偏移量。

BDS是我国自主建设运行的全球卫星导航系统，已于2020年7月全面建成，为全球用户提供全天候、全天时、高精度的定位、导航和授时服务。BDS时间系统与UTC相关联，其起始历元为UTC时间2006年1月1日00时00分00秒，不做闰秒改正。因此，从2017年1月开始，北斗时已超前UTC时间4 s。BDS使用的是2000年中国大地坐标系，简称CGCS2000。

从CGCS2000坐标系和WGS－84坐标系的定义来看，其原点、尺度、定向及定向演变的定义都是相同的，所采用的参考椭球也非常相近，赤道半径、地球自转速度、地心引力常数均相等。只有椭球扁率存在的微小差异，仅在赤道上导致1 mm误差。地球椭球参数对比如表2.3所示。

表2.3　两个坐标系地球椭球参数对比表

椭球参数	CGCS2000坐标系	WGS－84坐标系
长半轴	6 378 137 m	6 378 137 m±2
扁率 f	298.257 222 1	298.257 223 6
地心引力常数 GM	$3\ 986\ 004.418\times10^{8}\ m^{3}\cdot s^{-2}$	$3\ 986\ 005\times10^{8}\ m^{3}\cdot s^{-2}\pm0.6\times10^{8}\ m^{3}\cdot s^{-2}$
自转角速度 ω	$7\ 292\ 115\times10^{-11}\ rad\cdot s^{-1}$	$7\ 292\ 115\times10^{-11}\ rad\cdot s^{-1}\pm0.150\times10^{-11}\ rad\cdot s^{-1}$

经实践比对，WGS－84坐标框架与CGCS2000坐标框架之间的差异是不能忽略的，目前WGS－84坐标系与CGCS2000坐标系在我国华东地区的差别已经达到半米以上，且随着时间的推移，两者的差异会越来越大。因此在高精度测量应用中需要进行框架转换和历元改正来进行精度改正，即利用不同参考框架之间的转换参数进行参考框架转换，利用板块运动速度场模型进行历元改正。

当前的WGS－84坐标是ITRF2008框架在2 005.0历元的坐标，CGCS2000坐标是ITRF97框架在2 000.0历元的坐标，因此WGS－84坐标与CGCS2000坐标的框架转换实际上就是ITRF2008与ITRF97框架的转换。

2.1.3.6 其他传感器

目前,智能感知传感器还包括听觉传感器、触觉传感器、味觉/嗅觉传感器等。

(1) 听觉传感器

听觉是人类和智能感知系统识别周围环境很重要的感知能力,尽管听觉定位精度比视觉定位精度低很多,但听觉有其无可比拟的优势。例如,听觉定位是全向性的,传感器阵列可以接收空间中任何方向的声音。听觉感知技术可以将数据域内信息的特征映射成声音特征量(音高、响度、音色等)之间的关系,用以描述数据的内在关系,从而对数据进行监控或提供数据分析支持。智能感知系统依靠听觉可以在黑暗环境或光线很暗的环境中进行声源定位和语音识别,这在单独依靠视觉的情况下是不能实现的。此外,听觉感知在军事领域中也取得了很好的应用效果:

① 水下目标自动识别

水下目标自动识别一直是各国海军优先和重点发展的技术。科学研究和实践表明,声波是水介质中信息载体传播损失最小的,因而声呐是水下远程目标探测最有效的工具。声呐接收的水下信号是发声体和所处介质共同作用后产生的目标辐射噪声,通过特征提取、特征选择和分类器处理可实现水下目标的准确辨识。

② 无人平台应用

无人平台是一种面向信息化作战,集感知、控制和智能决策于一体,能够自主操控的智能平台。无人车、无人机间的很多信息交互是基于声音的,如枪声、炮声的识别定位,语音指令、环境声音等的识别,感知周围这些基于声音的交互信息,并做出正确的智能决策对无人车、无人机而言至关重要。

(2) 触觉传感器

触觉是智能感知系统获取环境信息的另一种重要形式,是实现与环境直接作用的必需媒介。与视觉不同,触觉本身有很强的敏感能力,可直接测量对象和环境的多种性质特征。触觉传感器主要是为完成某种作业任务而对智能感知系统与对象、环境相互作用时的一系列物理特征量进行检测或感知。广义的触觉是接触、压迫、滑动以及环境中的温度、湿度等的综合,而狭义的触觉则指接触面上的受力,其严谨的概念包括接触觉、压觉和滑觉。触觉传感器和视觉传感器两者在功能上的互补性可为智能感知系统提供可靠而坚固的知觉系统。一些典型应用诸如:

① 视障产品应用

将触觉感知技术应用于视障产品中,能给视障群体带来实实在在的便利。例如,带有漂浮杠杆提示水位的水杯,当杯内水位到达一定程度时,其杠杆的杯外部分会触及握住把手的大拇指,从而让人获知"现在杯内的水已经足够了";盲人手杖设计中增加手部触感的反馈,使用者可通过手指触感的变化来获知周围环境信息;盲人专用导航鞋,鞋内置蓝牙、GPS 模块及小型振动装置，在行走过程中，鞋子前后左右 4 个振动器会通过振动指示方向。

② 假手产品应用

假手是一类典型的人机交互设备，对于辅助手臂截肢患者恢复手部功能有着重要的作用。现代智能假手不仅是在外观上装饰残疾人缺失的肢体，还可以通过肌电控制及力触觉感知反馈机制使其具有运动控制和感知的能力。图 2.28 为东南大学团队研制的具有力触觉感知功能的新型人机交感智能肌电假手。

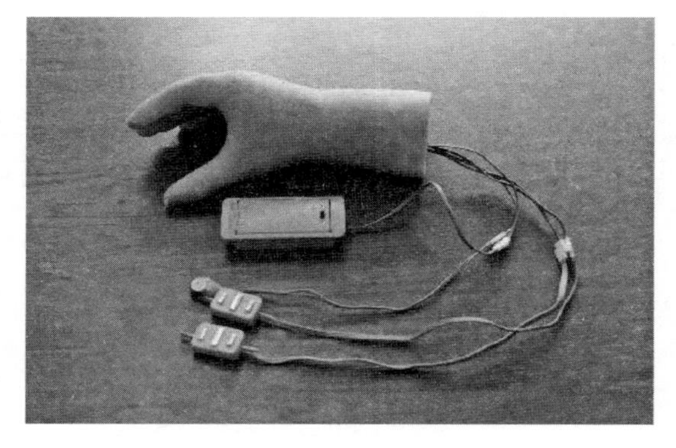

图 2.28　智能肌电假手

(3) 味觉、嗅觉传感器

自然界的生物体嗅觉和味觉系统中的功能部件主要包括受体、细胞和组织 3 个层次，具有将气味分子与味觉物质本身携带的化学信号转化为生物信号的能力，可以视为天然的化学感受器或传感器。在天然化学感受器的启发下以及实际应用需求的牵引下，研究者们不断提出各种基于化学和生物材料的仿生嗅觉和味觉传感系统。

仿生嗅觉和味觉传感器主要由生物功能部件和微纳传感器两部分组成。其中，生物功能部件作为敏感元件，与目标分子或离子结合并产生特异性的响应；微纳传感器作为换能器，将响应信号转化为更易于处理和分析的光、电等物理信号。近年来，随着嗅觉和味觉生物机理研究愈发深入，嗅觉和味觉仿生传感器也取得了突破性的进展，并且开始在基础研究和实际应用中崭露头角。与传统的气相和液相检测仪器相比，嗅觉和味觉仿生传感器继承了生物化学感受系统具有的优点，在灵敏度、响应时间、特异性等指标上都略胜一筹，在食品安全、环境监测以及疾病检测等多个领域展现了广阔的应用前景，一些典型应用如：

① 食品质量检测

味觉、嗅觉传感器在食品领域的应用包括对原料质量的检验、加工过程的监管，以及食品新鲜度的检测等。食品在储藏过程中不可避免发生变质，对因变质产生的气体、酶、微生物等进行检测，是有效预测食品保质期的手段，如用仿生电子鼻实时监测海鲜质量。

② 环境检测

近年来空气质量问题受到越来越多的关注，空气污染对环境和人类健康产生了重要影响。每年，全世界因大气颗粒物(Partical Matter，PM)引发心肺疾病致死的人数为 300 万～700 万。为解决此类健康问题，世界上多个国家已经开展了一氧化碳、一氧化氮、二氧化氮、臭氧、苯、甲苯、二甲苯等气体的现场快速检测技术研究，并已研制相应的传感器。

2.2 智能感知处理器

一个完整的智能感知过程需要从外界获取输入,并且能够解决现实中的某种特定问题。而仅通过智能传感器本身并不能构成一个完整的智能感知过程,必须要在一个具体的载体上运行起来,并利用智能感知处理器对智能感知传感器获取到的外界信息进行分析处理。智能感知处理器是智能感知系统的"大脑"。本节从芯片和设备的角度分别介绍智能感知处理器。

2.2.1 智能处理芯片

根据芯片设计理念,芯片往往被分为通用芯片和专用芯片。通用芯片的特点是"通用、灵活",具备运行各式各样指令的能力,并且经常同时处理多个外部设备的请求,必须拥有随时中止当前的运算转而进行其他运算,完成后再从断点继续运算的能力。专用芯片的特点是"高效",为执行某一种特定运算而设计,其定义了清晰的操作流程,省去了中断等大量灵活性设计。此外,为满足智能感知技术的算力需求,智能芯片由于其高算力的特点,近年来也得到了重点关注和高速发展。

2.2.1.1 通用芯片

通用芯片一般指服务器用和桌面计算用的中央处理单元 CPU(Central Processing Unit),是计算机的运算和控制中心,主要功能是完成计算机指令的执行和数据处理。

CPU 的工作原理如图 2.29 所示。控制单元是 CPU 的控制中心,当下达指令时,控制单元负责将存储器中的数据发送至运算单元并将运算后的结果存回存储器中。运算单元

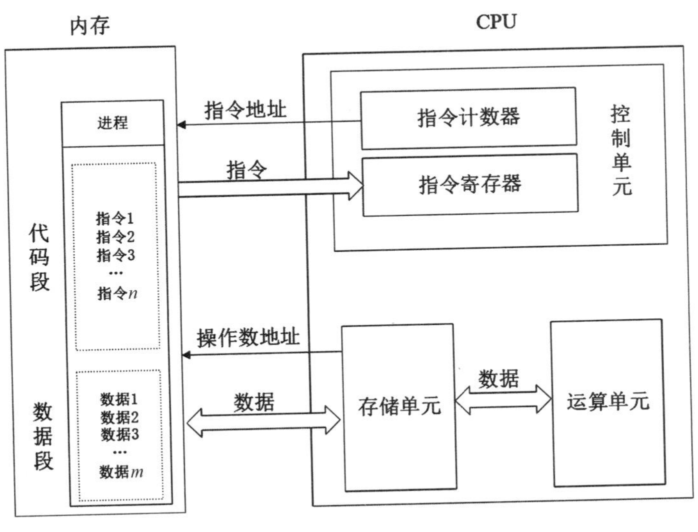

图 2.29　CPU 的工作原理

负责执行控制单元的命令，进行算术运算和逻辑运算。存储单元是 CPU 中数据暂时存储的位置，其中寄存有待处理或者处理完的数据。寄存器相比内存可以减少 CPU 访问数据的时间，也可以减少 CPU 访问内存的次数，有助于提高 CPU 的工作速度。

目前，市面上的 CPU 主要是基于 X86 和 ARM 两种架构，如图 2.30 所示。这两种架构分别支持复杂指令集（CISC）和精简指令集（RISC）。简单地说，复杂指令集支持的指令更多，每种运算都有自己的完整指令。但由于复杂指令集中只有少部分指令会被反复使用，精简指令集就是对其进行精简，不用每种运算都有完整指令。对于软件开发者来说，复杂指令集的指令非常丰富，软件开发难度较低，但硬件的设计复杂；而精简指令集正好相反，其对编译器等软件的设计要求较高，编译后的程序体积也比较大，但是处理器的开发难度大为降低，成本自然也要低廉许多。从市场占有率来看，服务器、桌面和移动 PC 主要使用的还是 X86 架构处理器，而 ARM 在智能手机、调制解调器、车载信息设备、可穿戴设备等领域应用广泛。

(a) 英特尔至强处理器(X86 架构)

(b) 华为鲲鹏处理器(ARM 架构)

图 2.30　不同架构的处理器

2.2.1.2　专用芯片

在智能感知领域中，针对其运算特点进行特定设计的专用芯片 ASIC 和 FPGA 同样具有异军突起的潜能。

(1) ASIC

面向具体应用的集成电路（Application Specific Integrated Circuit，ASIC）就是为了避免芯片性能浪费而诞生的。简单来说，当智能感知程序设计完成后，其结构也就确定了。之后，可以根据这个结构设计专用的芯片来承载该程序，这不仅能够最大效率地发挥芯片性能，更能提升计算速度。

ASIC 分为全定制和半定制。全定制设计需要设计者完成所有电路的设计，因此需要大量人力、物力，灵活性好但开发效率低。而半定制设计是使用库里的标准逻辑单元（standard cell），设计时可以从标准逻辑单元库中选择 SSI（如门电路）、MSI（如加法器、比较器等）、数据通路（如 ALU、存储器、总线等）、存储器甚至系统级模块（如乘法器、微控制器等）和 IP 核，这些逻辑单元已经布局完毕，而且设计得较为可靠，设计者可以在此基础上较方便地完成系统设计。

ASIC面向特定用户的需求，品种多、批量少，要求设计和生产周期短，它作为集成电路技术与特定用户的整机或系统技术紧密结合的产物，与通用集成电路相比具有体积小、重量轻、功耗低、可靠性高、保密性强、成本低等优点。缺点在于，ASIC一旦设计制造完成后电路就固定了，只能微调，无法大改。

(2) FPGA

现场可编程门阵列(Field Programmable Gate Array，FPGA)的设计更接近于硬件底层的架构，其最大特点是可编程。基于可编程的特点，用户可以通过FPGA配置文件来实现应用场景的高度定制，经过几十年在架构和工艺方面的发展和创新，以及在性价比方面的突破，使之从传统的高价格、高性能的通信领域逐渐扩展到工业、汽车、消费等领域。

同时，当下AI仍处于早期发展阶段，AI算法正从训练环节走向推理环节，这个过程需要对训练后的模型进行压缩，在基本不损失模型精度的情况下可以将模型压缩到原来的几十分之一。在这一阶段，AI是向着有利于FPGA发展的方向进行优化和升级的。

此外，FPGA也存在一些缺点，首先相较于ASIC其面积过大；其次也存在硬件编程困难，尚未形成统一编程模式的问题。

2.2.1.3　智能芯片

(1) GPU

GPU全称是Graphic Processing Unit——图形处理器，其最大的作用就是进行绘制各种计算机图形所需的运算，包括顶点设置、光影、像素操作等。GPU实际上是一组图形函数的集合。在早期，这些工作都是由CPU配合特定软件完成的，后来随着图像的复杂程度越来越高，给CPU增加的负荷远远超出了其性能范围，这个时候就需要一个在图形处理过程中担当重任的角色，GPU也就是从那时起正式诞生了。

图2.31展示了CPU和GPU的结构示意图，一块标准的GPU主要包括通用运算单元、控制器和缓存单元，从这些模块看来，跟CPU的内部结构有些相似。

图2.31　GPU和CPU的结构图

事实上两者的确在内部结构上有许多类似之处，但是由于 GPU 具有高并行结构，所以 GPU 在处理图形数据和复杂算法方面拥有比 CPU 更高的效率。图 2.31 展示了 GPU 和 CPU 在结构上的差异，CPU 大部分面积为控制器和寄存器，与之相比，GPU 拥有更多的逻辑运算单元(Arithmetic Logic Unit, ALU)用于数据处理，而非数据高速缓存和流控制，这样的结构适合对密集型数据进行并行处理。CPU 执行计算任务时，一个时刻只处理一个数据，不存在真正意义上的并行，而 GPU 具有多个处理器核，在一个时刻可以并行处理多个数据。

GPU 采用流式并行计算模式，可对每个数据进行独立的并行计算。所谓"对数据进行独立计算"，即流内任意元素的计算不依赖于其他同类型数据，例如，计算一个顶点的世界位置坐标，不依赖于其他顶点的位置。而所谓"并行计算"是指多个数据可以同时被使用，多个数据并行运算的时间和一个数据单独执行的时间是一样的。

由于神经网络与图形处理类似，都需要进行大量的、重复简单的数据并行运算，而 GPU 的特点就是能够处理密集型数据和及时进行并行数据运算，逻辑功能弱而计算功能强，因此 GPU 也越来越多地被应用于处理神经网络问题。此外，GPU 的设计和生产均已非常成熟，在集成度和制造工艺上具有优势，因而从成本和性能的平衡上来讲，它是当下人工智能运算很好的选择。

GPU 的缺点在于，它归根结底是一种通用型的芯片，在预测过程中很可能存在性能过剩，使芯片发挥不出应有的性能。同时，这种通用化的结构设计使得芯片在面对特殊结构的神经网络时捉襟见肘。因此 GPU 未必是人工智能加速硬件的唯一答案。

图 2.32 是一个具体的 GPU 案例——NVIDIA A100。NVIDIA A100 采用 NVIDIA Ampere 架构，提供 40 GB 和 80 GB 两种显存配置。A100 相较于前一代 NVIDIA Volta™ 性能提升了 20 倍。同时支持高效扩展，可划分为 7 个独立的 GPU 实例，多实例 GPU 可提供统一平台，动态地适应不断变化的工作负载需求。NVIDIA A100 Tensor Core 技术支持广泛的数学精度，可针对每个工作负载提供单个加速器。最新一代 A100 80 GB 将 GPU 显存加倍，提供了最高 2 TB/s的超快显存带宽，可加速处理超大模型和海量数据集。

图 2.32　NVIDIA A100

不同规格 A100 的性能如表 2.4 所示，其中 FP64、FP32 分别表示双精度浮点数和单精度浮点数，TF32 则是一种专门运用于 TensorCore 的计算格式，它们均表征 A100 的计算性能。以 FP64 为例：A100 的 FP64 峰值性能为 9.7 TFLOPS，即每秒可进行 97 万次双精度的浮点运算。GPU显存用来存储显卡芯片处理过或者即将提取的渲染数据，显存容量的大小决定着显存临时存储数据的能力。

表 2.4　A100规格表

规格	A100 NVLink版	A100 PCle版
FP64峰值性能	9.7 TFLOPS	9.7 TFLOPS
FP32峰值性能	19.5 TFLOPS	19.5 TFLOPS
Tensor Float 32（TF32）峰值性能	156 TFLOPS/312 TFLOPS	156 TFLOPS
GPU显存	40 GB/80 GB	40 GB

(2) NPU

GPU虽然在并行计算能力上尽显优势，但其并不能单独工作，需要CPU的协同处理，神经网络模型的构建和数据流的传递还是在CPU上进行。同时存在功耗高、体积大的问题，性能越高的GPU体积越大、功耗越高、价格也越昂贵，对于一些小型设备、移动设备来说将无法使用。因此，一种体积小、功耗低、运算性能高、计算效率高的专用芯片——NPU（嵌入式神经网络处理器）诞生了。

NPU也是集成电路的一种，但区别于ASIC的单一功能，其网络处理更加复杂、灵活。NPU采用“数据驱动并行计算”的架构，特别擅长处理视频、图像类的海量多媒体数据，可以在一块芯片上实现许多不同功能，以应用于多种不同的网络设备及产品中。

可以说，NPU是专门为人工智能而设计，用于加速神经网络的运算。其工作原理是在电路层模拟人类神经元和突触，并且用深度学习指令集直接处理大规模的神经元和突触，一条指令完成一组神经元的处理，而CPU和GPU可能需要用数千条指令才能完成。因此NPU在深度学习的处理效率方面优势明显。实验结果显示，同等功耗下NPU的性能是GPU的118倍。

2014年，中国科学院科研团队发表了DianNao系列论文，开启了专用人工智能芯片设计的先河。后来中国科学院旗下的中科寒武纪科技股份有限公司推出了其第一代NPU——寒武纪1A，并应用在华为麒麟970芯片中。随后谷歌推出了TPU架构，华为推出了自研的基于达芬奇(DaVince)架构的NPU，阿里推出了基于“含光”架构的NPU。

图 2.33　华为Ascend(昇腾)910芯片

图2.33是代表性NPU芯片——华为Ascend(昇腾)910。该芯片采用7 nm工艺制程，最大功耗350 W，FP16(半精度浮点数)算力达到256 TFLOPS，单芯片计算密度超过NVIDIA V100、Google TPU v3。INT8算力可以达到512 TOPS，同时支持128通道全高清视频解码(H.264/H.265)。昇腾910采用华为自研的达芬奇架构，专门针对深度神经网络运算特征优

化，以高性能 3D Cube 矩阵计算单元为基础，实现算力和能效比的大幅度提升。

(3) 类脑芯片

随着海量数据的产生、算法模型的不断优化和发展，算力的发展成为人工智能系统快速发展的核心要素。2012—2018 年间，最大的 AI 训练算力消耗已经增长 30 万倍，平均每 3 个多月便翻倍，速度远远超过摩尔定律。面对如此巨大的算力需求，如何进一步提升智能处理器芯片的性能成了重要课题：一方面是采用沿计算机科学发展而来的以 NPU 为主的 AI 加速器；另一方面就是开发突破传统冯·诺依曼结构的类脑芯片。

类脑芯片采用人脑神经元结构设计芯片来提升计算能力，以完全拟人化为目标，模拟人脑神经突触传递的结构。相较于传统的芯片而言，其特点主要是运行效率高和能量消耗低。

① 运行效率高

传统计算机采用冯·诺依曼结构，它将计算与存储在空间上分离，分成指令集和数据集。计算机每次进行运算时需要在 CPU 和内存这两个区域往复调用。而随着深度学习算法的出现，对芯片计算力的要求不断提高，这种计算方式的瓶颈就显现出来：当 CPU 需要依托大量数据执行一些简单指令时，数据流量将严重降低整体效率。而类脑芯片通过对大脑进行物理和生理解构，能够模拟神经元和神经突触功能，将数以亿计的光电器件按照人脑结构进行集成，并对整体任务进行优化分工，即每个神经元只负责一部分计算，从根本上提高芯片的运行效率。

② 能量消耗低

基于冯·诺依曼架构的传统芯片在完成计算任务时，大部分功耗都浪费在了数据搬运过程中，即 CPU 在执行命令时必须先从存储单元中读取数据。一个不带散热器的计算机，其 CPU 产生的热量可在短时间内将其自身融化。对此，类脑芯片采用“存算一体”的新架构，芯片内部的计算核也具备数据存储功能，可以大大节约能耗。此外，类脑芯片的“事件驱动运算”特性只有在事件触发时才展开运算，当没有事件触发时，机器就不需要运算，也能进一步降低芯片功耗。

在上述明显优势的驱动下，类脑芯片的大门已经慢慢被打开。2011 年，IBM 发布了 TrueNorth 芯片，这也是人类用电路模拟神经行为学的开端。2014 年 TrueNorth 更新了第二代，功耗达到了 20 mW/cm^2，印证了类脑芯片的低功耗价值，也在一些 AI 任务上印证了类脑芯片的实际工作能力。

2017 年，英特尔发布了类脑芯片 Loihi，其拥有 13 万个人造突触。2019 年，英特尔发布了号称业界首个大规模神经形态计算系统 Pohoiki Beach。这个系统由 64 块 Loihi 组合而成，并在自主导航、路径规划等需要高效执行的 AI 任务中展现出高于 GPU 的性能。

此外，中国的达尔文芯片、天机芯片(图 2.34)也都证明了类脑芯片在低功耗和超高速反应上具有值得期待的效果。但是类脑芯片尚在发展中。

(a) 天机芯片

(b) 基于天机芯片的无人自行车系统

图 2.34　天机芯片单片和基于天机芯片的无人自行车系统

2.2.2　智能处理设备

处理器芯片是智能感知中对数据进行运算处理的关键，但仅仅只有芯片是不够的，还应该具有丰富的外部接口等组成处理设备，才能够执行智能感知任务。与处理器芯片相类似，智能处理设备也可以分为通用设备和专用设备。

2.2.2.1　通用设备

通用设备指的是可以执行多种类型和复杂度计算任务的设备。通用设备具有灵活性和兼容性的优点，但是在执行某些特定的计算任务时，可能效率不高或性能不足。通用设备按性能可以分为个人计算机(PC)和服务器。图 2.35 为 PC 和服务器的示例。

(a) PC

(b) 服务器

图 2.35　PC 和服务器

在日常生活中，我们接触最多的就是 PC 机，它可以满足我们学习、工作、娱乐等各式各样的需求。随着技术的发展，PC 机的功能也越来越强，基本可以满足智能感知的数据采集和处理需求。

服务器一般必须具备两个特点：第一是服务器应用在网络计算环境中；第二是服务器要为网络中的客户端提供服务。在网络中，服务器为客户端提供着数据存储、查询、转发、发布等功能，维系着整个网络环境的正常运行。

服务器归根结底还是一台计算机，其硬件结构也是从PC发展而来，服务器的一些基本特性和PC有很大的相似之处。服务器硬件也包括处理器、芯片组、内存、存储系统以及I/O设备这几大部分，但是和普通PC相比，服务器硬件中包含着专门的服务器技术，这些专门的技术保证了服务器能够承担更高的负载，具有更高的稳定性和扩展能力。PC和服务器的区别主要有以下三个方面：

① 稳定性要求不同

服务器承载着网络中的关键任务，需要长时间的无故障稳定运行。在某些关键领域，需要服务器全年无休地运行，一旦出现服务器宕机，造成的后果将是非常严重的。这些关键领域的服务器从开始运行到报废可能只开一次机，这就要求服务器具备极高的稳定性，这是普通PC无法比拟的。

② 性能要求不同

除了稳定性之外，服务器对于性能的要求同样很高。前面提到过，服务器是在网络计算环境中提供服务的计算机，承载着网络服务正常运行的关键任务，所以为了达到提供服务所需的高处理能力，服务器的硬件采用与PC不同的专门设计。

③ 扩展性能要求不同

服务器在成本上远高于PC，一旦更新换代需要投入很大的资金和维护成本，所以相对PC来说服务器更新换代比较慢。但行业信息化的要求也不是一成不变，所以服务器通常要留有一定的扩展空间。如提供PCI-E、PCI-X等扩展插槽，并且内存、硬盘扩展能力也高于PC。

2.2.2.2 专用设备

专用设备指的是针对某些特定的计算任务而设计和优化的设备。专用设备具有高性能和低功耗的优点，但是在执行其他类型或复杂度的计算任务时，可能无法适应或无法兼容。专用设备按照使用场景可以分为端侧设备、边缘计算设备和云计算设备。

需要说明的是，随着云计算服务在个人应用领域的延伸，有一类云计算服务适用于绝大多数应用场景，从这个角度可以认为是通用设备，但本书中的云计算设备特指面向大规模、复杂计算任务场景而设计的专用设备。

(1) 端侧设备

① 概念

与常见的桌面计算机系统（如PC机、工作站、服务器和大型机等）不同，端侧设备是指位于工业系统、武器系统或机电仪表设备、消费电子类产品内部，完成一种或多种特定功能的计算机软件与硬件的综合体，主要包括工控机和嵌入式系统等。其与常见的桌面计算机的区别在于，通用型计算机系统资源充足，有丰富的编译器、集成开发环境、调试器等，端侧设备接口/计算资源有限，通常用于处理特定的任务。

② 特点

专用性强。由于端侧设备通常是面向某个特定应用的，所以端侧设备的硬件和软件都是为特定用户群设计的，具有某种专用性的特点。

体积小型化。端侧设备把通用计算机系统中许多由板卡完成的任务集成在芯片内部，方便将端侧设备嵌入目标系统中。

实时性好。端侧设备广泛应用于生产过程控制、数据采集、传输通信等场合，因此对端侧设备有或多或少的实时性要求。实时性是对端侧设备的普遍要求，是设计者和用户应重点考虑的一个重要指标。

可靠性高。由于有些端侧设备所承担的计算任务涉及被控产品的关键质量、人身设备安全，所以与普通系统相比较，端侧设备对可靠性的要求更高。

功耗低。有许多端侧设备应用于小型系统，如智能手机、数码相机等，这些设备不配置交流电源或容量较大的电源，因此低功耗一直是端侧设备追求的目标。

③ 实例

NVIDIA Jetson TX2（图 2.36）是一款端侧设备。这款计算模块采用 NVIDIA Pascal GPU、配备 8 GB 内存、59.7 GB/s 内存带宽，功耗最低约 7.5 W，可以提供 1.33 TFLOPS 的 AI 计算能力，且具有丰富的标准硬件接口，易于拓展。Jetson TX2 在图像识别与分割、语音识别等领域都已经得到了很好的应用。

图 2.36　NVIDIA Jetson TX2

(2) 边缘计算设备

① 概念

边缘计算设备是指在靠近数据源头的一侧，集网络、计算、存储、应用等核心能力为一体的开放平台，就近提供最近端服务。其应用程序在边缘侧发起，产生更快的网络服务响应，满足行业在实时业务、智能应用、安全与隐私保护等方面的基本需求。边缘计算设备连接着端侧与网络，是进入物联网的第一个入口点。其基本模型如图 2.37 所示。

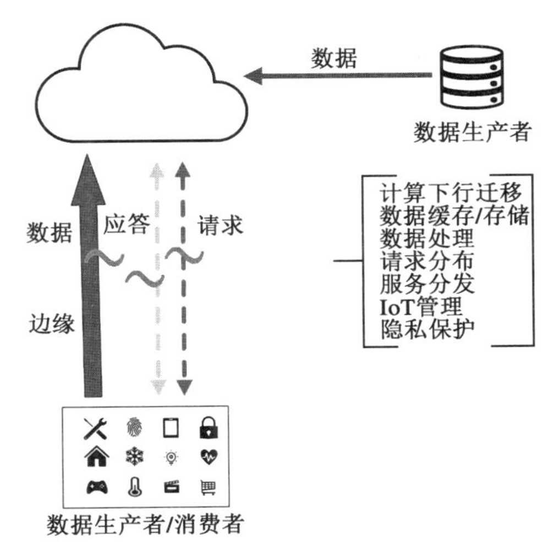

图 2.37　边缘计算模型

边缘计算设备主要解决中央计算模式下存在的高延迟、网络不稳定和低带宽等问题。由于资源条件的限制，中央计算模式不可避免地受到高延迟和网络不稳定带来的影响，通过将部分或者全部处理程序迁移至靠近用户或数据收集点的边缘计算设备，能够大大减少中央计算模式给应用程序带来的影响。

② 特点

边缘计算设备具有低延迟、低带宽运行和数据隐私保护的特点，其将计算能力部署在设备侧附近，能够实现设备请求的实时响应。同时，将一部分计算工作迁移至更接近用户或数据采集终端的边缘计算设备，降低了中央计算的带宽需求。边缘计算设备可以实现数据的本地采集、分析、处理，减少了数据暴露在公共网络的机会，保护了数据隐私。

③ 实例

ThinkEdge SE450（图 2.38）是联想推出的一款边缘服务器。它为满足物联网和边缘计算的需求而设计。其搭载英特尔第三代至强处理器，内存最高可达 1 TB，同时具有良好的扩展性，

图 2.38　ThinkEdge SE450

具有 6 个 NVMe 驱动器、一个 OCP4 和 4 个 PCIe 插槽。此外，最多还可以搭载 4 个 GPU，满足边缘工作负载所需的处理、存储、加速以及网络能力。基于联想 ThinkEdge SE450 部署的边缘计算 AI 解决方案已经在电信、智慧城市、智能制造、航空等领域取得了实践成果。

（3）云计算设备

① 概念

云计算是谷歌公司最早提出的概念，它的提出代表了一种全新计算模式的出现。这种模式的基本思想是将网络上的计算资源通过网络的方式交付给用户使用，用户只能通过网络的方式使用这些资源，却看不到这些资源的实体。更通俗地说，云计算以互联网服务的形式提供计算资源，包括服务器、数据库、网络、软件等，这些计算资源就是云计算设备。

② 特点

云计算将分布式计算、并行计算的思想以及网络存储技术、虚拟化技术、负载均衡技术相融合，以此获得强大的计算能力。其计算资源的主体不再是单一的 PC 机或者服务器，而是分布在互联网上的计算机群组。实现云计算服务的计算机是群组里的众多资源共同完成的。它有着与其他计算机技术不同的特点，主要包括以下 3 个方面：

a. 动态可扩展。云端计算将计算资源作为商品，动态的按需分配资源能够充分发挥资源的最大效益。

b. 充分利用互联网技术。以互联网技术作为支撑，用户可以在极短的时间内获得超大的运算处理能力，而且对于获取服务的终端也没有限制，PC 机、手机、平板等设备，只需联

网即可获取服务。

c. 低碳环保。云端计算的主体是互联网上的资源。用户不需要为实现某些能力而购买新的硬件或者软件资源,提高了资源的重复利用率。

③ 实例

目前主要的云计算服务提供商有华为、谷歌等。下面将以图 2.39 中的谷歌云平台(Google Cloud Platform)为例进行简单介绍。

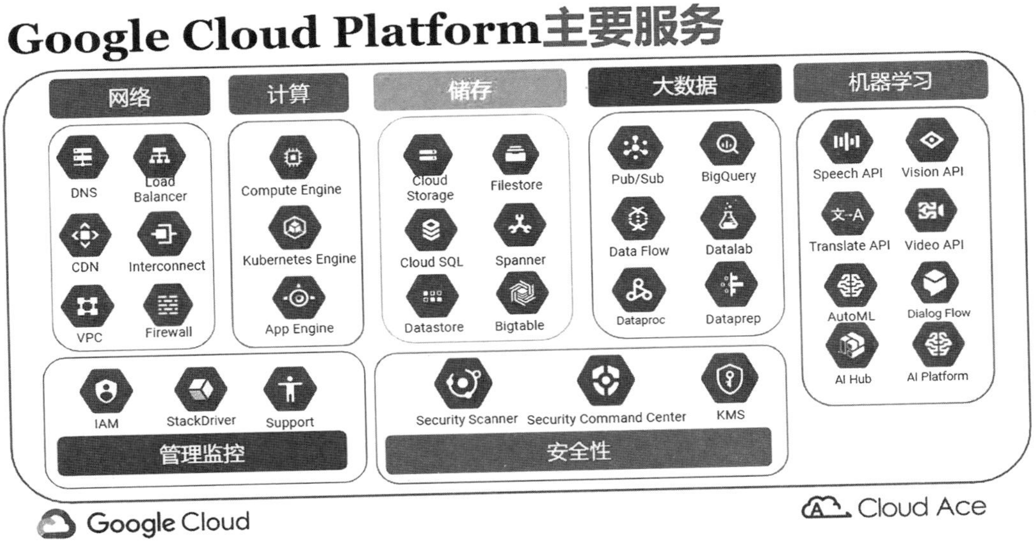

图 2.39　谷歌云平台

Google Cloud Platform 为计算、存储、网络、大数据、机器学习、物联网(IoT)、云管理和信息安全提供服务,其提供的 BigQuery 和 Data Flow 服务有强大的分析和处理能力,而 Kubernetes 容器技术允许容器集群管理并简化容器部署。Google 的云机器学习引擎和各种机器学习 API 使开发者可以更轻松地利用云中 AI。

实际上,上述云计算设备已经为企业领域的远程办公,金融领域的高频交易、风险管理,以及交通领域的资源调度、信息监控等提供了专有的计算服务。

2.3　智能感知通信

智能感知通信以实现信息交互为目的,对支持智能感知系统的网联化发展尤为重要。本节主要介绍当前主流的无线通信技术。

2.3.1 近距离无线通信技术

全面的互联互通是智能感知通信的发展需求。近距离感知通信是为适应物联网中的短距离、低功耗无线通信方式而发展的。随着 NFC、红外、蓝牙、Zig-Bee 及车载无线通信等技术的发展，近距离无线通信正深入各个应用领域，呈现出广阔的应用前景。

2.3.1.1 NFC

NFC(Near Field Communication)技术是一种近距离的双向高频无线通信技术，能够在移动终端、智能标签(Tag)等设备间进行非接触式数据交换。它是在非接触式射频识别(RFID)技术的基础上，结合无线互联技术研发而成，具有通信距离短、一次只和一台设备连接、硬件安全模块加密等特点，保密性和安全性较好。

(1) 工作原理

NFC 的技术标准 NFCIP－1 规定 NFC 的通信距离为 10 cm 以内，运行频率为 13.56 MHz，传输速度有 106 Kb/s、212 Kb/s 或者 424 Kb/s 3 种。

NFCIP－1 标准详细规定了 NFC 设备的传输速度、编解码方法、调制方案以及射频接口的帧格式，此标准中还定义了 NFC 的传输协议，其中包括启动协议和数据交换方法等。

NFC 的工作模式分为被动模式和主动模式。被动模式如图 2.40 所示，NFC 发起设备(也称为主设备)需要供电设备，主设备利用供电设备的能量来提供射频场，并将数据发送到 NFC 目标设备(也称作从设备)，传输速率需在 106 Kb/s、212 Kb/s 或 424 Kb/s 中选择其中一种。从设备不产生射频场，所以可以不需要供电设备，而是利用主设备产生的射频场转换来的电能，为从设备的电路供电，接收主设备发送的数据，并且利用负载调制(load modulation)技术，以相同的速度将从设备数据传回主设备。因为此工作模式下从设备不产生射频场，而是被动接收主设备产生的射频场，所以被称作被动模式。在此模式下，NFC 主设备可以检测非接触式卡或 NFC 目标设备，并与之建立连接。

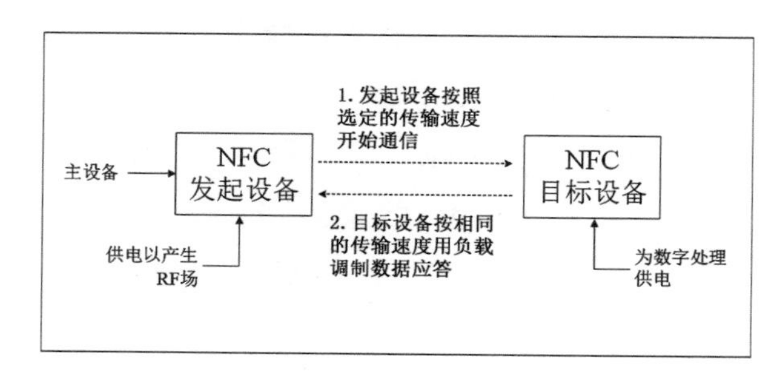

图 2.40 NFC 被动通信模式

主动模式如图 2.41 所示，发起设备和目标设备在向对方发送数据时，都必须主动产生射频场，所以称为主动模式，它们都需要供电设备来提供产生射频场的能量。这种通信模式是对等网络通信的标准模式,可以获得较快的连接速率。

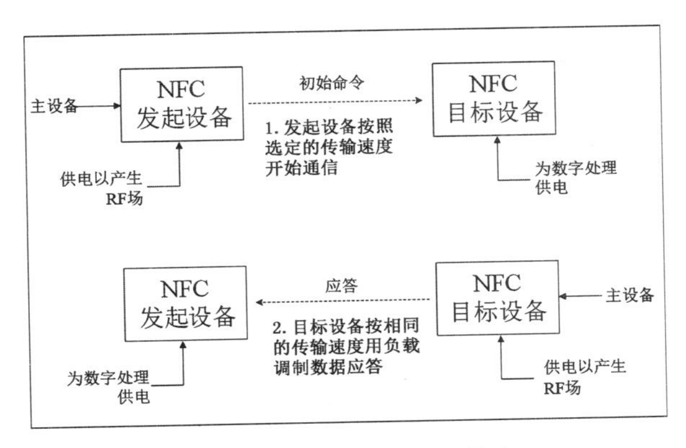

图 2.41　NFC 主动通信模式

(2) 特点

① NFC 技术的使用距离非常近,一般在 10 cm 以内,降低了数据被窃取或者被干扰的风险,保障了数据的安全性。

② NFC 技术的数据传输速率最高可达 424 Kb/s。仅可以满足一些数据交换量不大的应用,比如门禁、票务、支付等。

③ NFC 技术的功耗非常低,一般在 15 mW 以下。设备续航能力较强。同时,NFC 技术还支持被动模式,这可以节省资源和成本。

④ NFC 的硬件成本相对较低,降低了设备的制造成本和用户的购买成本。同时,NFC 还支持使用纸张、塑料等材料制作的 NFC 标签,这些标签可以嵌入各种物品中。

(3) 应用

① 标签应用

NFC 技术可以用于读取和写入电子标签,实现对物品的追踪和管理。例如,在物流领域,通过在物品上粘贴 NFC 标签,可以实时追踪物品的位置和状态;在医疗领域,NFC 标签可以用于药品管理和患者身份识别等。

② 安防应用

NFC 技术可以与门禁系统结合,将手机或其他设备虚拟成门禁卡、电子门票等,用户只需将手机或其他设备靠近读卡器,即可轻松打开门禁。这样不仅使门禁的配置、监控和修改等十分方便,而且可以实现远程修改和配置,例如在需要时临时分发凭证卡等。

③ 支付应用

NFC 支付主要是指将带有 NFC 功能的手机虚拟成银行卡、一卡通等,通过将手机靠近 POS 终端,用户可以快速完成支付,无需使用实体信用卡或现金。此外,NFC 还可以实现公交卡、会员卡等功能,方便用户出行和生活。

2.3.1.2 红外

红外是一种点对点的近距离无线通信方式。任何具有红外端口的设备间都可进行信息交互，且设备通常体积小、成本低、功耗低、不需要频率申请。由于红外通信需要将端口对接才可进行点对点数据传输，因此保密性较强。但其设备必须在可见范围内，传输距离较短，对障碍物的衍射能力较差。

（1）工作原理

红外通信利用950 nm近红外波段的红外线作为传递信息的媒介。发送端将基带二进制信号调制为一系列的脉冲串信号，通过红外发射管发射红外信号。接收端将接收到的光脉冲转换成电信号，经过放大、滤波等处理后送给解调电路进行解调，还原为二进制数字信号后输出。常用的有通过脉冲宽度来实现信号调制的脉宽调制（PWM）和通过脉冲串之间的时间间隔来实现信号调制的脉时调制（PPM）两种方法。

（2）特点

① 红外通信通过数据电脉冲和红外光脉冲之间的相互转换实现无线数据收发，并非运用数字信号传输，所以几乎没有任何相似的信号对其产生干扰。

② 红外线的波长较短，对障碍物的衍射能力差，所以只适合应用在短距离点对点无线通信。正因为如此，红外通信保密性强。

③ 红外通信技术已非常成熟，上下游产业链也极为发达，其成本相当低廉。

（3）应用

红外通信技术最为普遍的应用就是遥控器。家庭电器（如电视、空调、音响等）的遥控器均使用红外通信技术，通过遥控器按键可以在不同的位置控制设备。

此外，红外通信还可以用于数据传输，包括在智能手机和电脑之间传输文件等。但红外数据传输速度较慢，且受红外波段的限制，通信距离较短，因此应用场景有限。

2.3.1.3 蓝牙

蓝牙（Bluetooth）是一个开放性的短距离无线通信技术标准，也是目前国际上通用的一种公开的无线通信技术规范。它可以在较小的范围内，通过无线连接的方式安全、低成本、低功耗地进行网络互联，使得近距离内各种通信设备能够实现无缝资源共享，也可以实现在各种数字设备之间的语音和数据通信。目前，其实际应用范围已经拓展到各种消费电子产品和汽车等领域。

（1）工作原理

蓝牙采用高速跳频（frequency hopping）和时分多址（Time Division Multiple Access，TDMA）等技术，为固定与移动设备通信环境建立一个特别连接。蓝牙技术使得一些便于携带的移动通信设备和计算机设备不必借助电缆就能联网，并且能够实现无线连接互联网。

蓝牙技术支持点对点连接、点对多点连接和 mesh(网状)网络。点对点连接、点对多点连接是其基础连接方式,对应两种网络拓扑结构:微微网(piconet)和散射网(scatternet)。微微网中只有一个主单元(master),最多支持 7 个从单元(slave)与主单元通信。主单元以不同的跳频序列来识别从单元,并与之通信。若干个微微网形成一个散射网,蓝牙设备既可以作为一个微微网中的主单元,也可以在另一个微微网中作为从单元。

mesh 网络则形成多点对多点连接。图 2.42 给出了蓝牙 mesh 网络拓扑,与上述散射网不同,蓝牙 mesh 网络中不存在主节点,每个节点有可以跨越一定数量的中间节点,以多跳的方式到达网络中的其他节点。在蓝牙 Mesh 网络中,没有静态或动态路由,而是采用可管理的洪泛机制(网络中的每一个设备都发送和接收范围内所有设备的所有消息)进行消息传输。多点对多点的 mesh 技术让蓝牙在组网能力上有了巨大的提升,且具有较高的稳定性、安全性和兼容性。

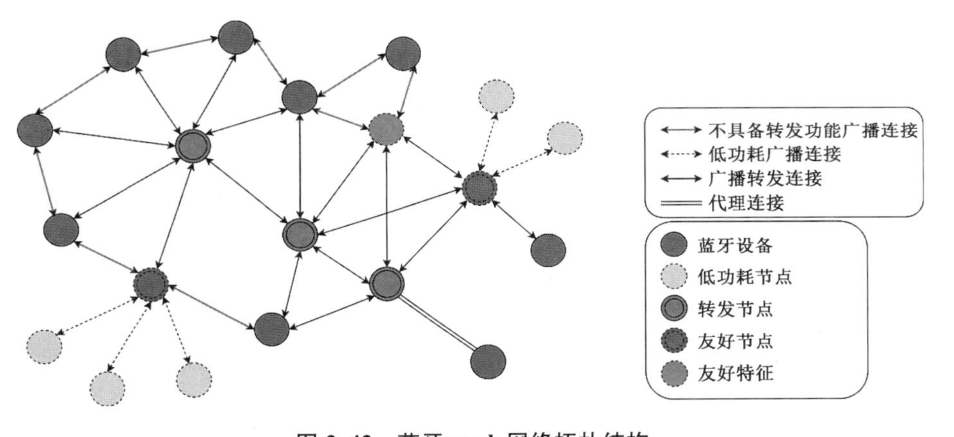

图 2.42　蓝牙 mesh 网络拓扑结构

图 2.42

(2) 特点

① 全球范围适用。蓝牙设备工作的频段选在全球通用的 2.4 GHz 的 ISM(即工业、科学、医学)频段。这样用户不必经过申请就可在 2 400～2 500 Hz 范围内选用适当的蓝牙无线电收发器频段。

② 组网灵活性强。设备和设备之间是平等的,无严格意义上的主设备。

③ 成本低。随着应用的不断扩大,各个供应商纷纷推出自己的蓝牙芯片和模块,蓝牙产品成本不断下降。

(3) 应用

① 音频播放和无线键鼠

通过蓝牙,用户可以将手机、电脑等设备上的音乐等媒体内容传输到蓝牙音箱、蓝牙耳机等设备上进行播放,还可以通过蓝牙将键盘和鼠标连接到电脑等设备上,摆脱传统线缆的束缚，使用起来非常的便利。

② 健康监测

蓝牙在健康监测方面也发挥了重要作用。通过蓝牙将智能手环或智能手表连接到手机或其他设备上，实时监测用户的运动量、心率、睡眠质量等生理指标，从而更好地管理健康。

2.3.1.4 Wi-Fi

Wi-Fi 是 Wi-Fi 联盟的商标，也是一个基于 IEEE 802.11 标准的无线局域网（WLAN）技术。从 1997 年第一代 IEEE 802.11 标准发布至今，802.11 标准经历了 6 个版本的演进，在 Wi-Fi 6 发布之前，Wi-Fi 标准是通过从 802.11b 到 802.11ac 的版本号来标识的。随着 Wi-Fi 标准的演进，Wi-Fi 联盟为了便于 Wi-Fi 用户和设备厂商轻松了解 Wi-Fi 标准，选择使用数字序号来对 Wi-Fi 重新命名。

（1）工作原理

Wi-Fi 是由 AP（Access Point）和无线网卡组成的无线网络。AP 一般称为网络桥接器或无线访问节点，它是传统的有线局域网络与无线局域网络之间的桥梁，因此任何一台装有无线网卡的 PC 均可透过 AP 去分享有线局域网络甚至广域网络的资源，其工作原理相当于一个内置无线发射器的 HUB 或者是路由，而无线网卡则是负责接收由 AP 所发射信号的客户端设备。

（2）特点

① Wi-Fi 频段在全球是不需任何电信运营执照的免费频段，在生活中较为普及，用户可以在有 Wi-Fi 覆盖的范围内随时随地浏览网页、传输数据。同时，Wi-Fi 具有良好的穿透能力，能够满足家庭上网和移动办公的需求。

② Wi-Fi 设备成本低廉、部署方便。Wi-Fi 设备的安装及使用相当简单，只需建立相应的接入口即可，相比于部署有线网络，Wi-Fi 可以节省大量的时间和成本。

③ Wi-Fi 传输的速度相比于蓝牙有着得天独厚的优势，通过加大功率和提高接收灵敏度，可以保障 Wi-Fi 网络传输速度的稳定性，使其几乎可以和有线连接媲美。

（3）应用

Wi-Fi 通信技术在家庭生活、商业领域、工业领域以及公共场所中都有着广泛的应用，为人们的生活和工作带来了便利、提高了效率。相信随着技术的不断进步，Wi-Fi 的应用场景将会更加多样化和智能化。

① 家庭应用

通过家庭 Wi-Fi 网络，人们可以方便地将电脑、手机、智能电视等设备连接到互联网，进行在线购物、观看视频、浏览社交媒体等各种活动。而且，家庭 Wi-Fi 网络还可以实现各种智能设备的互联互通，进行智能音箱、智能灯泡、智能门锁等设备的远程控制和联动操作。

② 商业应用

Wi-Fi 在商场、酒店和银行中也得到了广泛应用，利用 Wi-Fi 通信技术可以方便顾客浏览商品信息、查询旅游信息、社交分享等，提升顾客体验。同时也可以通过 Wi-Fi 网络进行在线下单、移动支付、银行转账等操作，提高服务效率。

③ 工业应用

利用 Wi-Fi 通信技术可以实现工业设备的远程监控和控制，以及仓储货物的实时跟踪和管理，从而提高工业生产的效率和安全性，帮助企业数字化转型。

④ 公共场合应用

城市公共场所的 Wi-Fi 服务可方便人们上网查阅信息、社交分享等，提升了公共服务的质量。通过建立城市范围内的 Wi-Fi 网络，可以实现智能交通管理、智能停车、智能能源管理等功能。这些功能不仅提升了城市的管理水平，还提高了人们的生活质量。

2.3.1.5　Zig-Bee

Zig-Bee 是一种近距离、低复杂度、低功耗、低数据速率、低成本的双向无线通信技术，可以满足对小型廉价设备的无线联网和控制。Zig-Bee 过去又称为“HomeRF Lite”和“FireFly”技术，目前统一称为 Zig-Bee 技术。

Zig-Bee 的名称灵感来源于蜜蜂的交流方式，蜜蜂之间通过跳 Z 字形的舞蹈互相交流，向同伴传递花粉所在方位和距离等信息，Zig-Bee 联盟便以此作为这个新一代无线通信技术的名称。Zig-Bee 模块与 Zig-Bee 网络如图 2.43 所示。

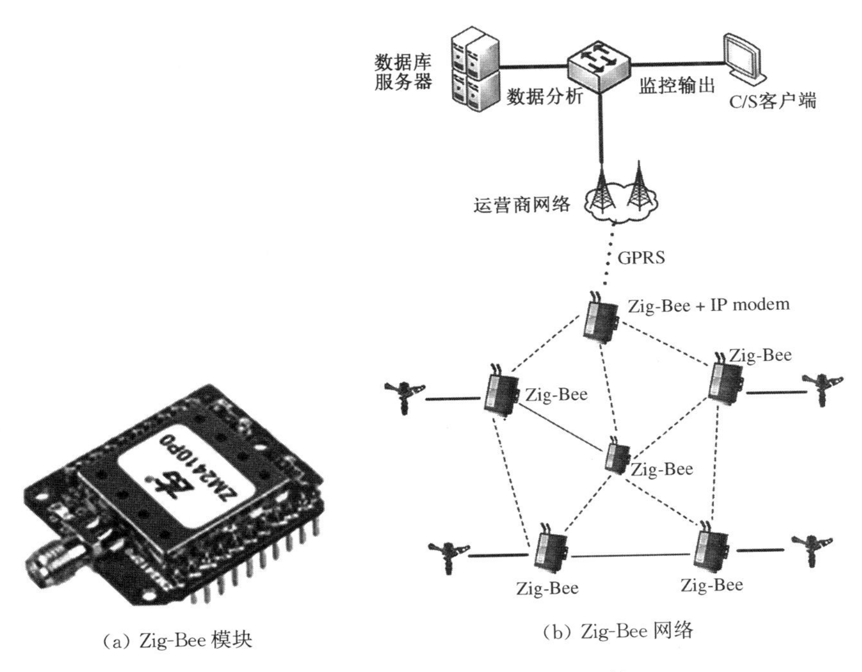

(a) Zig-Bee 模块　　(b) Zig-Bee 网络

图 2.43　Zig-Bee 模块与 Zig-Bee 网络

(1) 工作原理

Zig-Bee采用IEEE 802.15.4标准作为物理层(PHY)和媒体访问控制子层(MAC)标准,Zig-Bee联盟在此基础上建立了网络层(NWK)和应用层构架。应用层构架由应用支持子层(APS)、Zig-Bee设备对象和制造商定义的应用对象组成。Zig-Bee用于组建低速率、低功耗的无线个域网(LR WPAN)。网络的基本组成单元是设备,在同一个物理信道范围内,两个或者两个以上的设备可以构成一个无线个域网。

一个Zig-Bee网络由一个协调器节点、多个路由器和多个终端设备节点组成。协调器的主要功能是建立网络,并对网络进行相关配置,它是网络上的第一个设备。协调器首先选择一个信道和网络标识(PAN ID),然后开始建立网络,一旦网络建立完成,协调器的作用就像路由器节点,网络的后续操作并不依赖这个协调器的存在。路由器的主要功能是寻找、建立和修复网络报文的路由信息,并转发网络报文。通常,路由器全时间处在活动状态,因此对能源消耗较大。网络终端的功能相对简单,它可以加入、退出网络,可以发送、接收网络报文,但不能转发报文。终端设备不负责网络维护,为减少能量消耗,可以进入休眠状态。

Zig-Bee网络有三种不同的拓扑结构,分别为星状网、树状网和网状网,如图2.44所示。

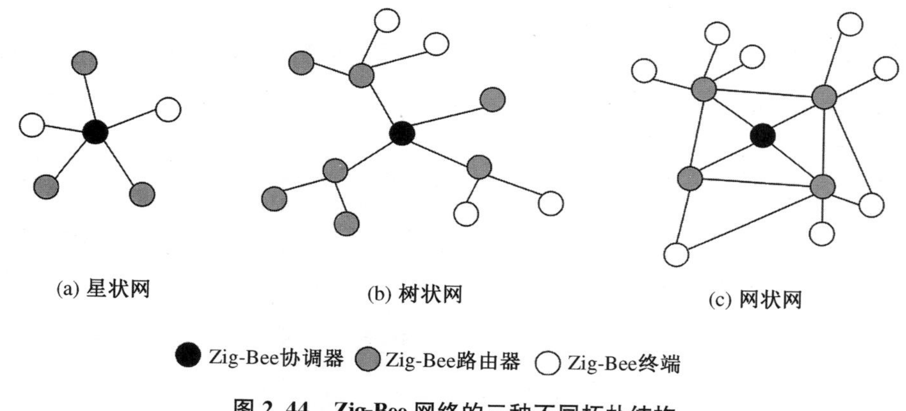

图2.44　Zig-Bee网络的三种不同拓扑结构

(2) 特点

① 低功耗

工作模式下,Zig-Bee技术传输速率低,传输数据量很小,因此信号的收发时间很短。其次,在非工作模式时,Zig-Bee节点处于休眠模式。Zig-Bee节点的电池工作时间可以长达6个月甚至更长。

② 低成本

Zig-Bee设备可以在标准电池供电的条件下工作,另外通过大幅简化协议,降低了对节点存储和计算能力的要求,也降低了成本。

③ 短时延

Zig-Bee响应速度较快，一般从睡眠转入工作状态只需15 ms。节点连接进入网络只需30 ms，进一步节省了电能。

④ 低速率

Zig-Bee工作在20～250 Kb/s的较低速率，分别提供250 Kb/s(2.4 GHz)、40 Kb/s(915 MHz)和20 Kb/s(868 MHz)的原始数据吞吐率，能够满足低速率传输数据的应用需求。

⑤ 近距离

Zig-Bee设备点对点传输范围一般为10～100 m。在增加射频发射功率后，传输范围可增加到1～3 km。如果通过路由和节点间的转发，传输距离可以更远。

(3) 应用

① 数字家庭应用

Zig-Bee模块可安装在电视、灯泡、遥控器、儿童玩具、游戏机、门禁系统、空调系统和其他家电产品上。通过Zig-Bee终端设备可以收集家庭各种信息，传送到中央控制设备，或是通过遥控达到远程控制的目的，提供家居生活自动化、网络化与智能化。

② 工业应用

通过Zig-Bee网络自动收集各种信息，并将信息回馈到系统进行数据处理与分析，以掌握工厂整体信息，达到工业与环境控制的目的。

2.3.1.6　V2X

车用无线通信技术(Vehicle-to-Everything，V2X)是将车辆与其他事物相连接的新一代信息通信技术。V2X将"人""车""路""云"等交通参与要素有机地联系在一起，不仅可以支撑车辆感知比单车更多的信息，促进自动驾驶技术的创新和应用，还有利于构建一个智慧的交通体系，促进汽车和交通服务的新模式、新业态发展，对提高交通效率、节省资源、减少污染、降低事故发生率、改善交通管理具有重要意义。

(1) 工作原理

目前在V2X技术领域，全球主要有两大技术阵营，一个是专用短程通信技术标准(Dedicated Short Range Communication，DSRC)，另一个是基于4.5 G蜂窝网络的LTE-V技术标准。

① DSRC

DSRC是一种高效的无线通信技术，本质上是IEEE 802.11的扩充延伸，它可以实现特定的小区域内(通常为数十米)对高速运动目标的识别和双向通信，建立车辆和道路的有机联系。DSRC由OBU(On-Board Unit)、RSU(Road-Side Unit)和专用通信链路组成。DSRC通信协议是为OBU和RSU之间的通信交互而制定，分别由物理层、数据链路层和应用层组成。OBU 和 RSU 之间上行链路和下行链路的交互通信框架如图 2.45 所示。

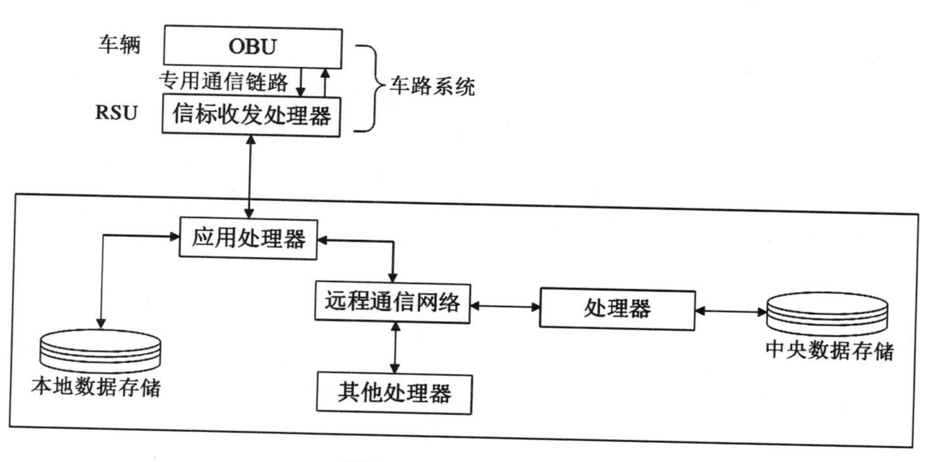

图 2.45　DSRC 结构图

由于实时环境下建立和拆除车路协同通信连接的开销非常大，因此 DSRC 采用无连接的方式，即通信网络仅负责将报文分组发送给接收方，检错与流控由发送方和接收方处理。DSRC 协议为用户提供 OBU 与 RSU 之间的广播群组交换方式，即不确定性无连接方式；同时，支持 RSU 与 OBU 进行点对点通信，即确定性无连接方式。

② LTE-V

LTE-V 是基于第四代移动通信技术的扩展技术，专门针对车间通信的协议而设计的 V2X 标准。我国具有 LTE-V 的自主知识产权。LTE-V 包括 LTE-V UU 和 LTE-V PC5 两个工作模式，前者即 LTE UTRAN-UE，接入网-用户终端；后者即 LTE ProSe Direct Communication，直接通信空口 D2D(Device to Device，端-端)短距直传。UU 空口主要承载传统车联网通信业务，满足网络与终端之间的大数据量要求；PC5 空口分布式直通通信技术引入 D2D，从而实现 V2V、V2I、V2P、V2R 等系列 V2X 业务，满足终端之间的低时延、高可靠性的要求。

(2) 特点

DSRC 和 LTE-V 作为 V2X 的两种不同的技术分支，其具有很多相同的特点，包括：

① 通信范围通常在几百米内，适用于车辆之间的近距离通信。这种短程特性使得它能够实现低延迟的实时通信，支持紧急情况下的快速响应和碰撞避免等安全功能。

② 提供了高速数据传输和快速响应的能力，使得车辆之间能够实时交换信息，从而实现协同行驶、交通流优化等功能。

③ 可以用于车辆之间的通信，还可以用于车辆与交通基础设施(如交通信号灯、收费站等)之间的通信，以实现智能交通系统的功能和服务。

但这两者之间也存在着很大的不同，与 DSRC 相比，LTE-V 使用 4G 技术，可以提供更大的覆盖范围和更高的传输速度。由于 LTE-V 技术可以利用现有的网络基站来实现车辆通信，因此可以更可靠地传输数据，同时可以接收到更多的交通和道路信息。更为重要的是，LTE-V 可以平滑地演进至 5G。

表 2.5 DSRC 与 LTE-V 技术对比表

技术对比	DSRC	LTE-V UU	LTE-V PC5
传输速率	27 Mb/s	500 Mb/s	12 Mb/s
传输距离	300～500 m	1 000 m	500～600 m
时延	<50 ms	E2E 时延约 100 ms	<50 ms， MODE4 典型值 15 ms
适应车速	200 km/h	500 km/h	500 km/h
网络部署	需部署路侧单元	基于现有网络基站	现有网络基站升级

（3）应用

① 道路交通信息提示

用于向车辆发送交通标识和交通规则等安全提示类信息。驾驶员通过目视辨识交通标识，不仅增加了驾驶员的负担，而且从发现标识到采取应对措施的时间较短，容易造成交通事故和交通违规。借助 V2X 车联网技术，路侧节点将道路限速、限行、信号灯状态等信息远距离传输到车载节点。车载终端根据这些信息及早产生提示信息，例如超速提醒、直行提醒等，增加驾驶的安全性，减少交通违规的发生。

② 道路危险状态感知

用于当车辆感知到潜在的危险状态时，向驾驶者发送提示信息，包括静止车辆告警、违反交通信号告警、道路施工区域告警等，如当检测到前方发生事故时，通过车路、车车通信，向车辆传递道路危险信息（如事故车辆的绝对位置、行驶方向等），协助驾驶者避免发生车辆之间的前撞、侧撞或后撞等。

2.3.1.7 星闪

随着物联网的发展，产生了新的应用场景和需求，包括智能汽车、智能终端、智能家居以及智能制造在内的多应用领域在低时延、高可靠、精同步、高速率、多并发、高信息安全和低功耗等方面都对无线短距通信技术提出了更高的通信要求。为了满足这一发展需求，300 多家国内企业和机构共同参与制定的国产无线短距通信标准——“星闪”应运而生。该标准于 2022 年 11 月发布了 1.0 版本，并于 2023 年 4 月发布了 1.1 版本。星闪分为两种模式：SLE 和 SLB。SLE 模式对标蓝牙，满足低功耗轻量级连接需求；SLB 模式对标 Wi-Fi，用于应对高速率、大传输、高质量连接场景。星闪可以根据不同的应用场景自动切换模式，实现更低时延、更高速率、更稳定的连接体验，为万物互联时代提供更强大的支撑。

（1）工作原理

星闪无线通信系统由星闪接入层、基础服务层以及基础应用层三部分构成，如图 2.46 所示。其中，星闪接入层也可被称为星闪底层，基础服务层和基础应用层构成了星闪上层。

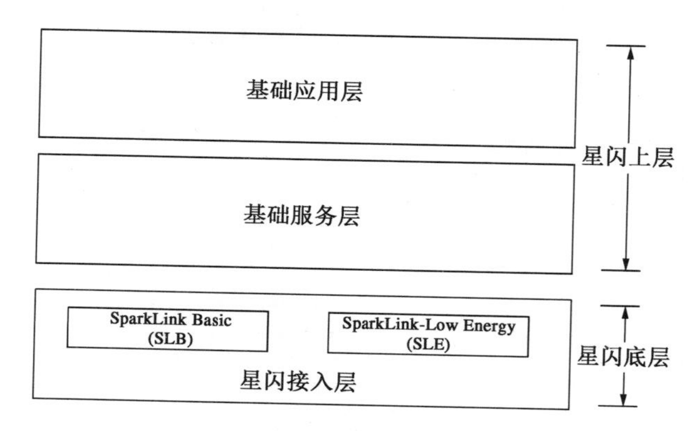

图 2.46　星闪无线通信系统结构图

星闪接入层为星闪上层提供 SLB 和 SLE 两种通信接口。其中，SLB 采用超短帧、多点同步、双向认证、快速干扰协调、双向认证加密、跨层调度优化等多项技术，用于支持具有低时延(20 μs)、高可靠、精同步、高并发和高安全等传输需求的业务场景。SLE 采用 Polar 信道编码提升传输可靠性，减少重传节省功耗，同时支持最大 4 MHz 传输带宽、最大 8 PSK 调制，支持一对多可靠组播，在尽可能保证传输效率的同时，充分考虑了节能因素，用于承载具有低功耗诉求的业务场景。SLB 和 SLE 面向不同业务诉求，提供不同的传输服务，两者相互补充并且根据业务需求进行持续平滑演进。

基础服务层由一系列基础功能单元构成，星闪系统通过调用不同功能单元实现对上层应用功能以及系统管理维护的支持。基础应用层用于实现各类应用功能，服务于包括智能网联汽车领域在内的不同场景。

星闪接入层根据实现功能的不同，分为管理节点(G 节点)和终端节点(T 节点)，其中 G 节点为其覆盖下的 T 节点提供连接管理、资源分配、信息安全等接入层服务。单个 G 节点以及与其连接的 T 节点共同组成一个通信域。

（2）特点

① 高传输速率。星闪技术采用了两种模式：SLB 和 SLE。在 SLE 模式下，星闪的空口码率高达 12 Mb/s，是蓝牙的 6 倍；而在 SLB 模式下，高达 900 Mb/s，是 Wi-Fi 的 2 倍。

② 低传输时延。时延是衡量无线连接技术性能的重要指标之一。星闪在 SLE 模式下的时延仅为 1 ms，是蓝牙的 1/10；在 SLB 模式下，时延可以降低到 10 ms，是 Wi-Fi 的 1/10。

③ 高抗干扰能力。星闪具有高抗干扰能力，可以在复杂环境下保持稳定的连接和良好

的音频体验。

④ 多设备连接。星闪技术可以连接大量设备，这为智能家居和物联网等领域带来了很大的应用前景。

(3) 应用场景

星闪在多个领域中具有广泛的应用潜力：

① 智能家居：星闪可用于连接智能家居设备，如智能灯具、智能家电，以便它们可以快速交换信息并实现协同工作。

② 物联网：用于传感器网络和物联网设备之间的通信，以监测环境条件、进行物品追踪等。

③ 移动支付：安全地传输支付信息，以便快速、便捷的移动支付。

④ 健康监测：用于医疗设备和健康监测装置之间的数据传输，以实时监测患者的健康状况。

2.3.1.8 近距离无线通信技术对比

近距离无线通信技术对比见表2.6。

表2.6 近距离无线通信技术对比表

无线技术	峰值传输速率	传输距离	标准/组织	典型应用
NFC	424 Kb/s	10 cm以内	NFCIP	虚拟门禁卡、移动支付等
红外	小于115.12 Kb/s	几米到十几米	IrDA	红外遥控等
蓝牙	小于2 Mb/s	一般为10 m以内	Bluetooth SIG	穿戴式设备等
Wi-Fi	小于1 Gb/s	在室外可达150～300 m	IEEE 802.11	智能家居、媒体社交、数字化工业等
Zig-Bee	250 Kb/s	10～100 m	IEEE 802.15.4	智能家居、仓储物流管理等
DSRC	27 Mb/s	300～500 m	IEEE 802.11	国内主要应用于ETC
LTE-V	LTE-V UU：500 Mb/s；LTE-V PC5：12 Mb/s	LTE-V UU：最远可达1 000 m；LTE-V PC5：500～600 m	3GPP Rel-14	主要面向车联网
星闪	SLE：12 Mb/s；SLB：900 Mb/s	最远可达600 m	SparkLink	可用于智能家居、物联网、穿戴式设备等

2.3.2 远距离无线通信技术

远距离无线通信通常跨接很大的物理范围，所覆盖的范围从几千米到几百千米甚至更远，它能连接多个城市或国家，或横跨几个洲提供远距离通信，形成国际性的远程网络。由于网络覆盖的范围较广，其通信子网主要使用分组交换技术，可以利用公用分组交换网、卫星通信网和无线分组交换网，它将分布在不同地区的局域网或计算机系统互连起来，达到资源共享的目的。

目前典型的远距离无线通信技术有 NB-IoT、LoRa 和 4G/5G 移动通信技术等。

2.3.2.1 NB-IoT

NB-IoT 是一种基于移动网络的窄带物联网技术，由 3GPP 定义，作为 3GPP R13 的一部分，在 2016 年 6 月实现标准化。NB-IoT 的特点是可以直接使用运营商的当前授权频段，可直接部署在 LTE 网络环境中，是一种可以在全球范围内广泛应用的物联网通信技术。

(1) 特点

① 功耗较低。NB-IoT 通过减少不必要的信令、采用更长的寻呼周期、使终端进入省电状态等机制来达到节能的目的，具有更少的功率消耗和更长的待机时间。

② 网络覆盖广。相对于 LTE，NB-IoT 技术的最大链路预算提升了 20 dB，几乎提升了 100 倍，即便处于恶劣的通信环境中，NB-IoT 仍然能保持较强的信号穿透力。

③ 连接量大。与移动蜂窝技术相比，NB-IoT 采用窄带技术，每单元的连接密度为 50 000 器件/200 kHz，能够提供 50～100 倍的访问权限。

④ 强大的安全性。NB-IoT 继承了 4G 网络安全的能力，支持双向鉴权和空口严格的加密机制，确保 UE 在发送、接收数据时的空口安全性。

⑤ 成本低。NB-IoT 终端成本低，另外基于移动网络的 NB-IoT 大大降低了部署成本和运营成本。

(2) 应用

对于一些流量需求非常小、完全基于物的应用，以及人工干预非常少、部署时间长的业务，如抄表、停车等，非常适合采用 NB-IoT 技术。

以智能水表、气表为例，由于水表、气表不配备电线，无法借助有线通信，且水表、气表通常安置在角落，NB-IoT 技术增加了 20 dB 的增益，有助于实现信号穿墙，为实现智能水表、气表的远程通信功能增加了可能性。

2.3.2.2 LoRa

LoRa(Long Range Radio)是一种基于扩频技术的低功耗远距离无线通信技术，主要面向物联网，应用于电池供电的无线局域网和广域网设备。LoRa 在 2013 年首先由 Semtech 公司推出，而后在 2015 年 3 月的世界通信大会上，由物联网界的领导者发起成立 LoRa 联盟。它最大的特点就是在同样的功耗条件下比其他无线方式传播的距离更远，实现了低功耗和远距离的统一，它在同样的功耗下比传统的无线射频通信距离扩大 3～5 倍。

(1) 特点

① 远距离。由于 LoRa 采用了扩频技术，且灵敏度更接近香农极限定理，降低了信噪

比要求，传播距离更长。

② 低功耗。电池供电可达数年之久，这对于那些难以提供稳定电源或难以更换电池的设备来说非常有利。

③ 易于部署。LoRa 不仅能够根据应用需要规划和部署网络，还能根据现场环境，针对终端位置合理部署基站。LoRa 的网络扩展十分简单，可根据节点规模的变化随时对覆盖范围进行增强或扩展。

④ 高安全性。LoRa 拥有从物理层、网络层到应用层的三重安全性，可以满足各种数据私密性要求。

(2) 应用

LoRa 的应用范围和领域非常广，在城市智能化、农业检测、环境监测、物流和供应链管理、智能家居等领域都有应用。

以城市智能化为例，通过 LoRa 技术，各种传感器和设备可以通过远距离的通信互联，实现城市基础设施的智能监控和管理，如智能照明、智能停车、垃圾管理等。

2.3.2.3　移动通信

全面的信息采集与共享是物联网的基础，感知节点采集到的物体特征信息需要由网关节点通过承载网络传递到处理单元，这就要求承载网络"无所不在"，能够随时随地传输被采集的信息。移动通信网络以其无可比拟的可移动性与灵活性成为节点与远端控制中心进行远距离数据传输的较好选择之一。将移动通信技术应用于物联网中智能感知节点的信息接入和传输，实现移动通信网络和智能感知节点的有机融合，将能极大地促进物联网的普及与应用。

目前，移动通信技术即将迈入第六个发展阶段，第一阶段是在模拟技术的基础上形成的通信，对话双方只能进行话音交流；第二阶段是在 GSM 和 CDMA 这两个国际通信标准的基础上产生，不仅可以实现话音交流，还能传输数据，只不过数据的传输还不发达；第三阶段则是融合了以前的技术以及多媒体技术，基本能够给用户提供稳定的声像和视频交流，信息数据的传输速率增快了不少，除此之外还能提供网络信息服务；第四阶段就是所说的 4G 通信网络，它具有更多的功能，更清晰的对话和更快速的数据传输；第五阶段的 5G 移动通信提升了无线传输的效率和系统的智能化水平，同时增强了获取和控制信息的能力；而即将到来的第六阶段，则是一个地面无线与卫星通信集成的全连接世界，通过将卫星通信整合到 6G 移动通信，实现全球无缝覆盖。

(1) 特点

① 用户管理能力强。移动通信网络中的用户具有移动性，要求移动通信网络系统具有完善的管理技术来对用户的位置进行登记、跟踪，使用户在移动时也能进行通信，不会因为位置的改变而中断。

② 抗衰落能力强。移动通信电波传播条件复杂，用户可能在各种环境中运动，电磁波在传播时会产生反射、折射、绕射、多普勒效应等现象，产生多径干扰、信号传播延迟和展宽等效应。因此要求移动通信必须充分研究电波的传播特性，使系统具有足够的抗衰落能力，才能保证通信系统正常运行。

③ 编码调制高效。移动通信受噪声和干扰影响严重，在城市环境中存在汽车火花噪声以及各种工业噪声，移动用户之间存在互调干扰、邻道干扰、同频干扰等。因此要求移动通信系统具有高效的编码调制技术以保证通信的可靠性。

④ 系统和网络结构复杂。移动通信是一个多用户通信的系统和网络，必须使用户之间互不干扰，能协调一致地工作。此外，移动通信系统还应与市话网、卫星通信网、数据网等互连，整个网络结构是很复杂的。

⑤ 频谱利用率高。移动通信能使用的频谱资源有限，要求在移动通信系统中对信道进行合理的划分和频率的复用，提高系统的频率利用率。

（2）应用

移动通信技术已经成为人们日常生活中不可或缺的一部分，在金融、医疗、交通、教育和物联网等领域具有重要的作用。通过移动通信技术，这些领域可以实现信息的快速传输和共享，提高工作效率和服务质量。随着移动通信技术的不断发展和创新，相信它将在更多领域发挥更大的作用，为人们的生活和工作带来更多便利和可能性。

① 金融领域

通过移动通信技术，用户可以随时随地进行移动支付、转账和查询余额等操作，实现便捷的金融服务。移动支付不仅方便快捷，还提高了支付安全性，因为用户可以使用指纹、面部识别等生物识别技术进行身份验证。此外，移动通信技术还可以实现金融机构与用户之间的实时通信和互动，提供个性化的金融服务。

② 医疗领域

通过移动通信技术，医生可以随时随地与患者进行远程诊断和治疗。患者通过移动设备向医生发送病情信息和生理参数，医生利用移动通信技术远程查看患者的医疗数据并给予指导和建议。移动通信在医疗领域的应用可以使偏远地区的患者获得更好的医疗服务，减少医疗资源的不平衡。此外，移动通信技术还可以实现医疗设备之间的互联互通，提高医疗设备的智能化水平。例如，通过移动通信技术，医疗设备可以实时上传和共享患者的医疗数据，为患者提供更准确和及时的医疗服务。

③ 交通领域

移动通信技术在交通领域的应用已经成为现代交通管理的重要组成部分。通过移动通信技术，交通部门可以实时监控交通流量、车辆位置和行驶速度等信息，从而及时调整交通信号，优化交通流动，减少交通堵塞和事故发生的可能性。

④ 教育领域

移动通信技术在教育领域的应用也越来越受到关注。通过移动通信技术，学生可以随时随地访问教育资源，进行自主学习和互动交流。教师可以通过移动通信技术向学生发送学习材料和作业，进行作业批改和评价。移动通信可以使学习更加灵活和自由。此外，移动通信技术还可以实现学校和家长之间的实时通信，为学生提供更加全面和及时的教育服务。

⑤ 物联网领域

通过移动通信技术，各种设备和物品可以互联互通，实现智能化和自动化。例如，可以使用手机远程控制家里的家电设备，可以远程监测工厂里的空气温湿度、烟雾等环境，可以实时监控物流中货物的运输状况。移动通信赋能的物联网可以提高人们生活的便利性和舒适度，同时也为企业和政府提供了更多的机会和挑战。

2.3.2.4　远距离无线通信技术对比

当我们要为物联网应用选择合适的远距离无线通信技术时，应当考虑许多因素，包括通信质量、延迟、功耗和成本等。表 2.7 对比了如 NB-IoT、LoRa 和 4G/5G 通信技术的性能指标。具体的，NB-IoT 因其较低功耗、广覆盖和低成本特性，特别适用于如智能水表、气表等需要长时间待机和远程监控的设备中；LoRa 则以其超长的通信距离和低功耗的性能，在如智能家居的场景中表现出色；4G 以其高速数据传输和广泛的兼容性满足了多媒体服务和移动互联网的需求；而 5G 则凭借其超高的数据传输速度、低延迟和可靠的网络性能，为各种应用场景提供了前所未有的通信质量，是未来通信技术的重要发展方向。

表 2.7　远距离无线通信技术对比

无线技术	通信质量	空口时延	功耗	协议/标准	典型应用
NB-IoT	中等	＜10 s	中	3GPP Rel-13	智能水表、气表等
LoRa	中等	超过 1 s	低	LoRaWAN	智能家居等
4G	较好	约 16 ms	高	3GPP Rel-10	安防监控、车联网、金融支付等
5G	较好	约 8 ms	高	3GPP Rel-15	远程医疗、办公等

本章小结

本章介绍了智能感知系统的基本构成，包括传感器、处理器和通信三部分。在智能感知传感器中，介绍了较常用的视觉传感器、激光雷达、毫米波雷达、惯性传感器和卫星导航传感器等；在智能感知处理器中分为芯片级和设备级，分别介绍了目前主流的智能感知处理器类型；在智能感知通信中，按照通信距离的远近，分别介绍了不同的无线通信技术。

习　题

1. 什么是传感器？它由哪几部分组成？各部分的作用及相互关系如何？

2. 试分析传感器的地位和作用。

3. 试分析传感器技术的发展趋势。

4. 简述智能传感器与普通传感器的区别，并简述智能传感器包含的各部分及其功能。

5. 简述摄像头是如何工作的。简述智能视觉传感系统的分类及其工作原理。

6. 简述双目摄像头测距的原理。

7. 如图所示，双目摄像头，两摄像头之间的距离为 y，远处一物体分别与左右摄像头镜片中心的夹角为 θ_1 和 θ_2，求物体的距离 z。

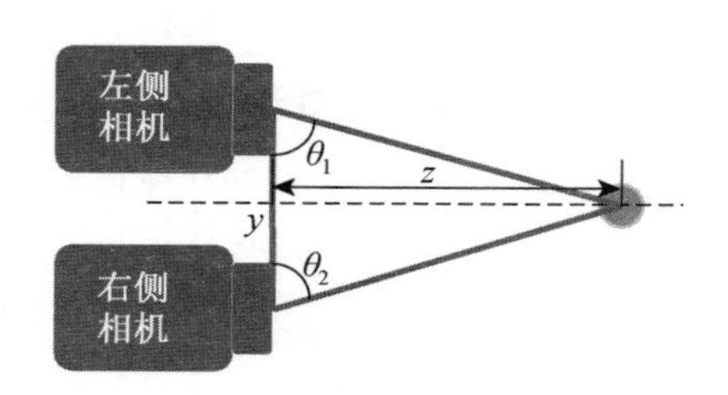

题 7 图　双目摄像头

8. 题 7 中，两摄像头之间的距离 y 发生改变，与物体的距离不变，镜片中心到物体的夹角 θ_1 和 θ_2 将如何变化？

9. 若第 7 题中双目摄像头的视场角分别为 α 和 $\beta(\alpha > \beta)$，试计算该摄像头理想状况下测距的盲区。

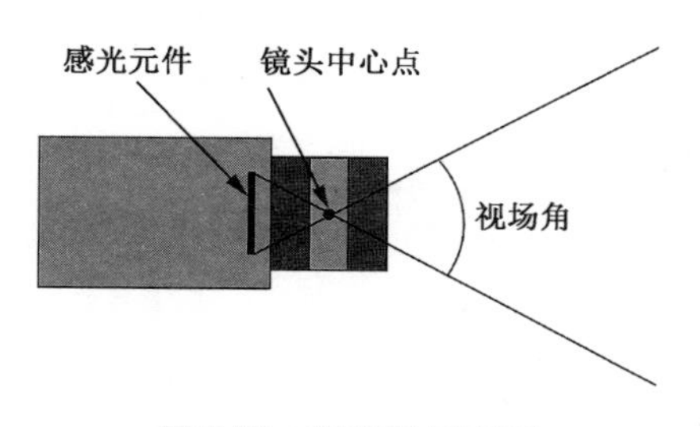

题 9 图　视场角示意图

10. 简述深度摄像头的原理，比较几种不同原理的区别。

11. 现有深度摄像头，采用脉冲调制 TOF 进行测距。脉冲频率约为 3 MHz，占空比为 1∶9，在一次测距中，脉冲遇到障碍物经过反射，两个电容中积累的电荷之比为 $Q_0 : Q_1 = 3 : 2$。求障碍物的距离，并求该深度摄像头的测距范围。

12. 采用脉冲激光雷达测距，射出激光与反射激光之间的时间间隔为 10^{-3} ms，求目标物与激光雷达的距离。

13. 采用连续波激光雷达测距，射出激光的波长 λ 为 850 nm，反射激光的 4 次采样值依次为：$\frac{7}{2}$，$\frac{7\sqrt{3}}{2}$，$-\frac{7}{2}$，$-\frac{7\sqrt{3}}{2}$。求目标物与激光雷达的距离。

14. 简述毫米波雷达的测距原理。

15. 一个毫米波雷达扫描时间为 30 μs，其可检测到的最远目标距离为多少？

16. 现有一个毫米波雷达，其发射波道的初始频率为 77 GHz，扫描终止时频率为 81 GHz，扫描时间为 40 μs，求：

(1) 毫米波频率的变化率，写出 Chirp 的函数表达式。

(2) 若经过 25 μs 测得反射信号，求毫米波雷达与障碍物之间的距离。

17. 简述惯性导航系统的组成及其工作原理。

18. 简述卫星导航传感器的工作原理。

19. 简述智能处理器芯片的分类，并比较它们之间的区别。

20. 比较端侧设备、边缘计算设备、云端计算设备之间的区别，并简述它们的特点。

21. 简述蓝牙的特点，并列举出你在生活中接触到的蓝牙通信应用案例。

22. 简述 Zig-Bee 的特点，并描述其网络拓扑结构。

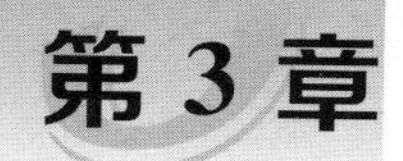

第3章 智能感知系统数据预处理

数据预处理(data pre-processing)是指在获取传感器数据之后、执行智能感知任务之前需要对传感器数据进行处理。主要包括误差处理、多传感时空同步处理及多模态信息对应等。

传感器采集的原始数据中可能会存在粗大误差或噪声误差,对于这两种误差通常需要采用不同的处理方法。对于粗大误差的处理,通常需要先检测出粗大误差,再利用一些补偿方法来填充该数据;对于噪声误差,通常采用滤波的方式来处理。

由于不同传感器具有不同的采样频率及参考坐标系,不同传感器的数据会存在时间和空间上的偏差。因此,需要对多传感器采集到的数据进行时空同步处理,本章将加以介绍。但是,对于不同模态的传感器间存在的不同模态信息的对齐配准问题,本书不作介绍,感兴趣的读者可查阅相关文献。

3.1 基本数据预处理方法

3.1.1 粗大误差处理与补偿

在一定的测量条件下,超出规定条件预期的误差称为粗大误差。一般会给定一个显著性的水平,按一定条件分布确定一个临界值,凡是超出临界值范围的值,就是粗大误差。

由于粗大误差不具有抵偿性,它不能被彻底消除,只能在一定程度上减小。同时,粗大误差是异常值,严重歪曲了实际情况,所以在处理数据时应将其剔除,否则将对标准差、平均差产生严重的影响。粗大误差的检测方法有 3 Sigma 准则、箱线图、t 校验准则、格罗布斯准则等。本小节主要介绍 3 Sigma 准则及箱线图两种方法,其他方法读者可自行了解。

在剔除部分粗大误差后,需要采用一些方法来对剔除的数据进行一定的补偿,常见方法有双线性插值、拉格朗日多项式插值、牛顿多项式插值、3 次样条插值等算法。

3.1.1.1 3 Sigma 准则

当系统误差已设法消除或减小到可以忽略的程度时,如果测量数据仍有不稳定的现象,说明存在随机误差。对于随机误差可以采用数理统计的方法来研究其规律,并处理测量数据。随机误差处理的任务就是从随机数据中求出最接近真值的值(或称最佳估计值)，对数据可信程度进行评定并给出测量结果。

随机误差的分布可以在大量重复测量数据的基础上总结出来，由此得出统计规律。测量实践表明，当测量次数足够多时，测量过程中产生的误差服从正态分布规律，概率密度函数为：

$$y=f(\delta)=\frac{1}{\sigma\sqrt{2\pi}}e^{-\frac{\delta^2}{2\sigma^2}} \tag{3.1}$$

式(3.1)中，y 为概率密度；σ 为标准误差，又称均方根误差；δ 为随机误差。均方根误差 σ 可由式(3.2)求取：

$$\sigma=\sqrt{\frac{\sum_{i=1}^{n}\Delta X_i^2}{n}} \tag{3.2}$$

式(3.2)中，n 为测量次数；$\Delta X_i=X_i-L$，L 为真实值，X_i 为第 i 次测量值。实际测量中，测量次数 n 是有限的，真值 L 不易得到，因而用 n 次测量值的算术平均值 $\bar{X}$ 代替真实值。第 i 次测量误差 $\Delta X_i=X_i-\bar{X}$，这时的均方根误差则为：

$$\sigma=\sqrt{\frac{\sum_{i=1}^{n}(X_i-\bar{X})^2}{n}} \tag{3.3}$$

如图 3.1 所示正态分布曲线图，在 $\delta=0$ 附近区域具有最大概率。均方根误差 σ 的物理意义是：在测量结果中随机误差出现在 $-\sigma\sim+\sigma$ 范围内的概率是 68.3%，出现在 $-3\sigma\sim+3\sigma$ 范围内的概率是 99.7%。3σ 称为置信限，大于 3σ 的随机误差被认为是粗大误差，测量结果无效，数据予以剔除。

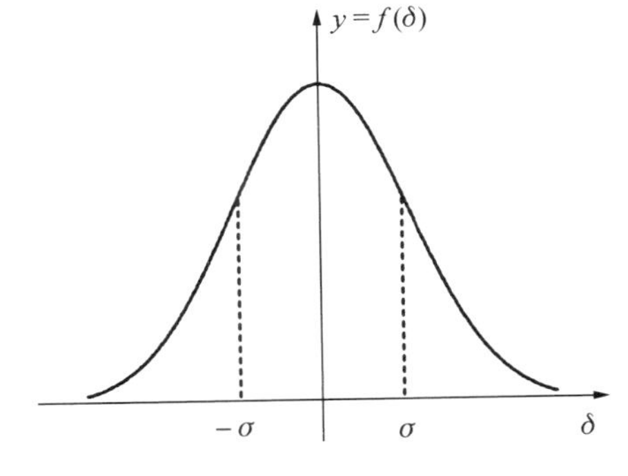

图 3.1　正态分布曲线图

3.1.1.2　箱线图

(1) 样本分位数

设有容量为 n 的样本观察值为 x_1，x_2，…，x_n，样本 p 的分位数($0<p<1$)记为 x_p，它具有以下的性质：①至少有 np 个观察值小于或等于 x_p；②至少有 $n(1-p)$ 个观察值大于或等于 x_p。

样本 p 的分位数可按式(3.4)求得。将 x_1，x_2，…，x_n 按自小到大的次序排列成 $x_{(1)}\leqslant x_{(2)}\leqslant\cdots\leqslant x_{(n)}$。

$$x_p=\begin{cases}x_{([np]+1)}, & \text{当 } np \text{ 不是整数}\\ \frac{1}{2}[x_{(np)}+x_{(np+1)}], & \text{当 } np \text{ 是整数}\end{cases} \tag{3.4}$$

当 $p=0.5$ 时，0.5 分位数 $x_{0.5}$ 也记为 Q_2 或 M，称为样本中位数。

0.25 分位数 $x_{0.25}$ 称为第一四分位数，又记为 Q_1；0.75 分位数 $x_{0.75}$ 称为第三四分位数，又记为 Q_3。$x_{0.25}$，$x_{0.5}$，$x_{0.75}$ 在统计中是很有用的。

（2）箱线图及异常值剔除

数据集的箱线图是由箱子和直线组成的图形，它是基于以下 5 个数的图形概括：最小值 Min，第一四分位数 Q_1，中位数 M，第三四分位数 Q_3 和最大值 Max。

在数据集中某一个观察值不寻常地大于或小于该数据集中的其他数据，称为疑似异常值。疑似异常值的存在，会对随后的计算结果产生不适当的影响。检查疑似异常值并加以适当的处理是十分重要的。箱线图只要稍加修改，就能用来检测数据集是否存在疑似异常值。

第一四分位数 Q_1 与第三四分位数 Q_3 之间的距离：$Q_3-Q_1 \xlongequal{\text{记为}} \text{IQR}$，称为四分位数间距。若数值小于 $Q_1-1.5\text{IQR}$ 或大于 $Q_3+1.5\text{IQR}$，就认为它是疑似异常值。修正箱线图的绘制方法如下：

① 在箱线图中，箱子的中间有一条线，为数据的中位数。箱子上、下底分别为 Q_1（下四分位数）与 Q_3（上四分位数）。

② 计算 $\text{IQR}=Q_3-Q_1$，将 $Q_1-1.5\text{IQR}$ 记为下边缘，将 $Q_3+1.5\text{IQR}$ 记为上边缘，若一个数据小于 $Q_1-1.5\text{IQR}$ 或大于 $Q_3+1.5\text{IQR}$，即数据在上边缘与下边缘以外，则认为它是一个疑似异常值。画出疑似异常值，并以 * 表示。

按上述方法绘制出的图形称为修正箱线图，如图 3.2 所示。

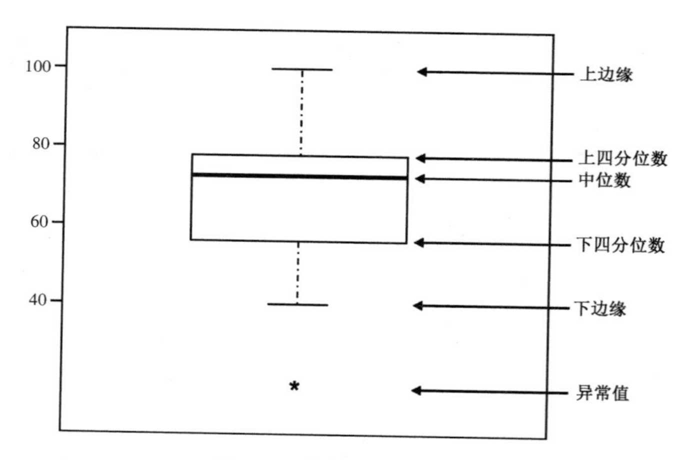

图 3.2　修正箱线图

（3）应用

设有一组容量为 18 的样本值如表 3.1 所示。（已经过排序）

表 3.1　样本值表

122	126	133	140	145	145	149	150	157
162	166	175	177	177	183	188	199	212

求样本分位数：$x_{0.2}$，$x_{0.25}$，$x_{0.5}$。

① 因为 $np=18\times 0.2=3.6$，$x_{0.2}$ 位于第$[3.6]+1=4$ 处，即有 $x_{0.2}=140$。

② 因为 $np=18\times 0.25=4.5$，$x_{0.25}$ 位于第$[4.5+1]=5$ 处，即有 $x_{0.25}=145$。

③ 因为 $np=18\times 0.5=9$，$x_{0.5}$ 是这组数中间两个数的平均值，即有 $x_{0.5}=\frac{1}{2}(157+162)=159.5$。

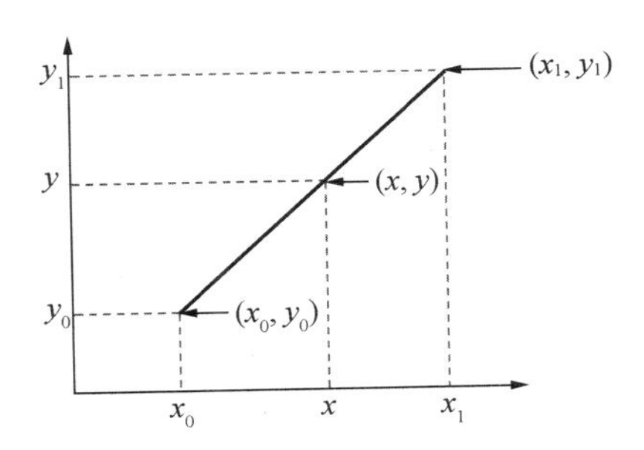

图 3.3 线性插值原理图

3.1.1.3 双线性插值

线性插值法的基本原理是使用连接两个已知特征点的直线，来确定在这两个特征点之间的一些未知特征值。如假设已知坐标点 (x_0, y_0) 与 (x_1, y_1)，要得到 $[x_0, x_1]$ 区间内某一点 x 的值 y，如图 3.3 所示。

由图 3.3，得式(3.5)：

$$\frac{y-y_0}{x-x_0}=\frac{y_1-y_0}{x_1-x_0} \tag{3.5}$$

由式(3.5)，可得：

$$y=\frac{x_1-x}{x_1-x_0}y_0+\frac{x-x_0}{x_1-x_0}y_1 \tag{3.6}$$

双线性插值又称为双线性内插。在数学上，双线性插值是由两个变量的插值函数的线性插值扩展，其核心思想是在两个方向分别进行一次线性插值。

假设已知二维函数 f 上的点 $Q_{11}=(x_1, y_1)$、$Q_{12}=(x_1, y_2)$、$Q_{21}=(x_2, y_1)$、$Q_{22}=(x_2, y_2)$ 的函数值，要得到区间 $\{(x, y) \mid x_1\leqslant x\leqslant x_2, y_1\leqslant y\leqslant y_2\}$ 内任意缺失点 $P=(x, y)$ 的函数值，如图 3.4 所示。

首先在 x 方向进行线性插值，得到 R_1、R_2 两点的函数值，见式(3.7)。

$$\begin{aligned} f(R_1)&=\frac{x_2-x}{x_2-x_1}f(Q_{11})+\frac{x-x_1}{x_2-x_1}f(Q_{21}) \\ f(R_2)&=\frac{x_2-x}{x_2-x_1}f(Q_{12})+\frac{x-x_1}{x_2-x_1}f(Q_{22}) \end{aligned} \tag{3.7}$$

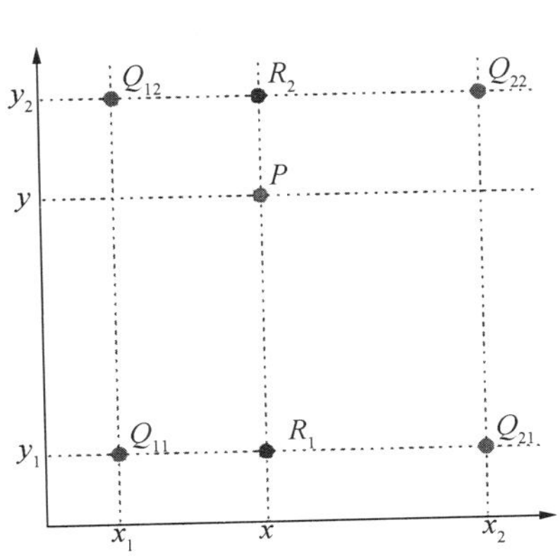

图 3.4 双线性插值原理图

其中，$f(Q_{11})$ 表示 Q_{11} 点处的函数值，$f(Q_{12})$、$f(R_1)$ 等同理。然后在 y 方向进行线性插值，得到 P 点的函数值，见式(3.8)。

$$f(P)=\frac{y_2-y}{y_2-y_1}f(R_1)+\frac{y-y_1}{y_2-y_1}f(R_2) \tag{3.8}$$

最终，整理得到式(3.9)：

$$f(x,\ y)=\frac{f(Q_{11})}{(x_2-x_1)(y_2-y_1)}(x_2-x)(y_2-y)+\frac{f(Q_{21})}{(x_2-x_1)(y_2-y_1)}(x-x_1)(y_2-y)+\frac{f(Q_{12})}{(x_2-x_1)(y_2-y_1)}(x_2-x)(y-y_1)+\frac{f(Q_{22})}{(x_2-x_1)(y_2-y_1)}(x-x_1)(y-y_1) \tag{3.9}$$

在图像处理中，常使用该方法对图像进行放大处理，如图 3.5 所示，将图像放大一倍。具体地，原始图像像素点由黑点[如 $(x_1,\ y_1)$、$(x_1,\ y_2)$、$(x_2,\ y_1)$、$(x_2,\ y_2)$]组成，通过在每两个黑点之间插入一个黑三角[如$(x_{12},\ y_1)$、$(x_{12},\ y_{12})$、$(x_{12},\ y_2)$、$(x_1,\ y_{12})$、$(x_2,\ y_{12})$]像素点，进而将原始图像放大一倍。

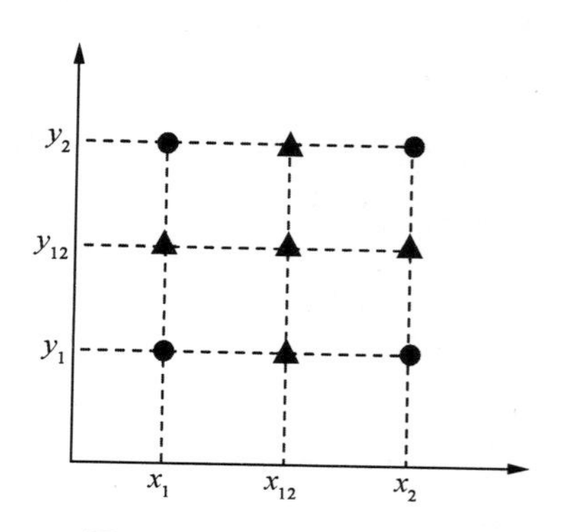

图 3.5　图像放大原理图

3.1.1.4　拉格朗日多项式插值

假设已知 $n+1$ 个节点$(x_i,\ y_i)$，$i=0,\ 1,\cdots,\ n$，同时有 $x_0<x_1<\cdots<x_n$，求 n 次插值多项式 $L_n(x)$，其需要满足条件：

$$L_n(x_i)=y_i,\quad i=0,\ 1,\ \cdots,\ n \tag{3.10}$$

由此，可以构造 n 次插值多项式 $L_n(x)$，其表达式为：

$$L_n(x)=\sum_{i=0}^{n}y_il_i(x) \tag{3.11}$$

其中，$l_i(x)$ 为节点 x_i 处 n 次插值多项式 $L_n(x)$ 的插值基函数。根据式(3.11)，可得每个节点都存在一个对应的插值基函数。具体地，节点 $x_i(i=0,\ 1,\ \cdots,\ n)$ 的插值基函数满足如下条件：

$$l_i(x_j)=\begin{cases}1, & j=i,\\ 0, & j\neq i,\end{cases}\quad j=0,\ 1,\ \cdots,\ n \tag{3.12}$$

故 $l_i(x)$ 因有 $x_j(j=0,\ 1,\ \cdots,\ n$ 且 $j\neq i)$ 的 n 个零点，故可表示为

$$l_i(x)=\frac{A(x-x_0)(x-x_1)\cdots(x-x_{i-1})(x-x_{i+1})\cdots(x-x_n)}{x-x_i}=A\frac{\prod\limits_{\substack{j=0\\ j\neq i}}^{n}(x-x_j)}{x-x_i} \tag{3.13}$$

其中 A 为待定系数，可由条件 $l_i(x_i)=1$ 计算得：

$$A=\frac{1}{(x_i-x_0)\cdots(x_i-x_{i-1})(x_i-x_{i+1})\cdots(x_i-x_n)} \tag{3.14}$$

引入记号：

$$w_i(x)=(x-x_0)\cdots(x-x_{i-1})(x-x_{i+1})\cdots(x-x_n) \tag{3.15}$$

因此：

$$A=\frac{1}{w_i(x_i)} \tag{3.16}$$

于是节点 $x_i(i=0,1,\cdots,n)$ 的插值基函数 $l_i(x)$ 可写作：

$$l_i(x)=\frac{\prod_{\substack{j=0\\j\neq i}}^{n}(x-x_j)}{(x-x_i)w_i(x_i)} \tag{3.17}$$

于是，满足条件(3.10)的插值多项式 $L_n(x)$ 可表示为：

$$L_n(x)=\sum_{i=0}^{n}y_il_i(x)=\sum_{i=0}^{n}y_i\frac{\prod_{\substack{j=0\\j\neq i}}^{n}(x-x_j)}{(x-x_i)w_i(x_i)} \tag{3.18}$$

形如式(3.18)的插值多项式 $L_n(x)$ 称为拉格朗日插值多项式。

已知离散点(−3，4)、(−1，6)、(1，3)、(4，7)，试计算拉格朗日插值多项式 $L_3(x)$。根据式(3.17)，可得 $l_1(x)$、$l_2(x)$、$l_3(x)$、$l_4(x)$：

$$l_1(x)=\frac{(x+1)(x-1)(x-4)}{(-3+1)(-3-1)(-3-4)}=-\frac{1}{56}(x+1)(x-1)(x-4)$$

$$l_2(x)=\frac{(x+3)(x-1)(x-4)}{(-1+3)(-1-1)(-1-4)}=\frac{1}{20}(x+3)(x-1)(x-4)$$

$$l_3(x)=\frac{(x+3)(x+1)(x-4)}{(1+3)(1+1)(1-4)}=-\frac{1}{24}(x+3)(x+1)(x-4)$$

$$l_4(x)=\frac{(x+3)(x+1)(x-1)}{(4+3)(4+1)(4-1)}=\frac{1}{105}(x+3)(x+1)(x-1)$$

根据式(3.18)，可得 $L_3(x)$：

$$L_3(x)=4l_1(x)+6l_2(x)+3l_3(x)+7l_4(x)$$
$$=-0.0714(x+1)(x-1)(x-4)+0.3(x+3)(x-1)(x-4)-$$
$$0.125(x+3)(x+1)(x-4)+0.0667(x+3)(x+1)(x-1)$$

绘制 $L_3(x)$ 曲线图如图 3.6 所示。

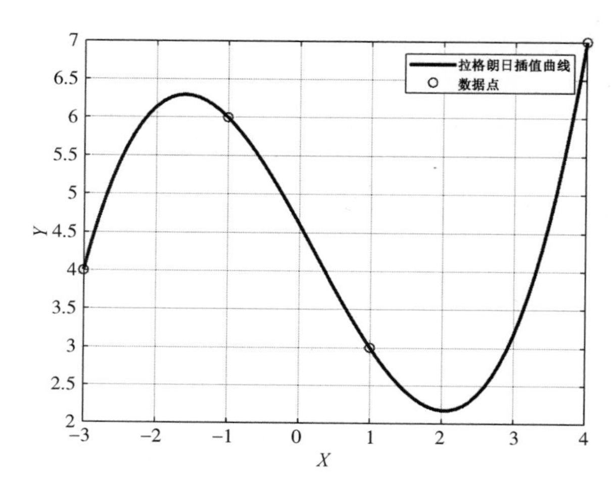

图 3.6　拉格朗日多项式插值曲线图

3.1.1.5　牛顿多项式插值

利用插值基函数很容易得到拉格朗日插值多项式，公式结构紧凑，在理论分析中甚为重要。但当插值节点增减时，计算要全部重新进行，甚为不便，为了计算方便可重新设计一种逐次生成多项式的方法，先考察 $n=1$ 的情形，此时，一次牛顿插值多项式记为 $P_1(x)$，y_0、y_1 均为 x_0、x_1 在未知函数 $f(x)$ 上已知的函数值，它满足条件 $P_1(x_0)=y_0$，$P_1(x_1)=y_1$，用点斜式表示为：

$$P_1(x)=y_0+\frac{y_1-y_0}{x_1-x_0}(x-x_0) \tag{3.19}$$

由此可看成是零次插值 $P_0(x_0)=y_0$ 的修正，即：

$$P_1(x)=P_0(x)+a_1(x-x_0) \tag{3.20}$$

其中 $a_1=(y_1-y_0)/(x_1-x_0)$ 是函数 $f(x)$ 的差商，再考查 3 个节点的二次插值 $P_2(x)$，它满足以下条件：

$$P_2(x_0)=y_0,\quad P_2(x_1)=y_1,\quad P_2(x_2)=y_2 \tag{3.21}$$

同理，$a_2(x-x_0)(x-x_1)$ 可表示为 $P_1(x)$ 的修正：

$$P_2(x)=P_1(x)+a_2(x-x_0)(x-x_1) \tag{3.22}$$

显然它满足条件 $P_2(x_0)=y_0$、$P_2(x_1)=y_1$ 及 $P_2(x_2)=y_2$，则得：

$$a_2=\frac{P_2(x_2)-P_1(x_2)}{(x_2-x_0)(x_2-x_1)}=\frac{\frac{y_2-y_0}{x_2-x_0}-\frac{y_1-y_0}{x_1-x_0}}{x_2-x_1} \tag{3.23}$$

系数 a_2 是函数 f 的“差商的差商”，一般情形已知 f 在插值点 $x_i(i=0, 1, \cdots, n)$ 上的值为 $f(x_i)(i=0, 1, \cdots, n)$，要求 n 次插值多项式 $P_n(x)$ 满足以下条件：

$$P_n(x_i)=f(x_i), \quad i=0, 1, \cdots, n \tag{3.24}$$

则 $P_n(x)$ 可表示为：

$$P_n(x)=a_0+a_1(x-x_0)+\cdots+a_n(x-x_0)\cdots(x-x_{n-1}) \tag{3.25}$$

其中，由 $a_0=y_0$，$a_1=\frac{y_1-y_0}{x_1-x_0}$，$a_2=\frac{\frac{y_2-y_0}{x_2-x_0}-\frac{y_1-y_0}{x_1-x_0}}{x_2-x_1}$ 的规律，可以定义 k 阶差商（差商也叫均差）为：

$$f[x_0, x_1, \cdots, x_k]=\frac{f[x_0, \cdots, x_{k-2}, x_k]-f[x_0, x_1, \cdots, x_{k-1}]}{x_k-x_{k-1}}$$

由差商的基本性质，可以得到式(3.26)（对具体过程有兴趣的读者可参考相关教材，此处不做详细推导）：

$$f[x_0, x_1, \cdots, x_k]=\frac{f[x_1, x_2, \cdots, x_k]-f[x_0, x_1, \cdots, x_{k-1}]}{x_k-x_0} \tag{3.26}$$

根据约定 $f[x_i]=f(x_i)$，可得式(3.25)中参数 $a_i(i=0, 1, \cdots, n)$ 的表达式为：

$$a_i=f[x_0, x_1, \cdots, x_{i-1}, x_i] \tag{3.27}$$

为方便计算牛顿插值多项式系数，定义差商表如表 3.2 所示。

表 3.2　差商表

x_i	$f(x_i)$	一阶差商	二阶均差	三阶均差	$\cdots$
x_0	$f(x_0)$	0	0	0	$\cdots$
x_1	$f(x_1)$	$f[x_0, x_1]$	0	0	$\cdots$
x_2	$f(x_2)$	$f[x_1, x_2]$	$f[x_0, x_1, x_2]$	0	$\cdots$
x_3	$f(x_3)$	$f[x_2, x_3]$	$f[x_1, x_2, x_3]$	$f[x_0, x_1, x_2, x_3]$	$\cdots$
$\vdots$	$\vdots$	$\vdots$	$\vdots$	$\vdots$	

已知离散点(0.2, 0.98)、(0.4, 0.92)、(0.6, 0.81)、(0.8, 0.64)、(1, 0.38)，计算牛顿插值多项式。

构建差商表如表 3.3 所示。

表 3.3 差商表

x_i	$f(x_i)$	Δf	$\Delta^2 f$	$\Delta^3 f$	$\Delta^4 f$
0.2	0.98	0	0	0	0
0.4	0.92	−0.3	0	0	0
0.6	0.81	−0.55	−0.625	0	0
0.8	0.64	−0.85	−0.75	−0.208 3	0
1	0.38	−1.3	−1.125	−0.625	−0.520 8

根据计算结果得到牛顿 4 次插值多项式：

$$\begin{aligned} P_4 = & 0.98 - 0.3(x-0.2) - 0.625(x-0.2)(x-0.4) - \\ & 0.208\,3(x-0.2)(x-0.4)(x-0.6) - \\ & 0.520\,8(x-0.2)(x-0.4)(x-0.6)(x-0.8) \end{aligned}$$

绘制出曲线图如图 3.7 所示。

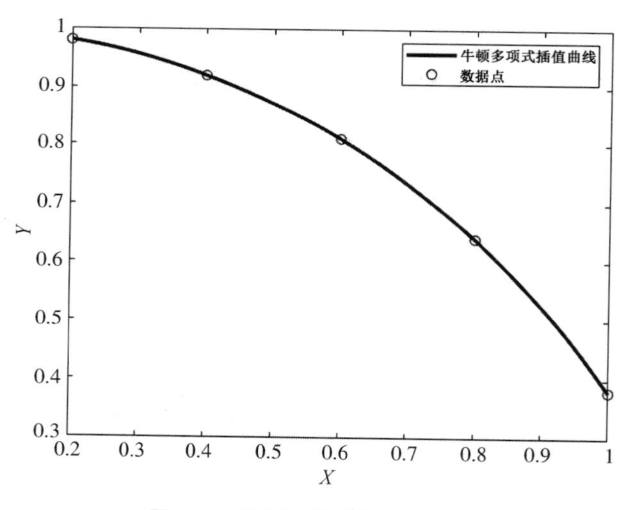

图 3.7 牛顿多项式插值原理图

3.1.1.6 3 次样条插值

由于在数据量较大的情况下，插值多项式的次数越高出现震荡的概率越大，3 次样条插值很好地解决了高次插值震荡带来的插值不准确情况。3 次样条曲线是由分段 3 次曲线连接而成的，而且在连接点上不仅函数连续，其一阶和二阶导数也是连续的。样条插值法主要用于计算许多插值点的函数值，利用这些点在计算机上绘出曲线，并得到平滑的数据。3 次样条插值法是样条插值法中最重要的一种方法，3 次样条插值算法的定义及原理如下。

设函数 $F(x)$ 具有二阶连续导数，同时，$x \in [a, b]$ 区间。在$[a, b]$上分为 n 个区间$[(x_0, x_1), (x_1, x_2), \cdots, (x_{n-1}, x_n)]$，共有 $n+1$ 个点，其中两个端点 $x_0=a$，$x_n=b$，$F(x)$ 满足式(3.28)：

$$F(x_i)=y_i \tag{3.28}$$

在每个小分段区间 $[x_i, x_{i+1}]$$(i=0, 1, \cdots, n-1)$ 上，$F(x)=f_i(x)$ 都是不高于3次的多项式，则称 $F(x)$ 为3次样条插值函数。

设 $f(x)$ 在每个子区间$[x_i, x_{i+1}]$的3次多项式如式(3.29)所示：

$$f_i(x)=a_i x^3+b_i x^2+c_i x+d_i \quad (i=0, 1, \cdots, n-1) \tag{3.29}$$

式(3.29)中待定的参数需满足：

$$f_i(x_i)=y_i, \quad f_i(x_{i+1})=y_{i+1} \quad (i=0, 1, \cdots, n-2) \tag{3.30}$$

$$f'_i(x_{i+1})=f'_{i+1}(x_{i+1}), \quad f''_i(x_{i+1})=f''_{i+1}(x_{i+1}) \quad (i=0, 1, \cdots, n-2) \tag{3.31}$$

根据上述表达式，一共存在 $4n$ 个未知数，同时有 $4n-2$ 个方程，为了求解出 $4n$ 个未知数，还需要找出两个方程。因此，需要增加边界条件。

本书将介绍以下两种边界条件：

① 给定端点处的一阶导数值需满足式(3.32)：

$$f'(x_0)=y'_0, \quad f'(x_n)=y'_n \tag{3.32}$$

② 给定端点处的二阶导数值需满足式(3.33)：

$$f''(x_0)=y''_0, \quad f''(x_n)=y''_n \tag{3.33}$$

本书以边界条件①为例，推导样条插值函数，设 $f''(x_i)=M_i$，$f''(x_{i+1})=M_{i+1}$，由二次拉格朗日插值多项式，易得 $f''(x)$ 的表达式为式(3.34)：

$$f''_i(x)=\frac{x_{i+1}-x}{h_i}M_i+\frac{x-x_i}{h_i}M_{i+1} \tag{3.34}$$

其中，$h_i=x_{i+1}-x_i$。

对 $f''_i(x)$ 一次积分得：

$$f'_i(x)=-\frac{(x_{i+1}-x)^2}{2h_i}M_i+\frac{(x-x_i)^2}{2h_i}M_{i+1}+A_i \quad (i=0, 1, \cdots, n-1)$$

对 $f''_i(x)$ 求两次积分得：

$$f_i(x)=\frac{(x_{i+1}-x)^3}{6h_i}M_i+\frac{(x-x_i)^3}{6h_i}M_{i+1}+A_i x+B_i \quad (i=0, 1, \cdots, n-1) \tag{3.35}$$

根据插值条件 $f_i(x_i)=y_i$，$f_i(x_{i+1})=y_{i+1}$ 可得式(3.36)和式(3.37)：

$$\frac{(x_{i+1}-x_i)^3}{6h_i}M_i+A_ix_i+B_i=y_i \tag{3.36}$$

$$\frac{(x_{i+1}-x_i)^3}{6h_i}M_{i+1}+A_ix_{i+1}+B_i=y_{i+1} \tag{3.37}$$

由式(3.36)和式(3.37)得：

$$\begin{cases} A_i=\dfrac{y_{i+1}-y_i}{h_i}-\dfrac{M_{i+1}-M_i}{6}h_i \\ B_i=y_{i+1}-\dfrac{M_{i+1}}{6}h_i^2-\left(\dfrac{y_{i+1}-y_i}{h_i}-\dfrac{M_{i+1}-M_i}{6}h_i\right)x_{i+1} \end{cases}$$

则：

$$\begin{aligned} A_ix+B_i&=\left(\frac{y_{i+1}-y_i}{h_i}-\frac{M_{i+1}-M_i}{6}h_i\right)x+y_{i+1}-\frac{M_{i+1}}{6}h_i^2- \\ &\quad\left(\frac{y_{i+1}-y_i}{h_i}-\frac{M_{i+1}-M_i}{6}h_i\right)x_{i+1} \\ &=\left(y_i-\frac{M_i}{6}h_i^2\right)\frac{x_{i+1}-x}{h_i}+\left(\frac{M_{i+1}}{6}h_i^2-y_{i+1}\right)\frac{x_i-x}{h_i} \end{aligned}$$

$$\begin{aligned} f_i(x)=&\frac{(x_{i+1}-x)^3}{6h_i}M_i+\frac{(x-x_i)^3}{6h_i}M_{i+1}+ \\ &\left(y_i-\frac{M_i}{6}h_i^2\right)\frac{x_{i+1}-x}{h_i}+\left(y_{i+1}-\frac{M_{i+1}}{6}h_i^2\right)\frac{x-x_i}{h_i} \end{aligned} \tag{3.38}$$

对 $f(x)$ 求一次导数得：

$$f'_i(x)=-\frac{(x_{i+1}-x)^2}{2h_i}M_i+\frac{(x-x_i)^2}{2h_i}M_{i+1}+\frac{y_{i+1}-y_i}{h_i}-\frac{M_{i+1}-M_i}{6}h_i \tag{3.39}$$

$f(x)$ 在两个区间的节点处需要连续，即需要满足 $f'_i(x_i)=f'_{i+1}(x_i)$，则

$$f'_{i-1}(x_i)=f'_i(x_i) \quad (i=1,\ 2,\ \cdots,\ n) \tag{3.40}$$

$$\Rightarrow \frac{h_{i-1}}{6}M_{i-1}+\frac{y_i-y_{i-1}}{h_{i-1}}+\frac{h_{i-1}}{3}M_i=-\frac{h_i}{6}M_i+\frac{y_{i+1}-y_i}{h_i}-\frac{h_i}{3}M_{i+1}$$

$$\Rightarrow \frac{h_{i-1}}{h_{i-1}+h_i}M_{i-1}+2M_i+\frac{h_i}{h_{i-1}+h_i}M_{i+1}=6\left(\frac{y_{i+1}-y_i}{h_i}-\frac{y_i-y_{i-1}}{h_{i-1}}\right)\frac{1}{h_{i-1}+h_i}$$

令　$\mu_i=\dfrac{h_{i-1}}{h_{i-1}+h_i}$，$d_i=\left(\dfrac{y_{i+1}-y_i}{h_i}-\dfrac{y_i-y_{i-1}}{h_{i-1}}\right)\dfrac{1}{h_{i-1}+h_i}$，$\lambda_i=1-\mu_i$

则

$$\mu_i M_{i-1}+2M_i+(1-\mu_i)M_{i+1}=6d_i \quad (i=2, 3, \cdots, n-1)$$

结合边界条件 $f'(x_1)=y'_1$，$f'(x_n)=y'_n$，将方程组写成矩阵方程：

$$\begin{bmatrix} 2 & \lambda_0 & & & \\ \mu_1 & 2 & \lambda_1 & & \\ & \ddots & \ddots & \ddots & \\ & & \mu_{n-1} & 2 & \lambda_{n-1} \\ & & & \mu_n & 2 \end{bmatrix} \begin{bmatrix} M_0 \\ M_1 \\ \vdots \\ M_{n-1} \\ M_n \end{bmatrix} = \begin{bmatrix} \beta_0 \\ 6d_1 \\ \vdots \\ 6d_{n-1} \\ \beta_n \end{bmatrix} \tag{3.41}$$

其中，$\lambda_0=1$，$\mu_n=1$，$\beta_0=\dfrac{6}{h_0}\left(\dfrac{y_1-y_0}{h_0}-y'_1\right)$，$\beta_n=\dfrac{6}{h_{n-1}}\left(y'_n-\dfrac{y_n-y_{n-1}}{h_{n-1}}\right)$。

通过求解式(3.41)，可得 M_1，M_2，…，M_n 的值，代入式(3.38)中，可求出 3 次样条插值函数 $f(x)$，从而实现对缺失值的插补。由上述 3 次样条函数的特性可知，3 次样条对缺失数据的插补只受缺失数前后的单点值的影响，与缺失数据前后的大段数据无关。

已知离散点(0.2，0.98)、(0.4，0.92)、(0.6，0.81)、(0.8，0.64)、(1，0.38)，计算 3 次样条插值多项式。

由离散点可计算得到：$h_0=h_1=h_2=h_3=0.2$，$\lambda_1=\lambda_2=\lambda_3=0.5$，$\beta_0=-9$，$d_1=-0.625$，$d_2=-0.75$，$d_3=-1.125$，$\beta_4=39$。将数据代入式(3.41)得矩阵方程：

$$\begin{bmatrix} 2 & 1 & & & \\ 0.5 & 2 & 0.5 & & \\ & 0.5 & 2 & 0.5 & \\ & & 0.5 & 2 & 0.5 \\ & & & 1 & 2 \end{bmatrix} \begin{bmatrix} M_0 \\ M_1 \\ M_2 \\ M_3 \\ M_4 \end{bmatrix} = \begin{bmatrix} -9 \\ -3.75 \\ -4.5 \\ -6.75 \\ 39 \end{bmatrix}$$

得：$M_0=-4.0179$，$M_1=-0.9643$，$M_2=0.3750$，$M_3=-9.5357$，$M_4=24.2679$。

将得到的值代入式(3.38)并化简得每个区间的 3 次多项式：

$$f_0(x)=2.5446x^3-3.5357x^2+1.1089x+0.8793$$

$$f_1(x)=1.1161x^3-1.8214x^2+0.4232x+0.9707$$

$$f_2(x)=-8.2589x^3+15.0536x^2-9.7018x+2.9957$$

$$f_3(x)=28.1696x^3-72.3750x^2+60.2411x-15.6557$$

由此可以计算并绘制得到 3 次样条插值曲线图，如图 3.8 所示。

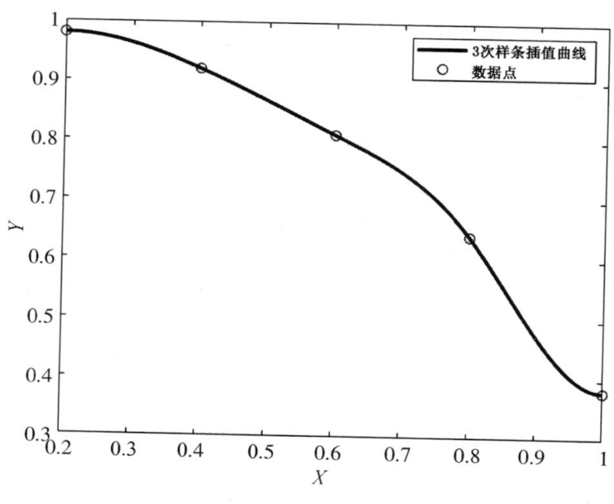

图 3.8　3 次样条插值曲线图

3.1.2　噪声误差滤波处理方法

本小节将主要介绍对噪声信号的基本处理方法，包括中值滤波法、滑动均值滤波法、限幅滤波法、算术平均滤波法、中位值平均滤波法、限幅平均滤波法、一阶滞后滤波法、加权滑动平均滤波法等。

3.1.2.1　中值滤波法

中值滤波(median filtering)是非线性滤波算法中最为经典，也是最简单和具有代表性的一种滤波算法。它最初是由 Turky 在 1971 年提出的，算法初期主要应用于时间序列分析，后来被应用于图像处理。其基本原理是：在一个滑动的滤波窗口中，将该窗口内所有像素的中值作为滤波后的中心像素值，进而有效地消除不利的噪声点。

滑动的实现方法为：当获得的数据量小于 N 个时，直接对已有的数据进行一定的计算输出；当获取的数据量大于 N 个时，把连续 N 个采样值看成一个队列，队列的长度固定为 N，每次采样到一个新数据放入队尾，并扔掉原来队首的一次数据(先进先出原则)。

中值方法实现为：将 $y_1, y_2, \cdots, y_n$ 按自小到大的次序排列成 $y_{(1)} \leqslant y_{(2)} \leqslant \cdots \leqslant y_{(n)}$。由式(3.42)计算得到中值。

$$y' = \begin{cases} y_{([N/2]+1)}, & \text{当 } N/2 \text{ 不是整数} \\ \dfrac{1}{2}\left[y_{(N/2)} + y_{(N/2+1)}\right], & \text{当 } N/2 \text{ 是整数} \end{cases} \tag{3.42}$$

某原始噪声及中值滤波后的信号如图 3.9 所示，图中 $N=5$。

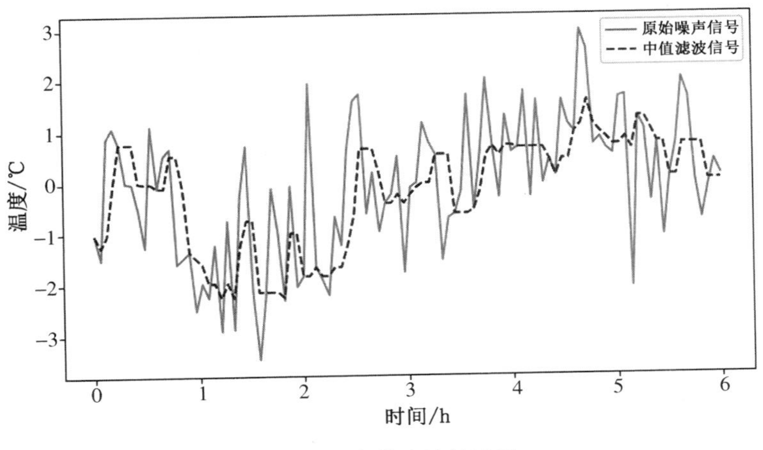

图 3.9　中值滤波效果图

该方法的优点：能有效克服因偶然因素引起的波动干扰；对变化缓慢的被测量通常表现出良好的滤波效果。

缺点：对快速变化的被测量不宜采用。

3.1.2.2　滑动均值滤波法

滑动均值滤波(mean filtering)是一种较经典、较简单的线性滤波算法。它的算法实现过程是在滑动的滤波窗口中，对窗口内所有值求平均，作为滤波输出值。从算法原理上看，该算法是根据信号的局域特征，通过改变各点的值来达到平滑信号、降低噪声影响的效果，通过改变参数即可控制滤波效果。

令 y'_i 为滤波后的第 i 个值，y_i 为滤波前的第 i 个值，则均值公式为式(3.43)：

$$y'_i=\frac{y_{i-N}+\cdots+y_i}{N} \tag{3.43}$$

图 3.10 给出了一个平滑均值滤波法的滤波效果案例，在该图中，$N=5$。

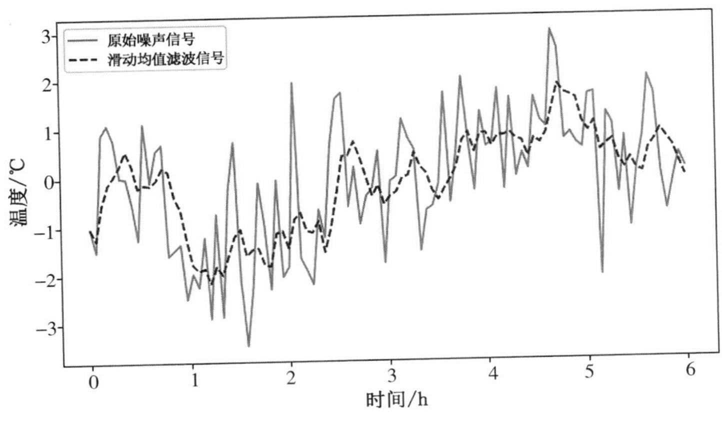

图 3.10　平滑均值滤波法的滤波效果图

该方法的优点：对周期性干扰有良好的抑制作用，平滑度高；适用于高频振荡的系统。

缺点：灵敏度低；对偶然出现的脉冲性干扰的抑制作用较差；不易消除由脉冲干扰所引起的采样值偏差；不适用于脉冲干扰比较严重的场合。

3.1.2.3 限幅滤波法

限幅滤波法又称嵌位滤波法，或程序判断滤波法。这种滤波法的思路是先根据经验判断，确定两次采样允许的最大偏差值（设为 A）。每次检测到新采样值时进行判断：

① 如果本次新采样值与上次滤波结果之差 Δ 满足 $\Delta \leqslant A$，则本次采样值有效，令本次滤波结果等于新采样值；

② 如果本次采样值与上次滤波结果之差 Δ 满足 $\Delta > A$，则本次采样值无效，令本次滤波结果等于上次滤波结果。

令 y'_i 为滤波后的第 i 个值，y_i 为滤波前的第 i 个值，则可用式(3.44)表示滤波后的数值。

$$y'_i=\begin{cases} y_i, & |y_i - y'_{i-1}| \leqslant A \\ y'_{i-1}, & |y_i - y'_{i-1}| > A \end{cases} \tag{3.44}$$

图 3.11 给出了一个限幅滤波法的滤波效果案例，图中 $A=1.5$。

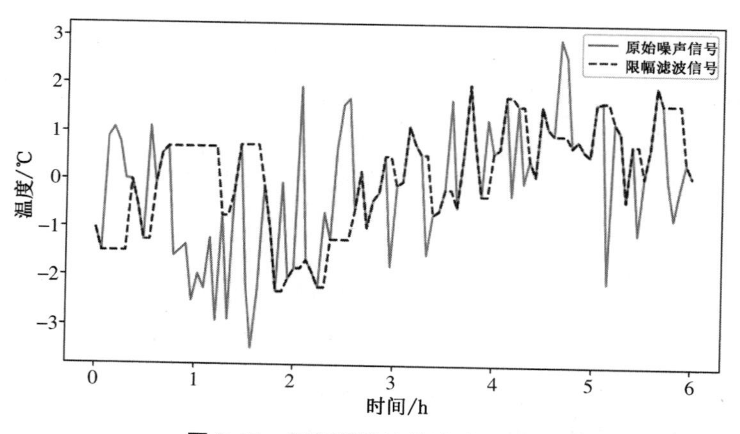

图 3.11 限幅滤波法的滤波效果图

该方法的优点：能有效克服因偶然因素引起的脉冲干扰。

缺点：无法抑制那种周期性的干扰，且平滑度差。

3.1.2.4 算术平均滤波法

连续采样 N 次信号值进行算术平均运算，作为当前的滤波信号。N 值较大时，信号平滑度较高，但灵敏度较低；N 值较小时，信号平滑度较低，但灵敏度较高。

图 3.12 给出了一个算术平均滤波法的滤波效果案例，图中 $N=4$。

该方法的优点：适用于对一般具有随机干扰的信号进行滤波；这种信号的特点是有一

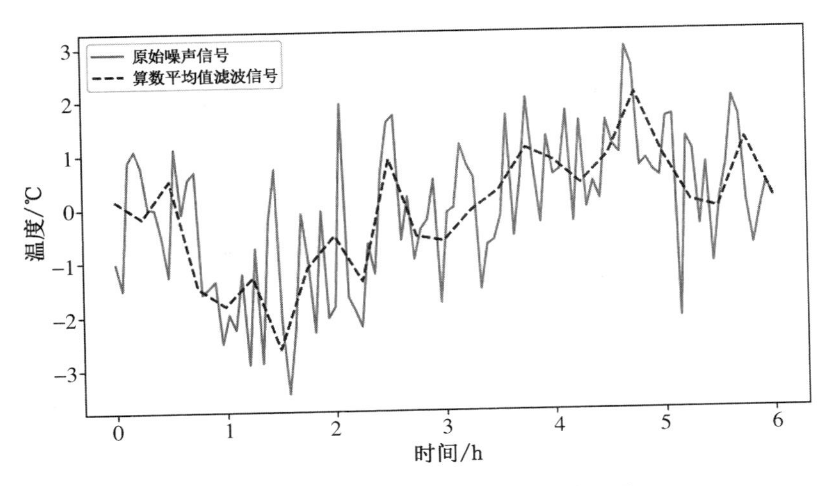

图 3.12　算术平均滤波法的滤波效果图

个平均值，信号在某一数值范围内上下波动。

缺点：对于要求数据计算速度较快的实时控制不适用。

3.1.2.5　中位值平均滤波法

中位值平均滤波法又称防脉冲干扰平均滤波法。相当于“中位值滤波法”加“算术平均滤波法”。具体方法是连续采样 N 个数据，去掉一个最大值和一个最小值；然后计算 $N-2$ 个数据的平均值作为滤波输出，计算公式不再介绍。

其实，中位值平均滤波法在生活中也可以见到。比如在许多比赛中，统计评委的打分时，往往就是采用这种方法。我们经常在电视里听到主持人说：“去掉一个最高分，去掉一个最低分，某某选手平均得分×××分”。

图 3.13 给出了一个中位值平均滤波法的滤波效果案例，图中 $N=4$。

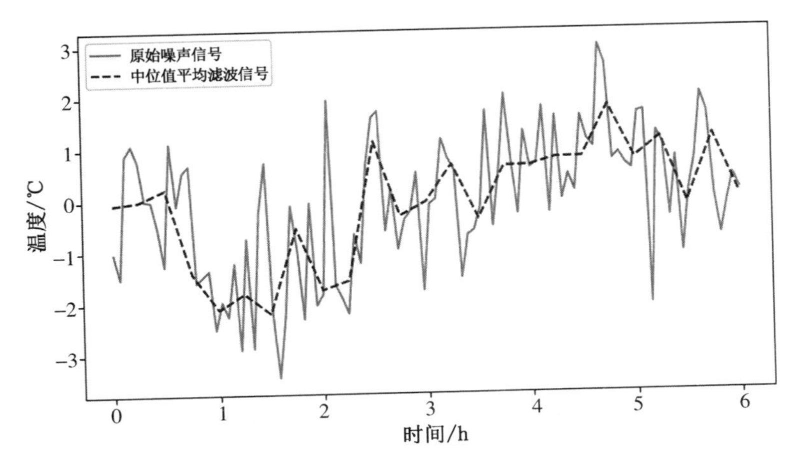

图 3.13　中位值平均滤波法的滤波效果图

该方法的优点：融合了两种滤波法的优点；对于偶然出现的脉冲性干扰，可消除由其引起的采样值偏差；对周期性干扰有良好的抑制作用，平滑度高，适用于高频振荡的系统。

缺点：和算术平均滤波法一样，速度较慢。

3.1.2.6 限幅平均滤波法

限幅平均滤波法相当于"限幅滤波法"加"滑动平均滤波法"。每次采样到的新数据先进行限幅处理，再送入队列进行滑动平均滤波处理。

图 3.14 给出了一个限幅平均滤波法的滤波效果案例，图中 $A=2,N=8$。

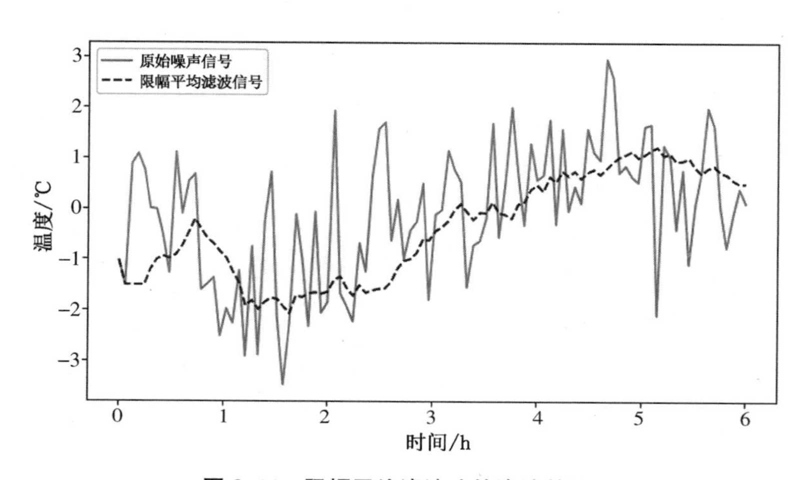

图 3.14 限幅平均滤波法的滤波效果图

该方法的优点：融合了限幅滤波法和滑动平均滤波法的优点；对于偶然出现的脉冲性干扰，可消除由于脉冲干扰所引起的采样值偏差。

缺点：由于需要开设队列存储历次采样数据，因此比较消耗 RAM。

3.1.2.7 一阶滞后滤波法

一阶滞后滤波，又叫一阶惯性滤波，或一阶低通滤波，是使用软件编程实现普通硬件 *RC* 低通滤波器的功能。一阶低通滤波法采用本次采样值与上次滤波输出值进行加权，得到有效滤波值，使得输出对输入有反馈作用。

一阶低通滤波的算法公式参见式(3.45)：

$$y'_i=\alpha y_i+(1-\alpha)y'_{i-1} \tag{3.45}$$

式(3.45)中，α 表示滤波系数(取值范围为 0～1)，用于决定新采样值在本次滤波结果中所占的权重。一阶滤波系数可以是固定的，也可以按一定算法在程序中自动计算。y_i 表示新采样值；y'_{i-1} 表示上次滤波结果；y'_i 表示本次滤波结果。

图 3.15 给出了一种一阶滞后滤波法的滤波效果案例，图中 $\alpha=0.6$。

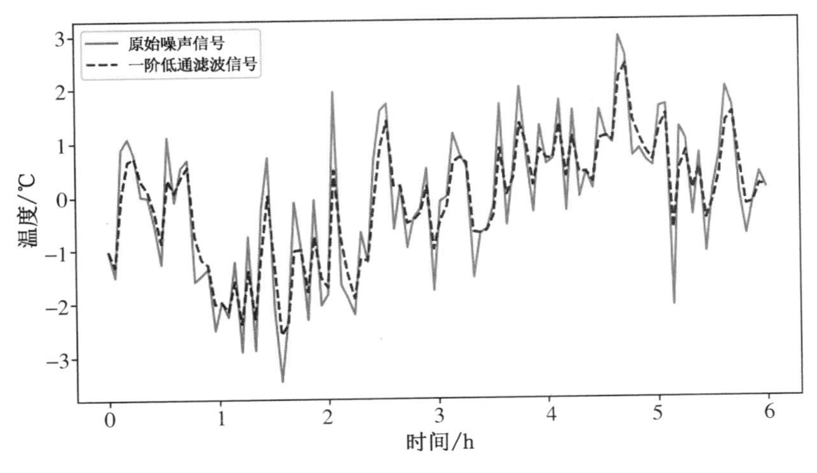

图 3.15 一阶滞后滤波法的滤波效果图

该方法的优点：对周期性干扰具有良好的抑制作用，适用于波动频率较高的场合；相对于各类平均滤波的方法来说，一阶滤波法比较节省 RAM 空间。

缺点：相位滞后，灵敏度低，滞后程度取决于 α 值的大小。

3.1.2.8 加权滑动平均滤波法

加权滑动平均滤波法是对滑动平均滤波法的改进，即对不同时刻的数据加以不同的权。通常是越接近现时刻的数据，权取的越大。给予新采样值的权系数越大，则灵敏度越高，但信号平滑度越低。

设有 N 个权值 $w_1, w_2, \cdots, w_N$，则加权平均滤波法的公式如式(3.46)：

$$y'_i = w_1 y_{i-N} + w_2 y_{i-N+1} + \cdots + w_N y_i \tag{3.46}$$

图 3.16 给出了一种加权滑动平均滤波法的滤波效果案例。图中 $N = 8$，权值分别为 0.027 8、0.055 6、0.083 3、0.111 1、0.138 9、0.166 7、0.194 4、0.222 2。

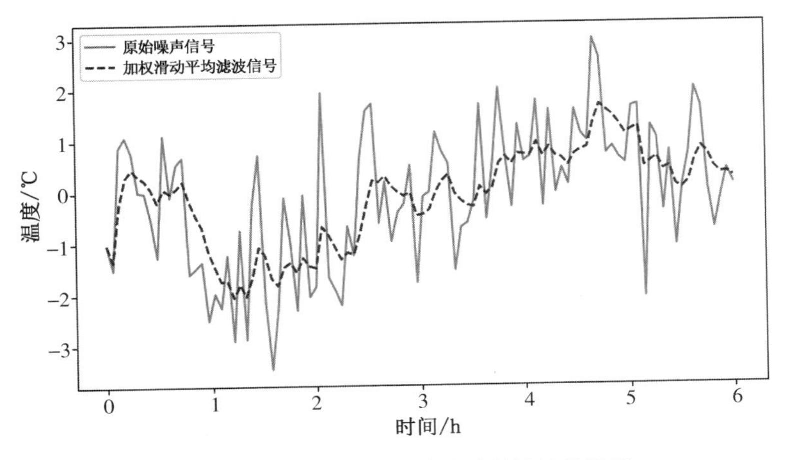

图 3.16 加权滑动平均滤波法的滤波效果图

该方法的优点：适用于有较大纯滞后时间常数的对象和采样周期较短的系统。

缺点：对于纯滞后时间常数较小、采样周期较长、变化缓慢的信号，不能迅速反映系统当前所受干扰的严重程度，滤波效果差。

3.2 典型数据预处理方法

上一节主要介绍了一些简单的噪声处理方法。本节主要介绍基于数字滤波器的噪声处理方法，这一类方法对数据处理得更加精细、设计更加灵活。

数字滤波器是相对于模拟滤波器的概念，两者都是信号处理中常见的滤波器。模拟滤波器是基于模拟电路原理设计的滤波器，通过对模拟信号进行处理，从而滤除特定频率的信号。模拟滤波器使用模拟电路中的电子元件(如电容、电感和运算放大器等)来处理连续时间信号，其输入和输出都是模拟信号。而数字滤波器则是基于数字信号处理原理设计的滤波器，它先对数字信号进行离散化处理，进而采用不同算法实现不同的滤波效果。数字滤波器又可以分为传统数字滤波器和现代数字滤波器两类。

传统数字滤波器基于期望信号和噪声各占不同频段的假设，滤波后去除噪声频段信号，保留期望频段信号，从而得到纯净的信号。按照频率响应特性分类，传统数字滤波器包括低通滤波器、高通滤波器、带通滤波器和带阻滤波器。此外，按单位冲击响应特性分类，传统数字滤波器可以分为无限冲击响应(IIR)滤波器和有限冲击响应(FIR)滤波器。

如果期望信号和噪声的频段重叠，传统数字滤波器则不能完成对噪声的有效滤除，此时需要采用现代数字滤波器。现代数字滤波器包括小波变换滤波器、贝叶斯滤波器等，它们可以根据输入信号的统计特性和变化调整滤波器的参数，具有灵活性高和适应性强的特点。

选择合适的数字滤波器取决于应用需求、信号特性和设计复杂度等，下面分别介绍代表性的传统数字滤波器和现代数字滤波器。

3.2.1 传统数字滤波器

3.2.1.1 IIR 滤波器的设计

(1) 原理介绍

IIR 滤波器的设计和模拟滤波器的设计有着十分紧密的关系。通常在设计 IIR 滤波器时，要先设计出适当的模拟滤波器的传递函数 $H(s)$，再通过一定的频带变换把它转换成为所需的 IIR 滤波器系统函数 $H(z)$。下面以冲激响应不变法为例，介绍 IIR 滤波器的设计过程。

所谓冲激响应不变法，就是使数字滤波器的脉冲响应序列 $h(n)$ 等于模拟滤波器的脉

冲响应 $h_a(t)$ 的采样值，即

$$h(n)=h_a(t)\big|_{t=nT}=h_a(nT) \tag{3.47}$$

式(3.47)中，T 为采样周期，n 表示采样个数。

因此，数字滤波器的系统函数 $H(z)$ 可由下式求得：

$$H(z)=Z[h(n)]=Z[h_a(nT)] \tag{3.48}$$

如果已经获得满足性能指标的模拟滤波器的传递函数 $H_a(s)$，那么获取对应数字滤波器的传递函数 $H(z)$ 的方法如下：

① 求解模拟滤波器的单位冲激响应 $h_a(t)$，即

$$h_a(t)=L^{-1}[H_a(s)] \tag{3.49}$$

② 求解模拟滤波器的单位冲激响应 $h_a(t)$ 的采样值，即数字滤波器冲激响应序列 $h(n)$。

③ 对数字滤波器的脉冲响应 $h(n)$ 进行 Z 变换，得到传递函数 $H(z)$。

由上述方法可以得到更直接的由模拟滤波器系统函数 $H_a(s)$ 求数字滤波器系统函数 $H(z)$ 的步骤，即

① 利用部分分式展开将模拟滤波器的传递函数展开成：

$$H_a(s)=\sum_{k=1}^{N}\frac{R_k}{s-p_k} \tag{3.50}$$

即将如下传递函数：

$$H_a(s)=\frac{b(s)}{a(s)}=\frac{b(1)s^{nb}+b(2)s^{nb-1}+\cdots+b(nb)s+b(nb+1)}{a(1)s^{na}+a(2)s^{na-1}+\cdots+a(na)s+a(na+1)} \tag{3.51}$$

变换为：

$$H_a(s)=\sum_{k=1}^{N}\frac{R_k}{s-p_k}+K(1)s^M+K(2)s^{M-1}+\cdots+K(M+1) \tag{3.52}$$

② 将模拟极点 p_k 变为数字极点 e^{p_kT}，即得到数字系统的传递函数：

$$H(z)=\sum_{k=1}^{N}\frac{R_k}{1-\mathrm{e}^{p_kT}z^{-1}} \tag{3.53}$$

(2) 应用

假设有一个由 10 Hz 正弦信号和 20 Hz 正弦信号构成的叠加信号 $x(t)$：

$$x(t)=\sin(2\pi\cdot 10\cdot t)+\sin(2\pi\cdot 20\cdot t)$$

对其信号 $x(t)$ 在 1 s 内进行 1 000 次采样，得到采样信号 $x(n)$：

$$x(n)=x(nT)$$

其中，$T=0.001$。

为滤除 20 Hz 信号保留 10 Hz 信号，设计截止频率为 15 Hz、滤波器阶数为 10 阶的低通滤波器，其传递函数 $H_a(s)$ 为：

$$H_a(s)=\frac{b(1)}{a(1)s^{10}+a(2)s^9+\cdots+a(10)s+a(11)}$$

其中，$b(1)=5.766\,503\times10^{-11}$，$a(1)=1$，$a(2)=9.588\,679\times10$，$a(3)=4.597\,139\times10^3$，$a(4)=1.444\,569\times10^5$，$a(5)=3.284\,671\times10^6$，$a(6)=5.637\,101\times10^7$，$a(7)=7.390\,510\times10^8$，$a(8)=7.313\,133\times10^9$，$a(9)=5.236\,428\times10^{10}$，$a(10)=2.457\,473\times10^{11}$，$a(11)=5.766\,503\times10^{11}$。

采用 IIR 数字滤波器设计方法，将 $H_a(s)$ 转化为数字系统的传递函数 $H(z)$：

$$H(z)=\frac{b'(1)+b'(2)z^{-1}+\cdots+b'(11)z^{-10}}{a'(1)+a'(2)z^{-1}+\cdots+a'(11)z^{-10}}$$

其中，$b'(1)=4.024\,7\times10^{-14}$，$b'(2)=4.024\,7\times10^{-13}$，$b'(3)=1.811\,1\times10^{-12}$，$b'(4)=4.829\,6\times10^{-12}$，$b'(5)=8.451\,9\times10^{-12}$，$b'(6)=1.014\,2\times10^{-11}$，$b'(7)=8.451\,9\times10^{-12}$，$b'(8)=4.829\,6\times10^{-12}$，$b'(9)=1.811\,1\times10^{-12}$，$b'(10)=4.024\,7\times10^{-13}$，$b'(11)=4.024\,7\times10^{-14}$。

$a'(1)=1$，$a'(2)=-9.397\,5$，$a'(3)=39.758\,4$，$a'(4)=-99.720\,6$，$a'(5)=164.207\,0$，$a'(6)=-185.489\,6$，$a'(7)=145.566\,1$，$a'(8)=-78.363\,9$，$a'(9)=27.695\,6$，$a'(10)=-5.802\,6$，$a'(11)=0.547\,2$。

因此，得到滤波器各级系数后，对采样信号 $x(n)$ 进行如下计算：

$$\begin{aligned}a'(1)y(n)=&b'(1)x(n)+b'(2)x(n-1)+\cdots+b'(11)x(n-10)-\\&a'(2)y(n-1)-a'(3)y(n-2)-\cdots-a'(11)y(n-10)\end{aligned}$$

最终，经过所设计的低通滤波器，得到滤波后的信号 $y(n)$。IIR 低通滤波器滤波前后对比图像如图 3.17 所示。

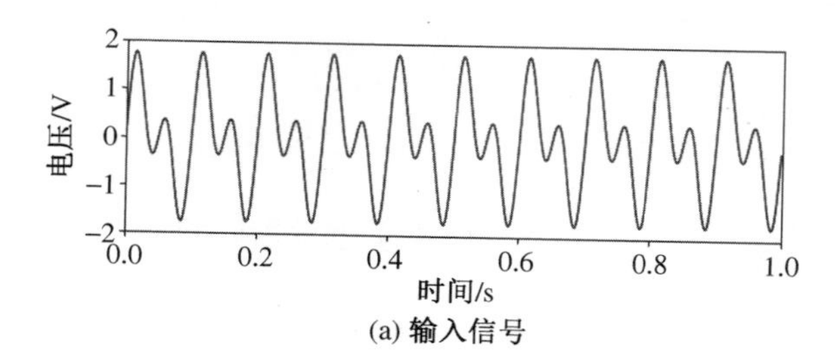

(a) 输入信号

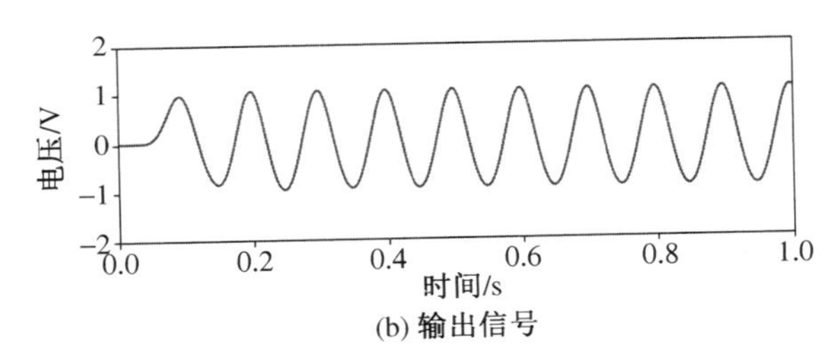

(b) 输出信号

图 3.17　IIR 低通滤波器滤波前后波形效果图

3.2.1.2　FIR 滤波器的设计

（1）原理介绍

IIR 滤波器能够保留模拟滤波器的一些优点，但是这类数字滤波器相位特性差（一般为非线性），也不易控制，在图像处理系统、雷达接收系统及一些对线性相位特性要求较高的系统中，就难以达到要求。而能够改善相位特性的方法就是采用 FIR 滤波器。FIR 滤波器具有以下优良特点，可以在设计任意幅度频率特性滤波器的同时，保证严格的线性相位特性；允许设计多通带（多阻带）系统。

FIR 滤波器的传递函数可以表示为：

$$H(z)=\frac{Y(z)}{X(z)}=\sum_{k=0}^{N-1}h_k z^{-k}=\sum_{k=0}^{N-1}b_k z^{-k} \tag{3.54}$$

FIR 滤波器的系统差分方程为：

$$\begin{aligned}y(n)&=h(0)x(n)+h(1)x(n-1)+\cdots+h(N-1)x(n-N+1)\\&=\sum_{k=0}^{N-1}h(k)x(n-k)=h(n)x(n)\end{aligned} \tag{3.55}$$

FIR 滤波器又称为卷积滤波器，其系统的频率响应表达式为：

$$H(\mathrm{e}^{\mathrm{j}w})=\sum_{k=0}^{N-1}h(n)\mathrm{e}^{-\mathrm{j}kw} \tag{3.56}$$

信号通过数字系统不失真传输的条件为 $|H_{\mathrm{d}}(\mathrm{j}w)|=K$，$\angle H_{\mathrm{d}}(\mathrm{j}w)=-\alpha w$（$K$、$\alpha$ 均为常数），即希望滤波器在通带内具有恒定的幅频特性和线性相位特性，当 FIR 滤波器的系数满足下列中心对称条件时，即

$$h(n)=h(N-1-n) \tag{3.57}$$

$$h(n)=-h(N-1-n) \tag{3.58}$$

滤波器设计在逼近平直频率特性的同时，还能获得严格的线性相位特性。线性相位 FIR 滤波器的相位滞后和群延迟在整个频带上是相等且不变的。对于一个 N 阶的线性相位 FIR

滤波器，其延迟为常数，即滤波后的信号简单地延迟常数个时间步长，这一特性使通带频率内的信号通过滤波器后仍保持原有波形的形状而无相位失真。

窗函数法是设计 FIR 滤波器最简单的方法，正确地选择窗函数可以提高所设计数字滤波器的性能，或者在满足设计要求的条件下，减小 FIR 滤波器的阶次。常用的窗函数有矩形窗、三角窗、汉宁窗、汉明窗、布莱克曼窗、切比雪夫窗、巴特利特窗及凯瑟窗等。

窗函数的主要指标包括主瓣宽度、旁瓣宽度、阻带衰减等。在使用窗函数法进行 FIR 滤波器设计时，窗的主瓣宽度越窄，旁瓣越小，获取的滤波器性能越好。窗函数在主瓣、旁瓣特性方面各有特点，可以满足不同的要求，因此，在用窗函数法设计 FIR 滤波器时，要根据给定的滤波器性能指标选择窗口宽度 N 和窗函数 $w(n)$。

各种窗函数的性能比较如表 3.4 所列。

表 3.4　各种窗函数的性能比较表

窗函数	第一旁瓣相对于主瓣衰减/dB	主瓣宽度	阻带最小衰减/dB
矩形窗	−13	$4\pi/N$	21
三角窗	−25	$8\pi/N$	25
汉宁窗	−31	$8\pi/N$	44
汉明窗	−41	$8\pi/N$	51
布莱克曼窗	−57	$12\pi/N$	74
切比雪夫窗	可调	可调	可调
凯瑟窗	可调	可调	可调

采用窗函数法设计 FIR 滤波器的主要步骤如下：

① 对滤波器理想幅频特性进行傅里叶逆变换获得理想滤波器的单位冲激响应 $h_d(n)$。一般假定理想低通滤波器的截止频率为 w_c，其幅频特性满足：

$$|H(e^{jw})|=\begin{cases}1, & 0\leqslant w\leqslant w_c\\ 0, & w_c\leqslant w\leqslant \pi\end{cases} \tag{3.59}$$

根据傅里叶逆变换，单位冲激响应为：

$$h_d(n)=\frac{1}{2\pi}\int_{-w_c}^{w_c} e^{jwn}\,dw=\frac{\sin[w_c(n-\alpha)]}{\pi(n-\alpha)},\quad n\in(-\infty,+\infty) \tag{3.60}$$

式中：α 为信号延迟。

② 根据表 3.4 中第 4 列阻带最小衰减的值来确定满足阻带衰减的窗函数类型 $w(n)$。滤波器的阶数越高，滤波器的幅频特性越好，但数据处理也越复杂，因此像 IIR 滤波器一样，FIR 滤波器也要确定满足性能指标的滤波器最小阶数。滤波器的主瓣宽度相当于过渡带

宽，因此，使过渡带宽近似于窗函数主瓣宽度（表 3.4 中的第 3 列）可求得满足性能指标的窗口长度 N。此时，信号延迟 $\alpha=(N-1)/2$，以保证 $h_d(n)$ 中心对称。

③ 根据 $h(n)=h_d(n)w(n)$ 求实际滤波器的单位冲激响应 $h(n)$。

④ 检验滤波器的性能。

（2）应用

假设一个信号 $x(t)=\cos(2\pi f_1 t)+\sin(2\pi f_2 t)$，其中，$f_1=6$ Hz，$f_2=35$ Hz，对信号在 1 s 内进行采样，采样频率为 100 Hz，则采样信号为：

$$x(n)=x(nT)$$

其中，$T=0.01$。

用窗函数设计一个线性相位 FIR 低通滤波器，令通带边界的归一化频率 $w_p=0.4$，阻带边界的归一化频率 $w_s=0.6$。阻带衰减不小于 28 dB，通带型波纹不大于 3 dB。

根据表 3.4，由于汉宁窗的第一旁瓣相对于主瓣衰减为 31 dB，故选取汉宁窗。

由归一化频率和阻带频率计算得到窗函数主瓣宽 w_l：

$$w_l=w_s-w_p$$

由窗函数主瓣宽得到滤波器最小阶数 M：

$$M=N-1$$

其中，$N=\text{ceil}(8\pi w_1)$，ceil 表示四舍五入。

进一步计算理想滤波器的单位冲激响应 $h_d(n)$：

$$h_d(n)=\frac{\sin[w_c(n-\alpha)]}{\pi(n-\alpha)} \quad (n=0,\ 1,\ \cdots,\ M)$$

其中，$w_c=(w_p+w_s)/2$，$\alpha=(N-1)/2$。

将汉宁窗函数与理想滤波器的单位冲激响应 $h_d(n)$ 进行卷积计算，得到 FIR 滤波器 $h(n)$ 的数值结果为：

$$h=[0.0227,\ 0.0884,\ 0.1497,\ 0.1497,\ 0.0884,\ 0.0227]$$

将 FIR 滤波器 $h(n)$ 与采样信号 $x(n)$ 进行卷积，得滤波信号 $y(n)$。

将原信号与通过滤波器的信号进行比较，如图 3.18 所示。

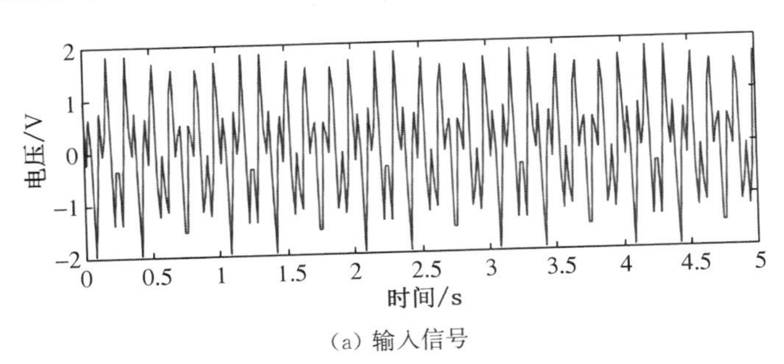

（a）输入信号

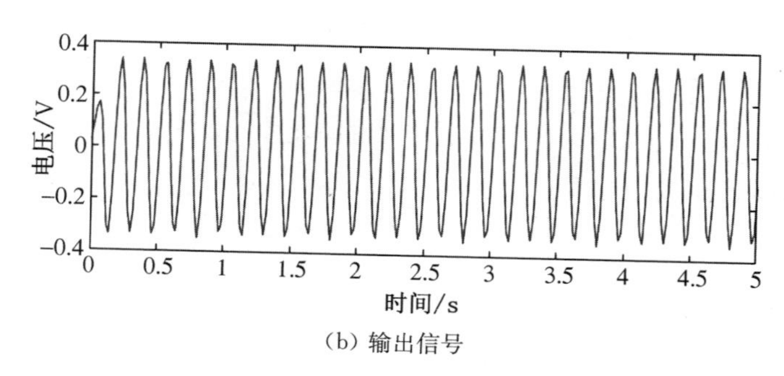

(b) 输出信号

图 3.18　输入信号与 FIR 滤波器输出信号波形图

由于通带边界归一化频率 $\omega_p=0.4$，阻带边界归一化频率 $\omega_s=0.6$，所以对应于 100 Hz 采样频率的通带边界频率为 $f_p=100/2\times\omega_p=20$ Hz，阻带边界频率为 $f_s=100/2\times\omega_s=30$ Hz。滤波器输入信号中含有 6 Hz 与 35 Hz 频率成分的信号，按照滤波器的性能，6 Hz 频率成分可以通过滤波器，而 35 Hz 频率成分则会被滤除。如图 3.18 所示输入信号与输出信号的波形图也验证了这一点，输入信号通过滤波器后，仅剩 6 Hz 频率成分的信号。

3.2.2　现代数字滤波器

3.2.2.1　小波变换去噪

小波变换是一种窗口大小固定但其形状可以改变的时频局部化分析方法，具有表征信号局部特征的能力，即在低频部分具有较低的时间分辨率和较高的频率分辨率，在高频部分具有较高的时间分辨率和较低的频率分辨率，适合用于分析非平稳的信号和提取信号的局部特征。

与傅里叶变换将信号分解为一系列不同频率正余弦函数的叠加相类似，小波变换是将信号分解为一系列小波函数的叠加。小波函数是一个母小波经过平移和尺度伸缩得来的，因此小波变换具有多分辨率分析的效果。傅里叶变换适合分析长时间内较稳定的信号，小波变换适合分析突变信号和奇异信号。

小波变换去噪就是利用小波变换将信号分解为不同频率的小波系数，通过阈值处理，将各频带上噪声对应的小波系数去除，保留真实信号的小波系数，然后对处理后的系数进行小波重构，得到纯净信号。小波变换去噪的流程如图 3.19 所示，下面将对小波变换去噪的关键步骤进行详细阐述。

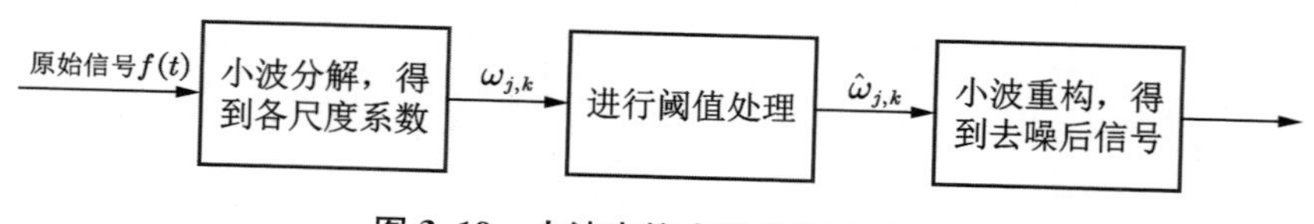

图 3.19　小波变换去噪的基本流程

(1) 小波变换的基本知识

① 小波的定义

小波是指能量有限,在时域中是有限长的、会衰减的、较为集中的波函数。如 $\psi(t)$ 是平方可积函数,其傅里叶变换为 $\hat{\psi}(w)$,满足容许性条件:

$$C_{\psi}=\int_{R}\frac{|\hat{\psi}(w)|^{2}}{|w|}\mathrm{d}w<\infty \tag{3.61}$$

则称 $\psi(t)$ 是一个母小波函数。

母小波函数 $\psi(t)$ 还需要满足如下3个条件:

a. $\psi(t)$ 的能量是1,即

$$\int_{-\infty}^{+\infty}|\psi(t)|^{2}\mathrm{d}t=1 \tag{3.62}$$

b. $\psi(t)$ 是有界函数,即

$$\int_{-\infty}^{+\infty}|\psi(t)|\mathrm{d}t<\infty \tag{3.63}$$

c. $\psi(t)$ 的平均值为0,即

$$\int_{-\infty}^{+\infty}\psi(t)\mathrm{d}t=0 \tag{3.64}$$

母小波 $\psi(t)$ 缩放 a 倍并平移 b 得到:

$$\psi_{a,b}(t)=\frac{1}{\sqrt{a}}\psi\left(\frac{t-b}{a}\right) \tag{3.65}$$

$\psi_{a,b}(t)$ 被称为小波基函数,它是由一个母小波函数经过伸缩与平移所产生的基函数,依赖于参数 a 和 b。其中,a 被称为尺度因子,b 被称为时移因子。

由于单独使用母小波函数对信号进行变换,比较容易得到信号的高频部分,但在工程应用中,往往是为了去掉信号的高频噪声得到低频部分。因此,可以使用父小波函数得到信号的低频部分,父小波函数 $\varphi(t)$ 与母小波函数满足正交的条件,即

$$\int\varphi(t)\psi(t)\mathrm{d}t=0 \tag{3.66}$$

因此,父小波函数 $\varphi(t)$ 的表达式又可写成:

$$\varphi(t)=\psi^{*}(t) \tag{3.67}$$

其中,$\psi^{*}(t)$ 表示为 $\psi(t)$ 的共轭函数。

② 常用的母小波函数

a. Morlet 小波

Morlet 小波是单频复正弦调制高斯波，是一种最常用的复值小波，其时域和频域的表示形式如式(3.68)和式(3.69)所示：

$$\psi(t)=\pi^{-1/4}(\mathrm{e}^{-iw_0 t}-\mathrm{e}^{-w_0^2/2})\mathrm{e}^{-t^2/2} \tag{3.68}$$

$$\Psi(w)=\pi^{-1/4}[\mathrm{e}^{-(w-w_0)^2/2}-\mathrm{e}^{-w_0^2/2}\mathrm{e}^{-w^2/2}] \tag{3.69}$$

Morlet 小波的频谱在频域上呈现高度局部化，同时保留了一定的平滑性，这使得它适用于许多需要在时频域上进行局部分析的应用。

b. Marr 小波

Marr 小波也叫墨西哥(Mexico)草帽小波，是高斯(Gauss)函数 $\mathrm{e}^{-t^2/2}$ 的二阶导数。

Marr 小波定义如下：

$$\psi(t)=\frac{2}{\sqrt{3}}\pi^{-1/4}(1-t^2)\mathrm{e}^{-t^2/2} \tag{3.70}$$

$$\Psi(w)=\frac{2\sqrt{2}}{\sqrt{3}}\pi^{1/4}w^2\mathrm{e}^{-w^2/2} \tag{3.71}$$

显然，它在时域上是有限支撑的。系数的选择同样保证 $\psi(t)$ 的归一化。在 $w=0$ 处，$\Psi(w)$ 有二阶零点，满足容许条件，而且其小波系数随 w 衰减得较快。Marr 小波比较接近人眼视觉的空间响应特性，也比较适合检测局部特性。

c. DOG(Difference of Gaussian)小波

DOG 小波是两个尺度差一倍的高斯函数之差，它是 Marr 小波的良好近似，其表达式如下：

$$\psi(t)=\mathrm{e}^{-t^2/2}-\frac{1}{2}\mathrm{e}^{-t^2/8} \tag{3.72}$$

$$\Psi(w)=\sqrt{2\pi}(\mathrm{e}^{-w^2/2}-\mathrm{e}^{-2w^2}) \tag{3.73}$$

在 $w=0$ 处，$\Psi(w)$ 同样有二阶零点。

不同的小波函数在正交性、紧支撑性、平滑性和对称性上表现出不同的特性，往往需要在实际应用中根据不同的信号处理目的和分解需求，通过试验和比较来选择确定最终的母小波函数。

③ 小波变换的定义

在选择好母小波函数以后，对母小波进行时移变换和尺度变换就能得到一系列小波基函数，再将小波基函数共轭处理后分别与信号进行卷积计算，由此可以得到信号在每个小波基函数上的相应分量。则 $f(t)$ 的小波变换表达式可写为：

$$Wf(a, b)=|a|^{-\frac{1}{2}}\int_{-\infty}^{+\infty} f(t)\psi^{*}\left(\frac{t-b}{a}\right)\mathrm{d}t \tag{3.74}$$

式(3.74)的逆变换即为逆小波变换：

$$f(t)=\frac{1}{C_{\psi}}\int_{0}^{\infty}\int_{-\infty}^{+\infty} Wf(a, b)\psi_{a,b}(t)\frac{\mathrm{d}a\,\mathrm{d}b}{a^{2}} \tag{3.75}$$

式(3.75)中，$\psi_{a,b}(t)=\frac{1}{\sqrt{a}}\psi\left(\frac{t-b}{a}\right)$，$a>0$，$b\in\mathbf{R}$。

逆小波变换是小波重构的必要操作。

(2) 多分辨率分析与小波分解

多分辨率分析是小波变换中的重要概念之一，它从函数的角度研究信号的多分辨率表示，将一个信号分解为一个低频部分与不同分辨率下的高频部分。其中低频部分保留原始信号的基本特征，所以又被称为近似部分(approximation part)；高频部分主要是噪声等信号，故又称为细节部分(detail part)。对原始信号进行小波变换之后，一个最显著的特征是分解得到的近似部分和细节部分频带范围互不重叠，且随着分解层数的增加，频带范围逐渐缩小。假设原始信号的采样频率为 f_s，那么信号的最高频率为 $f_s/2$，则进行一层小波分解后，近似部分的频率范围为 $0\sim f_s/4$，细节部分的频率范围为 $f_s/4\sim f_s/2$。为了获得更低的频率成分，需要对近似部分再进行小波分解，此时得到的第二层近似部分的频率范围为 $0\sim f_s/8$，第二层细节部分的频率范围为 $f_s/8\sim f_s/4$。

为了得到感兴趣的频率部分，可以对每一次得到的近似部分连续使用小波分解，进而得到一系列不同分辨率的细节部分。理论上讲，小波变换可以一直循环进行下去，N 层分解之后，原始信号可以表示为：

$$\begin{aligned}\text{原始信号}&=A_1+D_1\\&=A_2+D_2+D_1\\&=A_3+D_3+D_2+D_1\\&=A_N+D_N+D_{N-1}+\cdots+D_1\end{aligned} \tag{3.76}$$

其中，A_1，A_2，…，A_N 表示第一层到第 N 层的近似部分，D_1，D_2，…，D_N 为第一层到第 N 层的细节部分。当原始信号的采样频率为 f_s 时，各分解层的频率范围如表3.5所示。

表3.5 小波分解后各层的频率范围表

尺度	1		2		…		N	
	A_1	D_1	A_2	D_2	…	…	A_N	D_N
频率	$0\sim f_s/4$	$f_s/4\sim f_s/2$	$0\sim f_s/8$	$f_s/8\sim f_s/4$	…	…	$0\sim f_s/2^{N+1}$	$f_s/2^{N+1}\sim f_s/2^{N}$

分解层数的选择也是非常重要的。分解层数越大，则噪声和真实信号表现的不同特性越明显，越有利于二者的分离。但另一方面，分解层数越大，重构得到的信号失真也会越大，会影响最终的去噪效果。一个合适的分解层数要保证既能有效地消除干扰噪声，又不能损害真实信号。对于如何选择合适的分解层数目前尚无统一、标准的方法。

通常小波分解的频率范围与采样频率有关。若进行 N 层分解，则各个频段大小为 $f_s/2^{N+1}$（其中 f_s 为采样频率）。例如：一个原始信号的采样时长为 2 s，采样点数为 2 000 个，那么采样频率为 1 000 Hz，由奈奎斯特采样定理可知该信号的最大频率为 500 Hz。若对该信号做 3 层的小波分解，按照上述方法可得各层的频段范围如图 3.20 所示。对于更多层的分解以此类推。

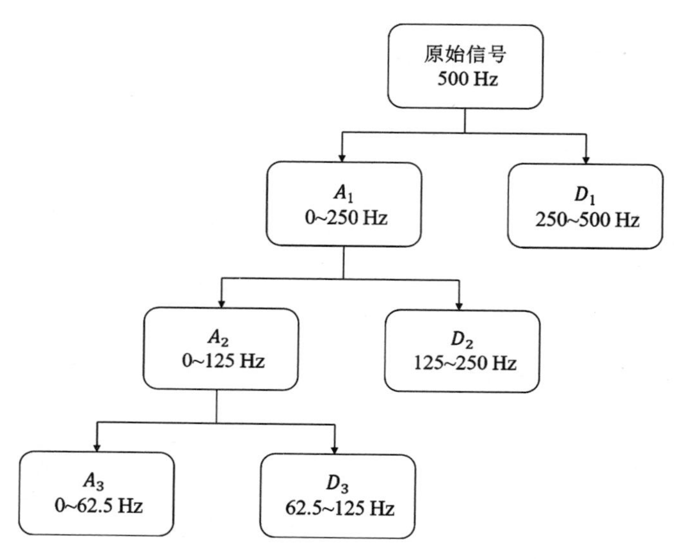

图 3.20　小波分解的各层频段范围示例图

（3）阈值的选取

小波变换能使真实信号的能量在小波域集中在一些大的小波系数中，而噪声的能量却分布于整个小波域内。因此，经过小波变换后，真实信号的小波系数幅值要大于噪声的系数幅值，可以认为，幅值比较大的小波系数一般以真实信号为主，而幅值比较小的系数在很大程度上是噪声。通过设置阈值，把幅值比较小的信号系数置零，就能抑制噪声。阈值的选择对小波去噪的效果同样具有重要影响。目前，常用的阈值函数包括硬阈值函数、软阈值函数、自适应等，感兴趣的读者可查阅相关文献。

3.2.2.2　贝叶斯滤波

贝叶斯滤波是一种基于贝叶斯统计理论的滤波方法，用于在有噪声或不完全观测的情况下估计系统状态或对系统进行预测。这种滤波是贝叶斯概率推理的一种应用，通过考虑先验知识和观测数据，更新系统状态的后验概率。常见的贝叶斯滤波算法包括 Kalman 滤波和扩展 Kalman 滤波等。Kalman 滤波适用于线性系统，而扩展 Kalman 滤波则适用于非线性系统。

Kalman 滤波是一种时域滤波方法，它把状态空间的概念引入随机估计理论中，把信号过程视为白噪声作用下的一个线性系统的输出，用状态方程来描述这种"输入-输出"关系，估计过程中利用系统状态方程、观测方程以及系统过程噪声和观测噪声的统计特性形成滤波算法。由于 Kalman 滤波所用的信息都是时域内的量，所以它不但可以对平稳的一维随机过程进行滤波估计，也可以对非平稳的、多维随机过程进行滤波估计。同时 Kalman 滤波算法是递推的，便于在计算机上实现实时应用。

一般地，只要跟时间序列和高斯白噪声有关或者能建立类似模型的系统，都可以利用 Kalman 滤波来处理噪声问题，也可以将 Kalman 滤波用于预测动态系统未来的变化趋势。Kalman 滤波的主要应用场景非常广泛，包括导航制导、目标定位和跟踪、通信/图像/语音信号处理、天气/地震预报、故障诊断检测等。下面分别介绍 Kalman 滤波的基本过程以及典型应用案例。

(1) Kalman 滤波算法流程

Kalman 滤波是针对如下线性系统建立的：

$$\boldsymbol{X}_t = \boldsymbol{\Phi}_{t,\,t-1}\boldsymbol{X}_{t-1} + \boldsymbol{\Gamma}_{t-1}\boldsymbol{W}_{t-1} \tag{3.77}$$

$$\boldsymbol{Z}_t = \boldsymbol{H}_t\boldsymbol{X}_t + \boldsymbol{V}_t \tag{3.78}$$

式(3.77)及式(3.78)中，$\boldsymbol{X}_t$ 是 t 时刻的待估计状态；$\boldsymbol{\Phi}_{t,\,t-1}$ 为 $t-1$ 时刻至 t 时刻的状态转移矩阵；$\boldsymbol{\Gamma}_{t-1}$ 为系统噪声驱动阵；$\boldsymbol{H}_t$ 为量测矩阵；$\boldsymbol{V}_t$ 为量测噪声序列；$\boldsymbol{W}_{t-1}$ 为系统噪声序列。

同时，$\boldsymbol{W}_t$ 和 $\boldsymbol{V}_t$ 满足

$$\left.\begin{aligned} &E[\boldsymbol{W}_t]=\boldsymbol{0},\ Cov[\boldsymbol{W}_t,\ \boldsymbol{W}_j]=E[\boldsymbol{W}_t\boldsymbol{W}_j^{\mathrm{T}}]=\boldsymbol{Q}_t\boldsymbol{\delta}_{tj} \\ &E[\boldsymbol{V}_t]=\boldsymbol{0},\ Cov[\boldsymbol{V}_t,\ \boldsymbol{V}_j]=E[\boldsymbol{V}_t\boldsymbol{V}_j^{\mathrm{T}}]=\boldsymbol{R}_t\boldsymbol{\delta}_{tj} \\ &Cov[\boldsymbol{W}_t,\ \boldsymbol{V}_j]=E[\boldsymbol{W}_t\boldsymbol{V}_j^{\mathrm{T}}]=\boldsymbol{0} \end{aligned}\right\} \tag{3.79}$$

式(3.79)中，$\boldsymbol{Q}_t$ 为系统噪声序列的方差阵，$\boldsymbol{R}_t$ 为量测噪声序列的方差阵，均为已知的非负定阵。

Kalman 滤波的递推过程为：

状态一步预测

$$\hat{\boldsymbol{X}}_{t/t-1} = \boldsymbol{\Phi}_{t,\,t-1}\hat{\boldsymbol{X}}_{t-1} \tag{3.80a}$$

一步预测误差方差阵

$$\boldsymbol{P}_{t/t-1} = \boldsymbol{\Phi}_{t,\,t-1}\boldsymbol{P}_{t-1}\boldsymbol{\Phi}_{t,\,t-1}^{\mathrm{T}} + \boldsymbol{Q}_{t-1} \tag{3.80b}$$

滤波增益矩阵计算

$$K_t = P_{t/t-1} H_t^{\mathrm{T}} (H P_{t/t-1} H^{\mathrm{T}} + E_t)^{-1} \tag{3.80c}$$

状态估计

$$\hat{X}_t = \hat{X}_{t/t-1} + K_t (Z_t - H_t \hat{X}_{t/t-1}) \tag{3.80d}$$

估计误差方差阵

$$P_t = (I - K_t H_t) P_{t/t-1} \tag{3.80e}$$

式(3.80)即为 Kalman 滤波基本方程。只要给定初值 $\hat{X}_0$ 和 P_0，根据 t 时刻的量测 Z_t，就可递推计算各时刻的状态估计 $\hat{X}_t(t=1, 2, \cdots)$。

式(3.80)所示算法可用图 3.21 来表示。从图中可以明显看出 Kalman 滤波具有两个计算回路：增益计算回路和滤波计算回路。其中增益计算回路是独立计算回路，而滤波计算回路依赖于增益计算回路。

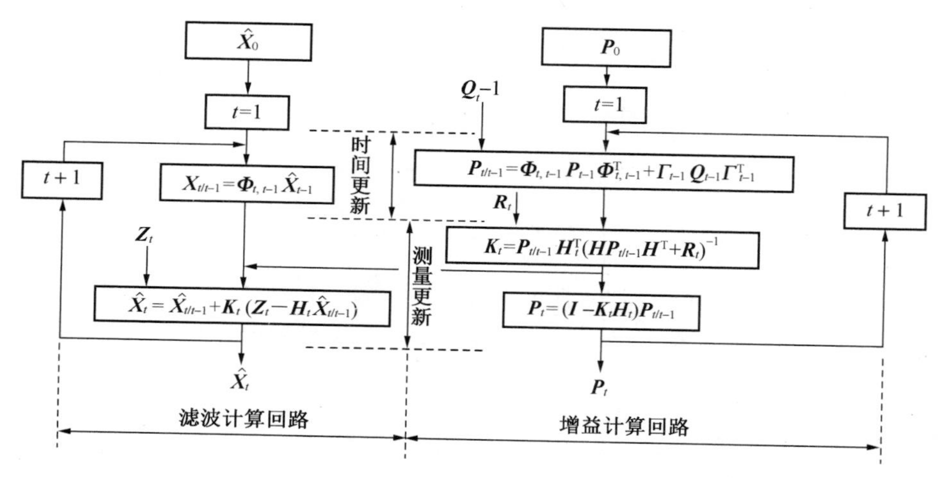

图 3.21　Kalman 滤波的两个计算回路和两个更新过程

在一个滤波周期内，从 Kalman 滤波使用系统信息和量测信息的先后次序来看，Kalman 滤波具有两个明显的信息更新过程：时间更新过程和量测更新过程。式(3.80a)说明了根据 $t-1$ 时刻的状态估计预测 t 时刻状态的估计方法，式(3.80b)对这种预测的质量优劣作了定量描述。这两个式子在计算中仅使用了与系统动态特性有关的信息。从时间的推移过程来看，其将时间从 $t-1$ 时刻推进到 t 时刻，所以这两个式子描述了 Kalman 滤波的时间更新过程。式(3.80)的其余诸式用来计算对时间更新值的修正量，该修正量由时间更新的质量优劣 ($P_{t/t-1}$)、量测信息的质量优劣(R_t)、量测与状态的关系(H_t)以及具体的量测值 Z_t 确定。所有这些方程围绕一个目的，即正确合理地利用量测 Z_t，所以这一过程描述了 Kalman 滤波的量测更新过程。

（2）应用

这里以机器人运动过程为例，直观地介绍 Kalman 滤波的详细应用过程。

通常机器人需要知道自己的位置以便进行导航，假设机器人上已经装有 GNSS 传感器，它可以提供位置信息，但精度较差。为了提高机器人的定位精度，可以利用 Kalman 滤波融合 GNSS 和机器人上安装的前向加速度计来获得更准确的定位结果。

机器人在 t 时刻的运动状态可用向量表示为 $\hat{\boldsymbol{X}}_t=[p_t, v_t]^{\mathrm{T}}$，其中 p_t 为 t 时刻的位置，v_t 为 t 时刻的速度。假设机器人仅进行直线运动，且在 t 时刻的加速度为 u_t（由前向加速度计测得，可理解为外部控制变量），则可用运动学公式从 $t-1$ 时刻推出机器人在 t 时刻的速度与位置：

$$
\begin{aligned}
p_t &= p_{t-1}+v_{t-1}\times\Delta t+u_t\times\frac{\Delta t^2}{2}\\
v_t &= v_{t-1}+u_t\times\Delta t
\end{aligned}
\tag{3.81}
$$

式中，Δt 为 $t-1$ 时刻到 t 时刻的时间间隔，也是传感器数据的采样周期。

矩阵化表示为：

$$
\begin{bmatrix}p_t\\ v_t\end{bmatrix}=\begin{bmatrix}1 & \Delta t\\ 0 & 1\end{bmatrix}\begin{bmatrix}p_{t-1}\\ v_{t-1}\end{bmatrix}+\begin{bmatrix}\dfrac{\Delta t^2}{2}\\ \Delta t\end{bmatrix}u_t \tag{3.82}
$$

令：

$$
\boldsymbol{F}_t=\begin{bmatrix}1 & \Delta t\\ 0 & 1\end{bmatrix},\quad \boldsymbol{B}_t=\begin{bmatrix}\dfrac{\Delta t^2}{2}\\ \Delta t\end{bmatrix} \tag{3.83}
$$

则得到状态方程：

$$
\hat{\boldsymbol{X}}_{t/t-1}=\boldsymbol{F}_t\hat{\boldsymbol{X}}_{t-1}+\boldsymbol{B}_t u_t \tag{3.84}
$$

式(3.84)中，$\boldsymbol{F}_t$ 为状态转移矩阵，$\boldsymbol{B}_t$ 为控制矩阵。

假设 GNSS 传感器第 t 时刻读取的位置数据为 $\boldsymbol{Z}_t$，则观测矩阵 $\boldsymbol{H}_t=[1\ 0]$，观测方程为：

$$
\boldsymbol{Z}_t=\boldsymbol{H}_t\hat{\boldsymbol{X}}_t+\boldsymbol{R}_t \tag{3.85}
$$

式中，$\boldsymbol{R}_t$ 为 GNSS 观测值噪声的协方差。

有了状态方程和观测方程后，即可根据式(3.80)以及初值 $\boldsymbol{X}_0$ 和 $\boldsymbol{P}_0$ 进行机器人位置的递推计算。

假设机器人的初始位置为 0 m，速度为 5 m/s，即 $\boldsymbol{X}_0=\begin{bmatrix}0\\5\end{bmatrix}$，采样周期 $\Delta t=0.5$ s，加速度 $u_1=-2\ \text{m/s}^2$，$\boldsymbol{P}_0=\begin{bmatrix}0.01 & 0\\0 & 1\end{bmatrix}$，GNSS 在第 1 个时刻的测量值 $Z_1=2.2$ m，系统噪声方差矩阵 $\boldsymbol{Q}_t=\begin{bmatrix}0.1 & 0\\0 & 0.1\end{bmatrix}$，量测噪声方差 $R_t=0.05$，则利用 Kalman 滤波计算第 1 个时刻机器人位置的过程为：

状态一步预测

$$\hat{\boldsymbol{X}}_{1/0}=\boldsymbol{F}_1\hat{\boldsymbol{X}}_0+\boldsymbol{B}_1u_1$$

$$\begin{bmatrix}\hat{p}_{1/0}\\\hat{v}_{1/0}\end{bmatrix}=\begin{bmatrix}1 & 0.5\\0 & 1\end{bmatrix}\begin{bmatrix}0\\5\end{bmatrix}+\begin{bmatrix}0\\0.5\end{bmatrix}\times(-2)=\begin{bmatrix}2.5\\4\end{bmatrix}$$

一步预测误差方差阵

$$\boldsymbol{P}_{1/0}=\boldsymbol{F}_{1,0}\boldsymbol{P}_0\boldsymbol{F}_{1,0}^{\mathrm{T}}+\boldsymbol{Q}_0$$

$$\boldsymbol{P}_{1/0}=\begin{bmatrix}1 & 0.5\\0 & 1\end{bmatrix}\begin{bmatrix}0.01 & 0\\0 & 1\end{bmatrix}\begin{bmatrix}1 & 0.5\\0 & 1\end{bmatrix}^{\mathrm{T}}+\begin{bmatrix}0.1 & 0\\0 & 0.1\end{bmatrix}=\begin{bmatrix}0.36 & 0.5\\0.5 & 1.1\end{bmatrix}$$

滤波增益矩阵

$$\boldsymbol{K}_1=\boldsymbol{P}_{1/0}\boldsymbol{H}_1^{\mathrm{T}}(\boldsymbol{H}\boldsymbol{P}_{1/0}\boldsymbol{H}^{\mathrm{T}}+\boldsymbol{R}_1)^{-1}$$

$$K_1=\begin{bmatrix}0.36 & 0.5\\0.5 & 1.1\end{bmatrix}\begin{bmatrix}1\\0\end{bmatrix}\left(\begin{bmatrix}1 & 0\end{bmatrix}\begin{bmatrix}0.36 & 0.5\\0.5 & 1.1\end{bmatrix}\begin{bmatrix}1\\0\end{bmatrix}+0.05\right)^{-1}=\begin{bmatrix}0.88\\1.22\end{bmatrix}$$

状态估计

$$\hat{\boldsymbol{X}}_1=\hat{\boldsymbol{X}}_{1/0}+\boldsymbol{K}_1(\boldsymbol{Z}_1-\boldsymbol{H}_1\hat{\boldsymbol{X}}_{1/0})$$

$$\begin{bmatrix}\hat{p}_1\\\hat{v}_1\end{bmatrix}=\begin{bmatrix}2.5\\4\end{bmatrix}+\begin{bmatrix}0.88\\1.22\end{bmatrix}\left(2.2-\begin{bmatrix}1 & 0\end{bmatrix}\begin{bmatrix}2.5\\4\end{bmatrix}\right)=\begin{bmatrix}2.24\\3.63\end{bmatrix}$$

估计误差方差阵

$$\boldsymbol{P}_1=(\boldsymbol{I}-\boldsymbol{K}_1\boldsymbol{H}_1)\boldsymbol{P}_{1/0}$$

$$P_1=\left(\begin{bmatrix}1 & 0\\0 & 1\end{bmatrix}-\begin{bmatrix}0.88\\1.22\end{bmatrix}\begin{bmatrix}1 & 0\end{bmatrix}\right)\begin{bmatrix}0.36 & 0.5\\0.5 & 1.1\end{bmatrix}=\begin{bmatrix}0.04 & 0.06\\0.06 & 0.49\end{bmatrix}$$

Kalman 滤波融合 GNSS 和加速度计得到的第 1 个时刻的机器人位置为 2.24 m，机器人在其他时刻的位置可以依次递推求得。

(3) 扩展 Kalman 滤波

上述 Kalman 滤波能够在线性高斯模型的条件下,对目标的状态做出最优的估计。但是,实际系统总是存在不同程度的非线性,典型的非线性函数关系包括平方关系、对数关系、指数关系、三角函数关系等。有些非线性系统可以近似看成线性系统,但为了精确估计系统的状态,大多数系统不能近似看成线性系统,如飞机的飞行状态、导弹的制导系统等,其中的非线性因素不能忽略,必须建立适用于非线性系统的滤波算法。

对于非线性系统滤波问题,常用的处理方法是利用线性化技巧将其转化为一个近似的线性滤波问题,其中应用最广泛的方法是扩展 Kalman 滤波方法。扩展 Kalman 滤波建立在线性 Kalman 滤波的基础上,其核心思想是,对一般的非线性系统,首先围绕滤波值 $\hat{\boldsymbol{X}}_k$,将非线性系统方程和观测方程展开成泰勒级数并忽略二阶及以上项,得到一个近似的线性化模型,然后应用 Kalman 滤波完成对系统的滤波估计等处理。

非线性系统方程及观测方程通常可以表示为:

$$\boldsymbol{X}_t = f(\boldsymbol{X}_{t-1}, u_t, w_t) \tag{3.86}$$

$$\boldsymbol{Z}_t = h(\boldsymbol{X}_t, w_t) \tag{3.87}$$

扩展 Kalman 滤波算法可以通过将非线性系统在其参考点处做泰勒级数展开,从而使非线性系统可以线性化。展开后可以得到:

$$\boldsymbol{A}_t = \frac{\partial f(\hat{\boldsymbol{X}}_{t-1}, u_t, 0)}{\partial x} \tag{3.88}$$

$$\boldsymbol{H}_t = \frac{\partial h(\hat{\boldsymbol{X}}_{t/t-1}, 0)}{\partial x} \tag{3.89}$$

$$\boldsymbol{W}_t = \frac{\partial f(\hat{\boldsymbol{X}}_{t-1}, u_t, 0)}{\partial w} \tag{3.90}$$

$$\boldsymbol{V}_t = \frac{\partial h(\hat{\boldsymbol{X}}_{t/t-1}, 0)}{\partial v} \tag{3.91}$$

其中,$\boldsymbol{A}_t$ 和 $\boldsymbol{W}_t$ 是非线性系统方程 f 在 k 时刻求偏导数后的雅可比矩阵,$\boldsymbol{H}_t$ 和 $\boldsymbol{V}_t$ 为非线性观测方程 h 求偏导数后的雅可比矩阵。扩展 Kalman 滤波的推导过程与 Kalman 滤波类似,可以写成:

$$\hat{\boldsymbol{X}}_{t/t-1} = f(\hat{\boldsymbol{X}}_{t-1}, u_t) \tag{3.92}$$

$$\boldsymbol{P}_{t/t-1} = \boldsymbol{A}_{t-1}\boldsymbol{P}_{t-1}\boldsymbol{A}_{t-1}^{\mathrm{T}} + \boldsymbol{W}_t\boldsymbol{Q}_{t-1}\boldsymbol{W}_t^{\mathrm{T}} \tag{3.93}$$

$$\boldsymbol{K}_t = \boldsymbol{P}_{t/t-1}\boldsymbol{H}^{\mathrm{T}}(\boldsymbol{H}_t\boldsymbol{P}_{t/t-1}\boldsymbol{H}_t^{\mathrm{T}} + \boldsymbol{V}_t\boldsymbol{R}_t\boldsymbol{V}_t^{\mathrm{T}})^{-1} \tag{3.94}$$

$$\hat{\boldsymbol{X}}_t=\hat{\boldsymbol{X}}_{t/t-1}+\boldsymbol{K}_t[\boldsymbol{Z}_t-h(\hat{\boldsymbol{X}}_{t/t-1},0)] \tag{3.95}$$

$$\boldsymbol{P}_t=(\boldsymbol{I}-\boldsymbol{K}_t\boldsymbol{H}_t)\boldsymbol{P}_{t/t-1} \tag{3.96}$$

3.3 多传感器时空同步处理方法

多传感器数据的时空同步是多传感器信息融合的前提条件。当智能感知系统采用多种传感器时(如 GNSS、IMU、摄像头、激光雷达等),需要将各传感器信息(如位置、姿态、图像、点云等)进行时空同步对齐或配准等。因为这些信息来自不同时间、不同空间基准的部件和系统,为保证有效处理多传感器信息,必须利用统一时间基准同步控制各个传感器的数据采集,同时将各传感器所含有的空间位置信息转化到统一空间坐标系下,否则不同传感器的信息难以建立有效的关联,各类信息将以孤岛形式存在,无法结合各个传感器的优势,不能进行有效的融合。

本节简要介绍时间同步处理技术和多种空间坐标系的转换方法。对于不同模态信息的对齐或配准,如视觉的图像信息和激光雷达的点云信息之间的配准标定,读者可查阅相关文献。

3.3.1 时间同步处理技术

时间同步就是将多种传感器的采样数据进行时间轴上的对齐,常用的方法包括软同步和硬同步两种。

(1) 软同步方法

利用时间戳进行不同传感器数据的匹配,通常是将各传感器数据统一到扫描周期较长(频率较小)的传感器数据上,如图 3.22 所示。

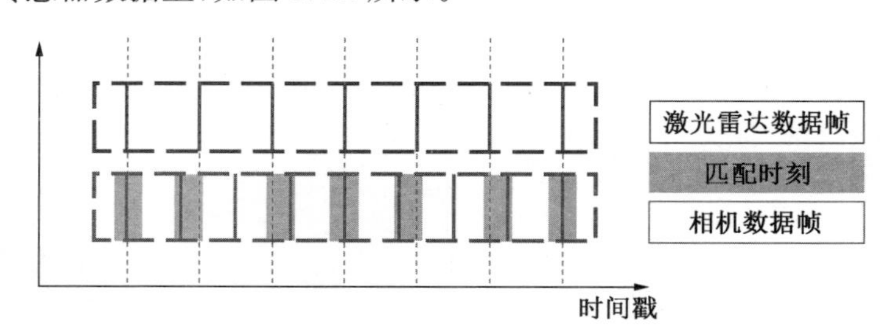

图 3.22　多传感器软同步方法示意图

图 3.22 中双虚线框表示激光雷达采集频率,单虚线框表示相机采集频率,横轴表示统一的时间戳。传感器的每个采样时刻记录在统一的时间序列上。激光雷达的采样频率较低,当激光雷达完成一次采样时,寻找与该时刻最近邻时刻的图像,这样便完成了两种数据的时间匹配,如图中灰色方框所示。

由于各传感器在采样频率、触发时刻、数据处理、传输时延等方面的差异，采用最近邻时刻找到的各传感器数据帧不是完全对应的，本身存在同步误差。此外，随着需要进行时间同步的传感器数量增多，匹配的难度必然加大，匹配的精度也会大打折扣。因此，软同步方法的同步误差较大。

(2) 硬同步方法

将各个传感器的某个接口与时间服务器发出的信号(例如PPS秒脉冲、标准格式的精准时间等)相连，当传感器收到信号时开始采集数据。不同传感器可以根据采集频率需求，连接同一时间服务器发出的不同频率信号，从而实现用同一精准时钟源同步采集多个传感器信息。采用硬件同步方法的同步精度较高。

在硬同步方法中，一般需要针对三类不同的传感器采用不同的方法：①有支持同步接口的传感器；②支持外部触发的传感器，如摄像头等；③其他传感器。

3.3.1.1 有同步接口的传感器同步采集

一些传感器自身集成了GNSS通信接口，可以接收GNSS的PPS秒脉冲和对应的NMEA(GPS消息传输的标准格式)数据实现自我授时，如美国Velodyne LiDAR公司生产的激光雷达，该公司生产的16线雷达的型号为VLP-16，授时原理如图3.23所示。

激光雷达的授时接收装置如图3.24所示，它可以提供同时接收PPS秒脉冲和对应NMEA数据的接口。GNSS提供的PPS脉冲和UTC时间是一种长时间的精准时钟，PPS脉冲来自原子钟，精度一般可以达到10 ns。具有同步接口的传感器可以自动完成时间同步，激光雷达输出的每一帧数据都是对齐到UTC时间的。

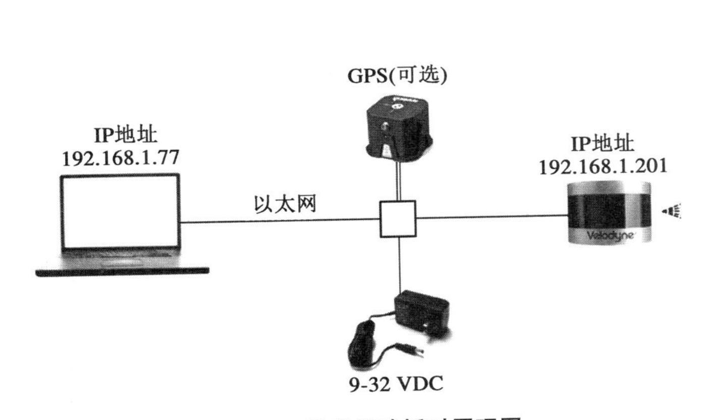

图3.23 激光雷达授时原理图

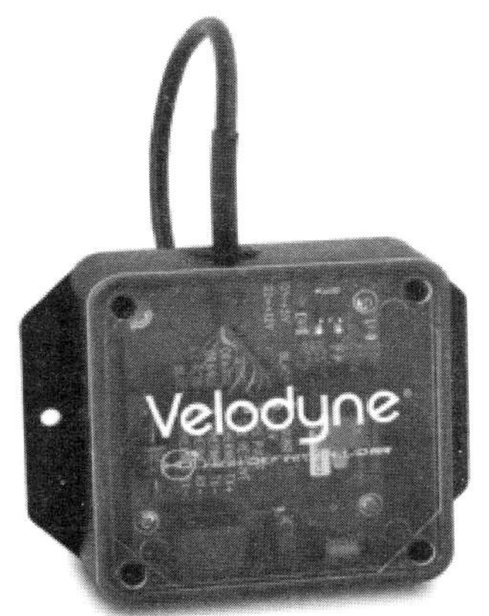

图3.24 激光雷达GNSS授时接收装置

3.3.1.2 支持外部触发的传感器同步采集

一些视觉传感器不具有同步授时的接口，但可以进行硬件触发采集，如FLIR公司的工业相机，外部脉冲触发响应可达到60帧以上。

为了实现高精度短延时的同步控制，可以通过FPGA产生一定频率的触发脉冲，如

图 3.25 所示。该方案以 FPGA 为主控芯片，以高稳石英晶体作为工作时钟。高稳石英晶体的输出时钟信号被 FPGA 中的锁相环捕捉，FPGA 对此信号进行累加作为产生触发脉冲的参考时钟，同时 FPGA 抓捕 GNSS 输出的 PPS 脉冲信号上升沿来校正当前的秒计时，并根据 GNSS 发送的 NMEA 数据解析得到 UTC 时间信息，从而提供与 UTC 时间对齐的基准。FPGA 是一种以并行运算为主并通过硬件描述语言来实现的现场可编程逻辑门阵列，可以很好地控制其与不同传感器通信的相对时差问题，即该方案可以为多个传感器同时提供不同的触发脉冲。

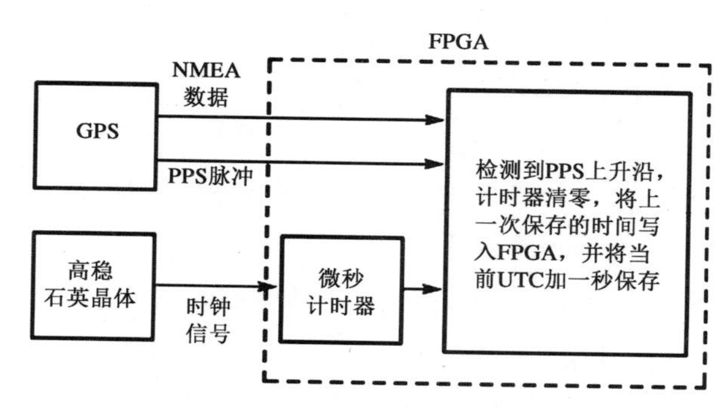

图 3.25　基于 FPGA 的同步触发脉冲产生方案

同时，为了实现对相机的连续触发控制，可以通过 FPGA 对高精度晶振的周期信号进行计数，来产生一定频率的方波信号，实现对相机的连续触发采集。如希望相机的采集频率为 20 Hz，高精度晶振为 50 MHz，则计数值为(1/20)/(1/50 000 000)＝2 500 000，FPGA 计数达到该值后即对输出的电压值进行取反，即可以实现 20 Hz 的方波信号输出。同时根据上述得到的 UTC 时间为每一次的触发附上时间标签，FPGA 产生的触发信号的示意图如图 3.26 所示，触发信号接入相机的外部触发接口，可以实现图像的连续触发采集。

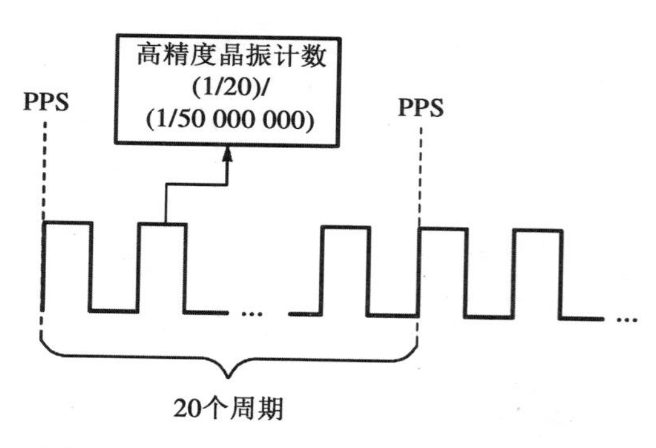

图 3.26　FPGA 产生的触发信号示意图

3.3.1.3　其他传感器同步采集

对于一些可能用到的其他传感器，如麦克风、CAN 总线接口等，既没有同步接口用于授时，又不支持触发采集，此时若要实现传感器信号的同步采集，可以通过采集信号的到达时间来实现，读者可查阅相关文献。

3.3.2　空间坐标系转换

本小节简要介绍几种常用的空间坐标系及常用的坐标转换关系。

3.3.2.1　坐标系的定义

(1) 地心地固坐标系

地心地固坐标系(ECEF)以地球的质心为原点,与地球同连,并相对地心惯性坐标系以地球自转角速率 ω_{ie} 旋转。它有两种几何表达形式:地心空间直角坐标系和地心大地坐标系。地心空间直角坐标系的原点 O_e 与地球质心重合,O_eZ_e 轴指向地球北极,O_eX_e 轴指向格林尼治子午面与地球赤道的交点,O_eY_e 轴垂直于 $X_eO_eZ_e$ 平面,构成右手直角坐标系。地心大地坐标系的定义是:地球椭球的中心与地球质心重合,椭球的短轴与地球自转轴相重合,大地纬度 L 为过地面点的椭球法线与椭球赤道面的夹角,大地经度 λ 为过地面点的椭球子午面与格林尼治子午面之间的夹角,大地高度 h 为地面点沿椭球法线至椭球面的距离。

(2) 地理坐标系($OX_gY_gZ_g$)

地理坐标系是在载体上用来表示载体所在位置的东向、北向和垂线方向的坐标系。由于坐标轴正向的取向不同,地理坐标系有东北天(ENU)、北东地(NED)等多种取法。坐标轴指向的不同只会造成矢量在各坐标轴上的投影分量的正负号的不同,不会影响导航参数结果的正确性。

(3) 局部切平面直角坐标系($O_tX_tY_tZ_t$)

局部切平面(local fixed tangent plane)直角坐标系是与地球固连,原点位于载体附近的地球表面一点,O_tX_t 轴、O_tY_t 轴、O_tZ_t 轴分别指向东向、北向和天向方向(ENU)的一种右手直角坐标系。与指北导航坐标系的根本区别在于它并不随载体运动,而是固定在地球表面。当载体运行在地球表面局部小范围内时,可采用这种局部切平面直角坐标系作为载体质心相对地球位置的参考基准。

(4) 载体坐标系($OX_bY_bZ_b$)

载体在运行中由于多种因素的影响,经常会出现方位变化,并伴有一定的俯仰和侧倾。因此,为了确定载体相对指北导航坐标系的姿态,就需要有与载体同连的载体坐标系。载体坐标系原点 O 选在载体重心处,沿载体纵轴指向载体前方为 OX_b,OY_b 轴沿载体横轴指向载体的左侧,OZ_b 轴指向上方,从而构成右手坐标系。

3.3.2.2　常用的坐标变换关系

(1) 地心大地坐标和地心空间直角坐标的坐标转换

相对于地心地固坐标系,地球上任一点 S 可用地心空间直角坐标 (X, Y, Z) 或地心大地坐标 (λ, L, h) 来表示(图 3.27)。它们适用于不同的应用场合,但二者又是等价的,可以相互换算。

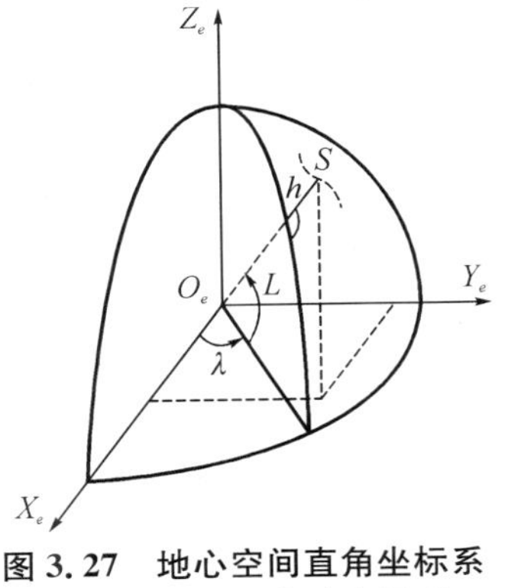

图 3.27　地心空间直角坐标系和地心大地坐标系

地心大地坐标 (λ, L, h) 转换成地心空间直角坐标 (X, Y, Z) 的转换关系为:

$$\begin{cases}X=(N+h)\cos L\cos\lambda\\Y=(N+h)\cos L\sin\lambda\\Z=[N(1-e^2)+h]\sin L\end{cases}\tag{3.97}$$

式中，N 为椭球的卯酉圈曲率半径，e 为椭球的第一偏心率。若以 a、b 分别表示所取椭球的长半径和短半径，则有：

$$\begin{cases}N=\dfrac{a}{W}\\W=(1-e^2\sin^2 L)^{1/2}\\e=\dfrac{\sqrt{a^2-b^2}}{a}\end{cases}\tag{3.98}$$

若由地心空间直角坐标转换成地心大地坐标，有：

$$\begin{cases}\lambda=\arctan 2\left(\dfrac{Y}{X}\right)\\L=\arctan\left[\dfrac{Z+(e')^2 b\sin^3\theta}{P_m-e^2 a\cos^2\theta}\right]\\h=\dfrac{P_m}{\cos L}-N\end{cases}\tag{3.99}$$

式(3.99)中，各中间变量为：

$$P_m=\sqrt{X^2+Y^2}$$

$$\theta=\arctan\left(\frac{Za}{P_m b}\right)$$

$$e'=\frac{\sqrt{a^2-b^2}}{b}$$

(2) 地心空间直角坐标和局部水平面直角坐标的变换

当载体运行在地球表面小区域内时，通常采用局部水平面直角坐标对载体进行导航定位。为此，需将载体的地心空间直角坐标转换为局部切平面直角坐标。两坐标系转换过程包括平移和旋转，具体转换算式为：

$$\begin{bmatrix}x\\y\\z\end{bmatrix}^t=C_e^t\left(\begin{bmatrix}x\\y\\z\end{bmatrix}^e-\begin{bmatrix}x_0\\y_0\\z_0\end{bmatrix}^e\right)\tag{3.100}$$

式中，$[x\quad y\quad z]^{t^{\mathrm{T}}}$、$[x\quad y\quad z]^{e^{\mathrm{T}}}$ 分别为自主载体质心的局部切平面直角坐标和地心空间直角坐标，$[x_0\quad y_0\quad z_0]^{e^{\mathrm{T}}}$ 为局部切平面直角坐标系的坐标原点相对于地心空间直角坐标

系的坐标，$C_e^t=\begin{bmatrix} -\sin\lambda_0 & \cos\lambda_0 & 0 \\ -\sin L_0\cos\lambda_0 & -\sin L_0\sin\lambda_0 & \cos L_0 \\ \cos L_0\cos\lambda_0 & \cos L_0\sin\lambda_0 & \sin L_0 \end{bmatrix}$，$\lambda_0$、$L_0$ 为载体当前地心大地坐标的经、纬度。

局部水平面直角坐标系的转换公式计算方便，但仅在局部小范围内具有较高的精度，因此其多用于实时显示载体运行过程中的轨迹，方便直观判断行驶距离。一般设置载体初始运行位置的经纬度坐标作为局部切平面直角坐标系的原点，通过载体上安装的定位装置获取经纬度信息后，利用公式(3.97)得到地心空间直角坐标，再利用经纬度计算出转换系数矩阵，最终利用公式(3.100)可以得到局部切平面直角坐标。

如图 3.28 所示，图(a)是局部水平面直角坐标图，由轨迹可知，载体由西向东运行 15 m 左右，然后转向南运行约 70 m 之后停下。图(b)中的轨迹是载体运行过程中的经纬度信息在百度地图上的显示，与图(a)的轨迹在形状和尺度上都一致。

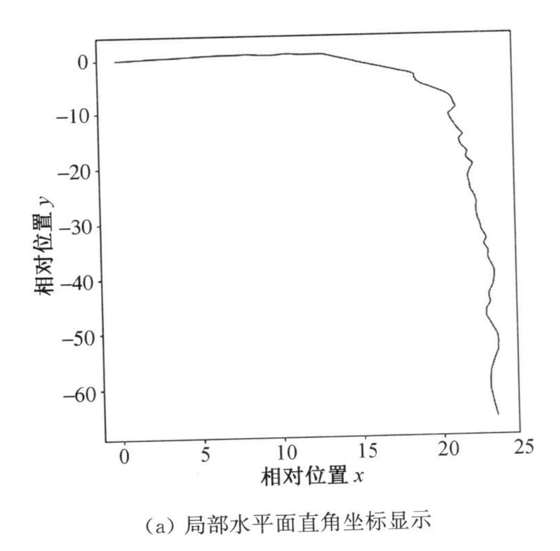

(a) 局部水平面直角坐标显示

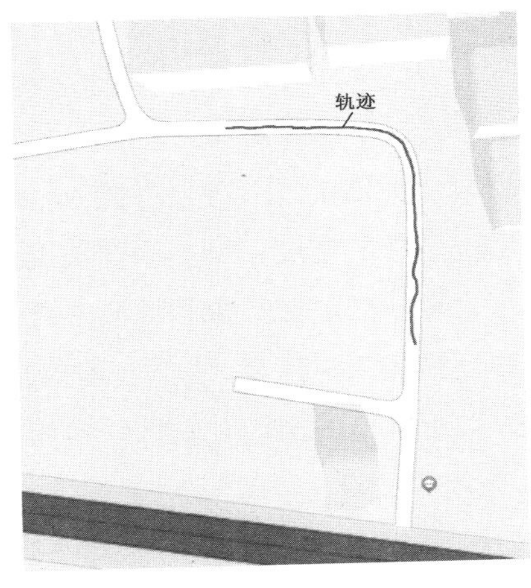

(b) 百度地图显示

图 3.28 局部水平面直角坐标变换示例图

(3) 地心大地坐标按高斯-克吕格投影转换为平面直角坐标

采用大地坐标，即经纬度来表示载体的位置与行驶轨迹时有时显得不够方便、直观。为便于观察和分析导航的结果，有时需要将载体的经纬度坐标按照一定的规则投影成平面直角坐标。下面介绍较为成熟的高斯-克吕格(Gauss-Kruger)投影方法。

高斯-克吕格投影是一种等角横切椭圆柱投影。除中央子午线投影后的长度不变外，均存在长度变形，而且变形量与距离中央子午线远近的平方成正比。据此，可选靠近运行载体附近的地球表面一固定点 $S(\lambda_0, L_0, h_0)$ 作为高斯投影直角坐标的原点，即中央子午线选在 λ_0 子午线上，使得高斯投影直角坐标系的纵轴与该子午线投影后的直线相重合，并让表示东西向坐标位置的横轴通过 S 点。在上述坐标系的定义下，按照高斯投影正算的基本原理，可把某时刻载体的大地坐标 (λ, L) 转化为高斯投影平面直角坐标(y_{gk}, x_{gk}) 来表示其位置。需要指出的是，为与一般的高斯投影直角坐标的表达习惯相一致，本书的高斯投影平面直角坐标系也将采用 x_{gk} 表示纵坐标，y_{gk} 表示横坐标，但这与一般的直角坐标系表达习惯不同，应用时应加以注意。高斯投影的具体换算公式如下：

$$
\begin{cases}
x_{gk} = x_0 + X_L + \dfrac{1}{2}Ntl^2\cos^2 L + \dfrac{1}{24}Nt(5 - t^2 + 9\eta^2 + 4\eta^4)l^4\cos^4 L + \\
\qquad \dfrac{1}{720}Nt(61 - 58t^2 + t^4 + 270\eta^2 - 330\eta^2 t^2)l^6\cos^6 L + \cdots \\
y_{gk} = Nl\cos L + \dfrac{1}{6}N(1 - t^2 + \eta^2)l^3\cos^3 L + \dfrac{1}{120}N(5 - 18t^2 + t^4 + \\
\qquad 14\eta^4 - 58\eta^2 t^2)l^5\cos^5 L + \cdots
\end{cases}
\tag{3.101}
$$

式(3.101)中，X_L 为通过所求点的平行圈所截的中央子午线距赤道的弧长，且 $X_L = C_0 L - \cos L(C_1\sin L + C_2\sin^3 L + C_3\sin^5 L + C_4\sin^7 L)$；$l$ 为所求点的经度 λ 与中央子午线经度 λ_0 之差，即 $l = \lambda - \lambda_0$；$t = \tan L$；$\eta = e'\cos L$；x_0 为横轴通过 S 点时的平移量；N 为通过所求点的卯酉圈曲率半径；C_0、C_1、C_2、C_3、C_4 为与点位无关的系数，仅由椭球体的参数 a、e 确定。

高斯-克吕格投影转换得到的平面直角坐标具有形变小、精度高的特点，可以用于定量分析定位系统的精度。例如以高精度差分 GNSS 作为基准，分析多传感组合定位系统的定位精度。将基准定位系统和被测多传感组合导航系统安装于同一载体上，并同步采集两个系统的经纬度定位信息，结合地理信息指定投影中心、投影带和投影参数，使用高斯-克吕格投影将所采集的经纬度坐标转换为平面直角坐标，依次比较两个系统在同一时刻的定位结果，就可以统计分析定位精度。

如图 3.29 所示，图(a)为在百度卫星地图中绘制的载体实际运动轨迹，图(b)为两套定

(a) 百度地图显示

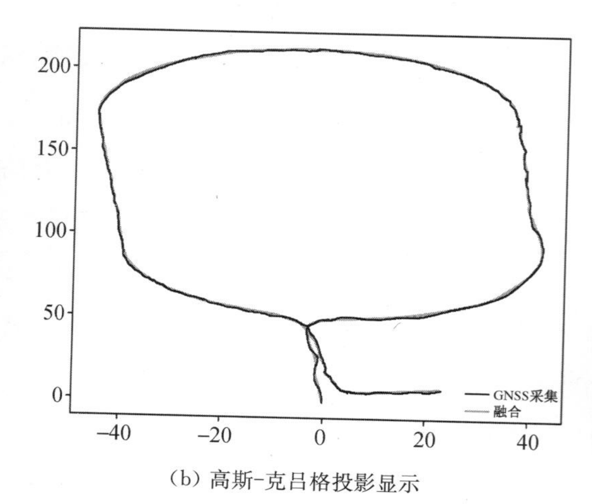

(b) 高斯-克吕格投影显示

图 3.29(b)

图 3.29 高斯-克吕格投影示例图

位系统实际测量数据的高斯-克吕格投影轨迹，虚线为被测多传感组合定位系统的投影轨迹，实线为高精度差分 GNSS 基准系统的投影轨迹。通过与基准轨迹对比分析可知，被测多传感组合定位系统的最大定位误差小于 0.1 m。由于解析出的高斯投影坐标数值较大，在绘制图(b)的过程中，采取了相对于初始点的坐标进行绘制。

3.4 本章小结

本章主要介绍了数据预处理流程，针对粗大误差和噪声误差的处理方法。根据算法复杂度分成了基本数据预处理方法和典型数据预处理方法。在基本数据预处理方法中，针对粗大误差，首先介绍了 3 Sigma 准则及箱线图用于监测粗大误差，之后介绍了双线性插值、拉格朗日多项式插值、牛顿多项式插值、3 次样条插值；针对噪声误差，介绍了中值滤波法、滑动均值滤波法、限幅滤波法等。在典型数据预处理方法中，分成了传统数字滤波器和现代数字滤波器分别介绍，传统数字滤波器包括 IIR 和 FIR；现代数字滤波器介绍了代表性的小波变换去噪和贝叶斯滤波方法。最后，针对智能感知系统中多种传感器同步处理的统一时空基准要求，分别介绍了时间同步处理技术和空间同步处理技术。应当注意的是，数据预处理的方法众多，本章仅简单介绍了其中一部分常用的方法，具体采用何种方法需要结合应用需求灵活选择。

习　题

1. 为什么要进行数据预处理？请描述一下数据预处理的基本流程。

2. 设有一组容量为 20 的样本值如下表所示，求样本分位数 $x_{0.5}$，$x_{0.25}$，$x_{0.75}$，并作出这些数据的箱线图。

题 2 表　样本值

225	245	235	220	195
232	230	217	230	198
185	200	224	255	280
200	232	234	224	228

3. 当 $x=1,\ -1,\ 2$ 时，$f(x)=0,\ -3,\ 4$，试用拉格朗日多项式插值计算 $f(x)$ 的二次插值公式。

4. 设 $f(x)$ 为定义在 $[27.7,\ 30]$ 上的函数，在节点 $x_i(i=0,\ 1,\ 2,\ 3)$ 上的值如下：

$$f(x_0)=f(27.7)=4.1,\quad f(x_1)=f(28)=4.3$$

$$f(x_2)=f(29)=4.1,\quad f(x_3)=f(30)=3.0$$

试求3次样条函数 $S(x)$，使它满足边界条件 $S'(27.7)=3.0$，$S''(30)=-4.0$。

5. 设信号 $f(t)=\sin(\pi t)+\sin(2\pi t)+e(t)$，其中 $e(t)$ 为随机误差项。尝试编写程序，对信号 $f(t)$ 分别进行算术平均滤波、滑动均值滤波处理，并对比滤波效果。其中，时长为5 s，采样间隔为0.05 s。

6. 设信号 $f(t)=\sin(2\pi t)+e(t)$，其中 $e(t)$ 为随机误差项。尝试编写程序，对信号 $f(t)$ 分别进行中位值平均滤波处理。其中，时长为5 s，采样间隔为0.05 s。

7. 相较于一个传感器，多个传感器在数据预处理时有什么不同？为什么？

8. 请简述小波变换去噪的基本流程。

9. 阐述时间同步处理技术可以解决的问题及主要的解决办法。

10. 列举说明常用的坐标系并解释其内涵。

11. 编制程序，用冲激响应不变法设计一个IIR滤波器，使其特性逼近下列技术指标：通带截止频率 $F_e=1.5\times10^3$ Hz，在 F_e 处衰减 $\delta_p=4$ dB，阻带始点频率 $F_z=4\times10^3$ Hz，在 Ω_z 处衰减 $\delta_z=20$ dB，设抽样频率为20 kHz。

12. 用窗函数设计一个线性相位FIR低通滤波器，并满足：通带边界的归一化频率 $w_p=0.3$，阻带边界的归一化频率 $w_s=0.6$。阻带衰减不小于30 dB，通带型波纹不大于3 dB。假设一个信号 $x=\cos(2\pi f_1 t)+\sin(2\pi f_2 t)$，其中，$f_1=7$ Hz，$f_2=30$ Hz，信号采样频率为100 Hz。试求滤波器的频率特性，并将原信号与通过滤波器的信号进行比较。

第4章 智能感知任务及算法

在处理智能感知任务的过程中，智能感知算法起着至关重要的作用，其通常是基于数据产生“模型”，并利用模型帮助人们进行判断、识别及预测等。本章将针对已经进行预处理的数据进行问题建模，利用机器学习算法来处理问题。

4.1 智能感知任务

4.1.1 机器学习简介

机器学习可以被广义地定义为那些使用经验来提高性能或做出准确预测的计算方法。在这里，经验指的是学习过去可用的信息，其典型形式是收集并提供可分析的电子数据。这种数据可以是数字化的人类标记的训练集形式，也可以是通过与环境互动获得的其他类型的信息。在任何情况下，数据的质量和规模对学习者预测的成功至关重要。

机器学习包括设计高效和准确的预测算法。与计算机科学的其他领域一样，衡量这些算法质量的一些关键指标是它们的时间和空间复杂性。但是，在机器学习中还需要一个样本复杂度的概念来评估算法学习优化所需的样本量。更一般地说，关于某个算法的理论上的学习保证取决于模型复杂度以及训练数据规模。

机器学习有着非常广泛的实际应用，其中包括以下内容：

① 计算机视觉应用。这包括物体识别，人脸检测，光学字符识别，基于内容的图像检索或姿态估计。

② 文本或文档分类。这包括诸如为文本或文档分配主题，或自动确定网页内容是否合适等问题。

③ 自然语言处理。这个领域的大多数任务，包括词性标注、命名实体识别、上下文无关解析或依存解析，都被视为是学习问题。这些问题被称为结构化预测问题。

④ 语音处理应用。这包括语音识别、语音合成、说话人验证、说话人识别，以及诸如语言建模和声学建模等问题。

⑤ 计算生物学的应用。这包括蛋白质功能的预测，关键部位的识别，或基因和蛋白质

网络的分析等。

⑥ 其他问题。如信用卡、电话或保险公司的欺诈检测，网络入侵，学习下棋等游戏，机器人或汽车等交通工具的辅助控制，医疗诊断，推荐系统的设计，搜索引擎或信息提取系统，都可以用机器学习技术解决。

需要说明的是，上述列举的应用并不是绝对全面的，机器学习的实际应用领域正在不断扩大。

4.1.2 基于机器学习的智能感知任务

在智能感知系统中，通常需要将传感器所获得的数据与机器学习算法紧密结合进行建模，以完成智能感知任务。在抽象层面，广义的智能感知任务可以划分为聚类任务、分类任务、回归任务和时序预测任务，也可以是它们的某种组合。

(1) 聚类任务

聚类问题跟分类问题很像，在这两类问题中，计算机都需对输入数据进行编组。在训练开始之前，程序员通常要预先指定聚类的簇的数目，计算机则根据输入数据将相近项放到一起。由于并未指定输入一定属于某个簇，因此在缺乏目标输出数据时，聚类算法极为有用。也因为没有指定的预期输出，所以聚类算法属于非监督学习。

(2) 分类任务

分类问题试图将输入数据归为某一类，通常是监督学习，即由用户提供数据和机器学习算法的预期输出结果。在数据分类问题中，预期结果就是数据类别。

聚类问题和分类问题的不同之处在于，聚类问题给了算法更大的自由度，令其从数据中自行发现规律；而分类问题则需要给算法指定已知数据的类别，从而使它最终能够正确识别不曾训练过的新数据。

聚类和分类算法处理新数据的方式大相径庭。分类算法的最终目的是根据训练过的前序数据能够正确辨识新数据；而聚类算法中就没有新数据这样的说法，要想在现有的分组中添加新数据，就必须重新划分整个数据集。

举个例子，包含了鸢尾花测量数据的费雪鸢尾花数据集是一个分类问题样例。这也是最著名的数据集之一，通常被用来评估机器学习算法的性能。在样本中，每朵花都有 5 个维度的信息：a)花萼长度；b)花萼宽度；c)花瓣长度；d)花瓣宽度；e)种属。对分类问题来说，算法需要在给定花萼和花瓣长、宽的情况下，判断花的种属，这个种属也就是这朵花所属的类。

(3) 回归任务

一般来说，期望的输出不是简单的类别数据，而是数值数据，譬如要计算汽车的燃油效率，那么在给定发动机规格和车身重量信息之后，就应该可以算出特定车型的燃油效率。

回归分析旨在用如与汽车相关的输入数据训练算法，进而根据输入预测数据得到特定的输出。在这个例子中，算法需要给出特定车型最可能的燃油效率。

（4）时序预测任务

机器学习算法的工作原理有些像数学中的函数，将输入值映射为特定的输出值。一般来说时序都很重要，虽然有一部分机器学习算法支持时序，却也有一部分并不支持这个功能。如果仅仅是对汽车或鸢尾花进行分类，倒也确实不必太过在意时序。但要是仅有的输入是当前股票价格，那时序就有着举足轻重的作用了，因为某天某只股票的单一价格对预测价格走势没有什么帮助，但拉长时间区间，综合数天的股票价格得到的走势可能就大有用处了。

也有一些方法可以将时间序列数据转换到不支持时序的算法上，这样就要把前几天的数据也作为输入的一部分。比如可以用 5 个输入来代表要预测那天的前 5 个交易日的数据。

接下来，将针对一些典型的机器学习或深度学习的算法进行介绍。同时应指出的是，这些算法并不限于仅能解决下文所介绍的某类任务，经过适当变形或改进，它们也可以用于其他任务。

4.2　聚类任务

聚类(clustering)是指将不同的对象划分成由多个对象组成的多个类的过程。由聚类产生的数据分组，同一组内的对象具有相似性，不同组的对象具有相异性。聚类时待划分的类别未知，即训练数据没有标签，属于无监督学习范畴。簇(cluster)是由距离邻近的对象组合而成的集合。聚类的最终目标是获得紧凑、独立的簇集合。一般采用相似度作为聚类的依据，两个对象的距离越近，其相似度就越大。

由于缺乏先验知识，一般而言，聚类没有分类的准确率高。不过聚类的优点是可以发现新知识、新规律。当对观察对象有了一定的了解之后，可以再使用分类方法。因此，聚类也是了解未知世界的一种重要手段。聚类可以单独实现，通过划分寻找数据内在分布规律，也可以作为其他学习任务的前驱过程。

聚类本质上仍然是类别划分问题。但由于没有固定类别标准，因此聚类的核心问题是如何定义簇。通常可以依据样本间距离、分布密度等来确定。

按照簇的定义和聚类的方式，聚类大致分为以下几种：以 K-Means 为代表的原型聚类、基于连通性的层次聚类、以 DBSCAN 为代表的基于网格密度的聚类，以及高斯混合聚类等。

4.2.1 K-Means 算法

4.2.1.1 K-Means 算法的概念

原型聚类亦称“基于原型的聚类”(prototype-based clustering)，此类算法假设聚类结构能通过一组原型刻画，在现实聚类任务中极为常用。通常情形下，算法先对原型进行初始化，然后对原型进行迭代更新求解。采用不同的原型表示和不同的求解方式，将产生不同的算法。

K 均值(K-Means)算法是典型的聚类算法。对于给定的数据集和需要划分的类数 k，算法根据距离函数进行迭代处理，动态地把数据划分成 k 个簇(即类别)，直到收敛为止。簇中心也称为聚类中心。

K-Means 聚类的优点是算法简单、运算速度快，即便数据集很大计算起来也较便捷。不足之处是如果数据集较大，容易获得局部最优的分类结果，并对相近噪声数据比较敏感。

K-Means 算法的实现很简单，首先选取 k 个数据点作为初始的簇中心，即聚类中心。初始的聚类中心也被称作种子。然后，逐个计算各数据点到各聚类中心的距离，把数据点分配到离它最近的簇。一次迭代之后，所有的数据点都会分配给某个簇。再根据分配结果计算出新的聚类中心，并重新计算各数据点到各种子的距离，根据距离重新进行分配。不断重复计算和重新分配的步骤，直到分配不再发生变化或满足终止条件。K-Means 聚类算法流程见表 4.1。

表 4.1 K-Means 聚类算法流程

算法 1：K-Means 聚类
输入：总聚类数据点 p，拟聚类簇数 k
输出：k 簇聚类样本
1：随机选择 k 个数据点→起始簇中心
2：While 数据点的分配结果发生改变：
3：　　for 数据集中的每个数据点 p：
4：　　　　for 循环访问每个簇中心 c：
5：　　　　　　computer_distance(p,c)
6：　　　　　　将数据点 p 分配到最近的簇
7：　　for 每个簇：
8：　　　　簇中心更新为簇内数据点的均值

聚类是一个反复迭代的过程，理想的终止条件是簇的分配和各簇中心不再改变。此外，也可以设置循环次数、变化误差作为终止条件。聚类的运算流程的简单示意如图 4.1 所示。

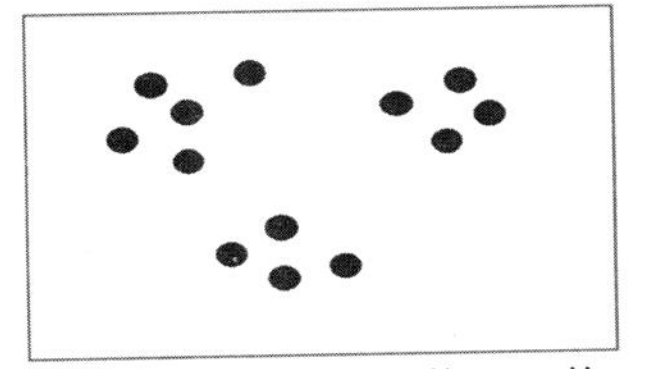

第 1 步：具有 2 个参数(X, Y)的数据集。

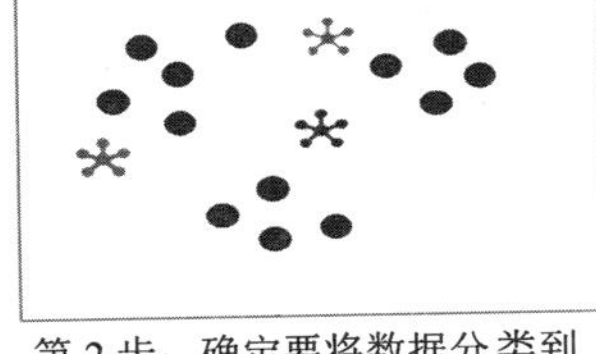

第 2 步：确定要将数据分类到多少个“簇”中。在此例中，选择了 k=3 个簇并随机分配 3 个“簇”。

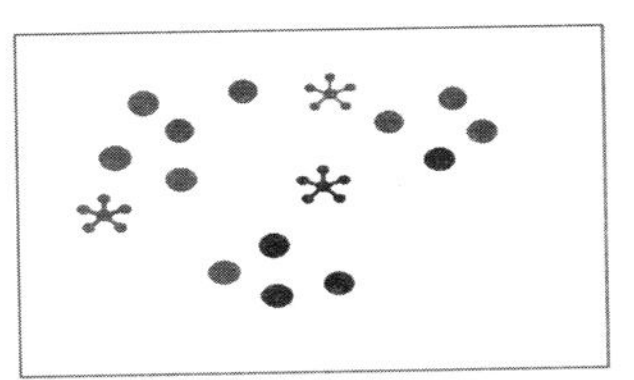

第 3 步：数据集中的每个数据点都被分配到最近的集群中(平均距离)。

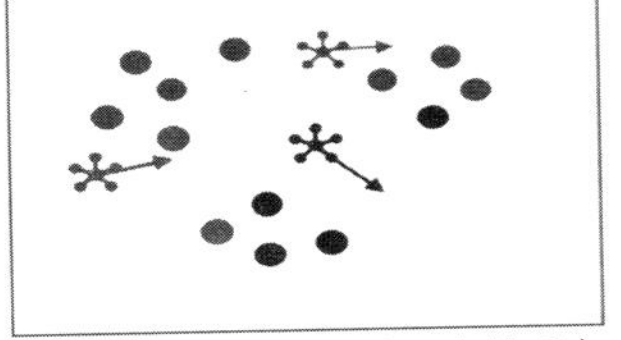

第 4 步：计算分配数据点的质心，并将“集群”转移到新位置。

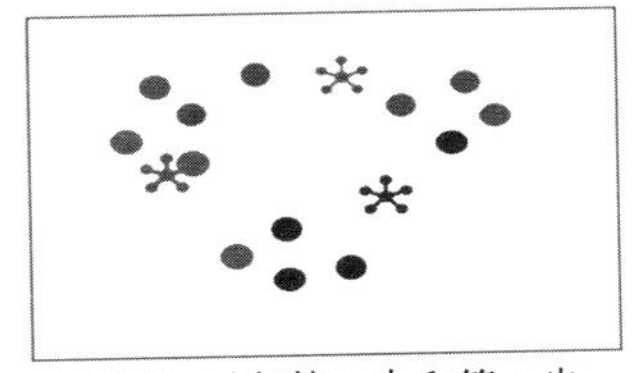

第 5 步：重复第 3 步和第 4 步，重新评估数据点到最近集群的分配，直到分配没有进一步变化。

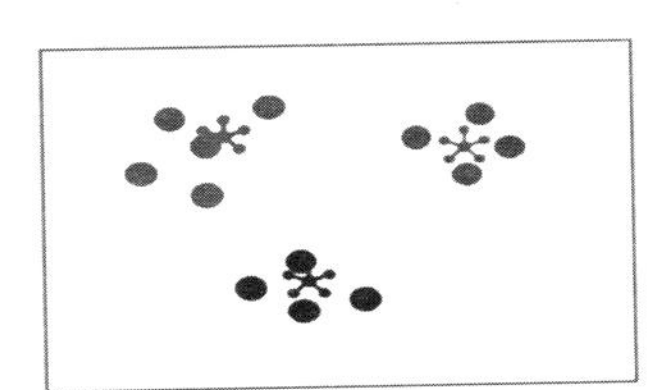

第 6 步：将每个 Datapoint 分配给最近的集群。

图 4.1 聚类过程示意图

4.2.1.2 算法评估及效果提升

K-Means 聚类是非监督算法，算法的性能通常比分类算法低。因此，在聚类结束后对算法的结果进行评价在实际使用中是很有必要的。

(1) 聚类算法的评价指标

由于聚类对划分的类别没有固定的定义，因此也没有固定的评价指标。可以尝试使用聚类结果对算法进行评价。

常见的聚类评价方法有 3 类：外部有效性评价、内部有效性评价和相关性测试评价。外部有效性评价可以反映聚类结果的整体直观效果，常用的指标有 F-measure 指数、Rand 指数和 Jaccard 系数等。内部有效性评价是利用数据集的内部特征来评价，包括 Dunn 指数、轮廓系数等指标。相关性测试评价是选定某个评价指标，然后为聚类算法设置不同的参数进行测试，根据测试结果选取最优的算法参数和聚类模式等，例如改进的 Dunn 指数等。

(2) K-Means 目标函数

聚类算法的理想目标是类内距离最小、类间距离最大，因此，通常依此目标建立 K-Means 聚类的目标函数。

假设数据集 X 包含 n 个数据点，需要划分到 k 个类，聚类中心用集合 U 表示。聚类后所有数据点到各自聚类中心的差的平方和为聚类平方和，用 J 表示，即 J 值为：

$$J=\sum_{c=1}^{k}\sum_{i=1}^{n}\|x_i-u_c\|^2 \tag{4.1}$$

聚类的目标就是使 J 值最小化。如果在某次迭代前后，J 值没有发生变化，则说明簇的分配不再发生变化，算法已经收敛。

(3) 科学确定 k 值

选择合适的 k 值对聚类算法非常重要，一般可以通过预先观察数据来选取认为合适的簇个数，也可以使用经验值尝试的方法。常见的如下面几个：

① 经验值

在很多场合，人们都习惯使用 $k=3$、$k=5$ 等经验值进行尝试。这主要根据解决问题的经验而来。因为在实际问题中，样本通常只划分成数量较少的、明确的类别。

② 观测值

在聚类之前，可以用绘图方法将数据集可视化，然后通过观察，人工决定将样本聚成几类。

③ 肘部方法

肘部法是一种启发式方法，用于确定数据集中的聚类数量。该方法包括绘制误差平方和(Sum of Squared Error，SSE)与聚类数量的函数关系图，并选择曲线的肘部作为要使用的聚类数量。

肘部法的核心指标是 SSE 算法，它是常用的评价聚类效果的指标。SSE 的计算比较简单，统计每个点到所属的簇中心的距离平方和，假设 n 代表该簇内数据点的个数，$\bar{y}$ 表示该簇数据点的平均值，簇的误差平方和 SSE 的计算公式如下：

$$\mathrm{SSE}=\sum_{i=1}^{n}(y_i-\bar{y})^2 \tag{4.2}$$

肘部法的核心思想是：随着聚类数 k 的增大，样本划分会更加精细，每个簇的聚合程度会逐渐提高，那么误差平方和 SSE 自然会逐渐变小。并且，当 k 小于真实聚类数时，由于 k 的增大会大幅增加每个簇的聚合程度，故 SSE 的下降幅度会很大，而当 k 到达真实聚类数时，再增加 k 所得到的聚合程度回报会迅速变小，所以 SSE 的下降幅度会骤减，然后随着 k 值的继续增大而趋于平缓。也就是说 SSE 和 k 的关系图是一个手肘的形状，而这个肘部对应的 k 值就是数据的真实聚类数，这也是该方法被称为肘部法的原因。

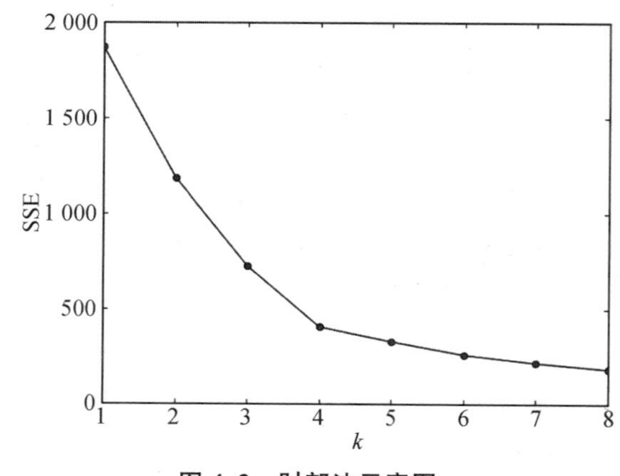

图 4.2 肘部法示意图

④ 性能指标法

通过性能指标来确定 k 值。例如,选取能使轮廓系数最大的 k 值。

(4) 使用后处理提高聚类效果

在 K-Means 聚类算法中,k 值的选择和初始值的选取都影响最终的聚类结果。为了进一步提高聚类效果,也可以在聚类之后再进行后期处理。例如,可以对聚类结果进行评估,根据评估进行类的划分或合并。

评价聚类算法可以使用误差值,常用的评价聚类效果的指标是如上所述的误差平方和 SSE。SSE 值越小,表明该簇的离散程度越低,聚类效果越好。可以根据 SSE 值对生成的簇进行后处理。例如,将 SSE 值偏大的簇进行再次划分。在 K-Means 算法中,由于算法收敛到局部最优,因此不同的初始值会产生不同的聚类结果。针对这个问题,使用误差值进行后处理后,离散程度高的类被拆分,得到的聚类结果更为理想。

除了在聚类之后进行处理,也可以在聚类的主过程中使用误差进行簇划分,比如常用的二分 K-Means 聚类算法。

二分 K-Means 聚类:首先将所有数据点看作一个簇,然后将该簇一分为二。计算每个簇内的误差指标(如 SSE 值),将误差最大的簇再划分成两个簇,降低聚类误差。不断重复进行,直到簇的个数等于用户指定的 k 值为止。可以看出,二分 K-Means 算法能够在一定程度上解决 K-Means 收敛于局部最优的问题。

4.2.1.3　应用举例

图像分割是将数字图像分割成多个不同区域的过程,这些被分割后的子区域通常包含具有类似属性的像素(像素集,也称为超级像素),其目的是将图像的表示方法改变为更有意义和更容易分析的东西。图像分割是图像处理中的一个重要研究领域,其通常作为模式识别、特征提取和图像压缩之前的预处理步骤,具有重大的研究意义。

下面以对彩色图像进行聚类为例,来说明 K-Means 聚类算法的用法。算法的输入图像如图 4.3 所示(K-Means 算法的 OpenCV 程序见附件Ⅰ)。

分别将聚类数量 k 值改为 2、3 和 4,输出图像如图 4.4 所示。

随着 k 值的增加,图像背景像素点的聚类愈发清晰,例如墙体边缘、灯光明暗。同样的,随着 k 值的不断增加,针对猫身上像素点的聚类并不是十分有效,其主要原因在于图像背景所包含的纹理信息丰富度远远小于猫,那么要出色完成猫所包含的像素点的聚类任务,则需要选取恰当的聚类数量 k。

图 4.3　K-Means 聚类算法输入图像

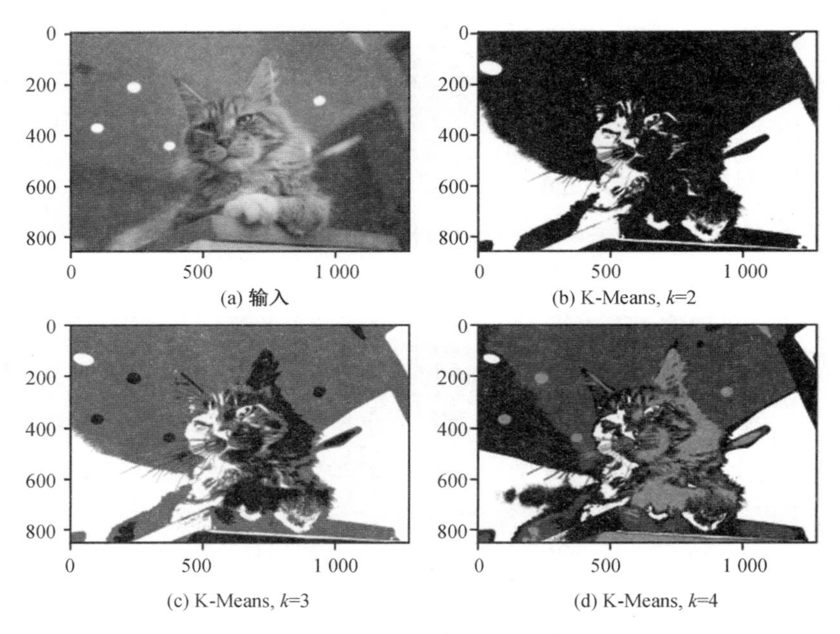

图 4.4　不同 k 值下的聚类输出图像

4.2.2　DBSCAN 算法

密度聚类亦称"基于密度的聚类"(density-based clustering),此类算法假设聚类结构能通过样本分布的紧密程度确定。通常情况下,密度聚类算法从样本密度的角度来考察样本之间的可连接性,并基于可连接样本不断扩展聚类簇以获得最终的聚类结果。

DBSCAN 是一种著名的密度聚类算法,它基于一组"邻域"(neighborhood)参数(ϵ , $MinPts$)来刻画样本分布的紧密程度。给定数据集 $D=\{x_1, x_2, \cdots, x_m\}$,定义下面这几个概念,如图 4.5 所示:

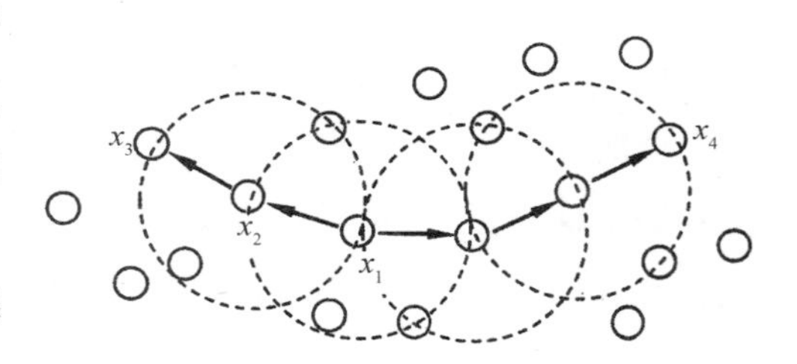

图 4.5　DBSCAN 定义的基本概念($MinPts=3$):虚线显示出 ϵ -邻域,x_1 是核心对象,x_2 由 x_1 密度直达,x_3 由 x_1 密度可达,x_3 与 x_4 密度相连

(1) ϵ -邻域:对 $x_i \subseteq D$,其 ϵ -邻域包含样本集 D 中与 x_i 的距离不大于 ϵ 的样本,即 $N_\epsilon(x_j)=\{x_i \in D \mid \text{dist}(x_i, x_j) \leqslant \epsilon\}$;

(2) 核心对象(core object):若 x_i 的 ϵ -邻域至少包含 $MinPts$ 个样本,即 $|N_\epsilon(x_i)| \geqslant MinPts$,则 x_i 是一个核心对象;

(3) 密度直达(directly density-reachable):若 x_j 位于 ϵ -邻域中,且 x_i 是核心对象,则称 x_j 由 x_i 密度直达;

(4) 密度可达(density-reachable):对 x_i 与 x_j,若存在样本序列 $p_1, p_2, \cdots, p_n$,其中 $p_1 = x_i, p_n = x_j$ 且相频序列 P 之间密度直达,则称 x_j 由 x_i 密度可达;

(5) 密度相连(density-connected):对 x_j 与 x_k,若存在 x_i 使得 x_j 与 x_k 均由 x_i 密度可达,则称 x_j 与 x_k 密度相连。

基于这些概念,DBSCAN 将"簇"定义为:由密度可达关系导出的最大的密度相连样本集合。即给定邻域参数 $(\epsilon, MinPts)$,簇 $C \subseteq D$ 是满足以下性质的非空样本子集:

连接性(connectivity):$x_i \in C, x_j \in C \Rightarrow x_i$ 与 x_j 密度相连。

最大性(maximality):$x_i \in C$, x_j 由 x_i 密度可达 $\Rightarrow x_j \in C$。

那么,如何从数据集 D 中找出满足以上性质的聚类簇呢?实际上,若 x 为核心对象,由 x 密度可达的所有样本组成的集合记为 $X = \{x' \in D \mid x'$ 由 x 密度可达$\}$,则不难证明 X 即为满足连接性与最大性的簇。于是,DBSCAN 算法先任选数据集中的一个核心对象为"种子"(seed),再由此出发确定相应的聚类簇。

4.2.3 AGNES 算法

层次聚类(hierarchical clustering)试图在不同层次对数据集进行划分,从而形成树形的聚类结构。数据集的划分可采用"自底向上"的聚合策略,也可采用"自顶向下"的分拆策略。

AGNES 是一种采用自底向上聚合策略的层次聚类算法。它先将数据集中的每个样本看作一个初始聚类簇,然后在算法运行的每一步中找出距离最近的两个聚类簇进行合并,该过程不断重复,直至达到预设的聚类簇个数。这里的关键是如何计算聚类簇之间的距离。实际上,每个簇是一组样本集合,因此,只需要确定用于计算集合之间距离的计算方式即可。例如,给定聚类簇 C_i 与 C_j,可通过下面的式子来计算距离:

最小距离:$d_{\min}(C_i, C_j) = \min\limits_{x \in C_i, z \in C_j} \operatorname{dist}(x, z)$,

最大距离:$d_{\max}(C_i, C_j) = \max\limits_{x \in C_i, z \in C_j} \operatorname{dist}(x, z)$,

平均距离:$d_{\text{avg}}(C_i, C_j) = \dfrac{1}{|C_i||C_j|} \sum\limits_{x \in C_i} \sum\limits_{z \in C_j} \operatorname{dist}(x, z)$。

显然,最小距离由两个簇的最近样本决定,最大距离由两个簇的最远样本决定,而平均距离则由两个簇的所有样本共同决定。当聚类簇的距离分别由 $d_{\min}$、$d_{\max}$ 或 d_{avg} 计算时,AGNES 算法被相应地称为单链接(single-linkage)、全链接(complete-linkage)或均链接(average-linkage)算法。

4.3 分类任务

分类是数据分析中非常重要的方法,是对已有数据进行学习,得到一个分类函数或构造出一个分类模型，即通常所说的分类器(classifier)。

分类函数或模型能够将数据样本对应到某个给定的类别，完成数据的类别预测。分类器是机器学习算法中对数据样本进行分类的方法的统称，包含决策树、逻辑回归、朴素贝叶斯、神经网络等算法。

本章主要介绍K近邻分类算法、决策树算法和卷积神经网络用于分类算法的原理。

4.3.1 K近邻分类算法

K近邻分类(K-Nearest-Neighbors Classification，KNN)算法在1967年由Cover T和Hart P提出，是一种简单有效的分类算法。KNN分类算法的核心思想是，如果一个样本在特征空间中最邻近的k个最相似的样本中的大多数属于某一个类别，则该样本也属于这个类别。KNN没有专门的学习过程，是基于数据实例的一种学习方法。它有以下3个核心要素。

(1) k值

k是一个用户定义的常数。一个没有类别标签的向量(查询或测试点)将被归类为最接近该点的k个样本点中最频繁使用的一类。如图4.6所示，若$k=3$，圆点的最邻近的3个点是2个三角形和1个正方形，少数服从于多数，基于统计的方法，判定这个待分类的圆点属于三角形一类。如果$k=5$，圆点的最邻近的5个点是2个三角形和3个正方形，还是少数服从于多数，基于统计的方法，判定这个待分类的圆点属于正方形一类。

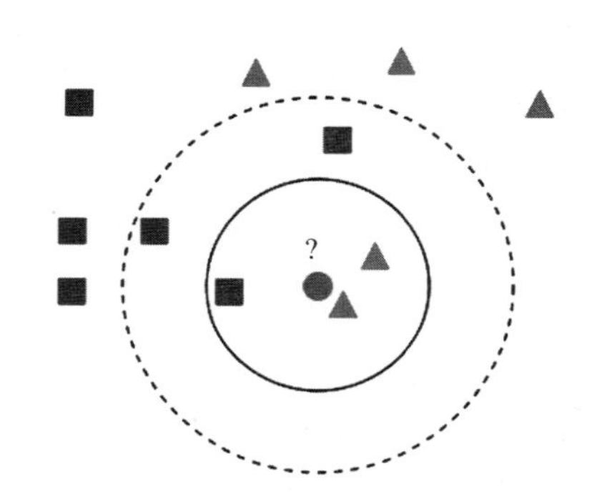

图4.6 KNN分类示意图

因此，k值的选择会对K近邻法的结果产生重大影响。如果选择较小的k值，就相当于用较小的邻域中的训练实例进行预测，学习的近似误差(approximation error)会减小，只有与输入实例较近的(相似的)训练实例才会对预测结果起作用。但缺点是学习的估计误差(estimation error)会增大，预测结果会对近邻的实例点非常敏感。如果邻近的实例点恰巧是噪声，预测就会出错。换句话说，k值的减小就意味着整体模型变得复杂，容易发生过拟合。

如果选择较大的k值，就相当于用较大邻域中的训练实例进行预测。其优点是可以减少学习的估计误差，但缺点是学习的近似误差会增大。这时与输入实例较远的(不太相似的)训练实例也会对预测起作用，使预测发生错误。k值的增大就意味着整体的模型变得简单，即欠拟合。

(2) 距离的度量

距离决定了哪些点是邻居哪些点不是。度量距离有很多种方法，不同的距离所确定的近邻点不同。平面上比较常用的是欧式距离。此外,还有曼哈顿距离、余弦距离、球面距离等。

(3) 分类决策规则

分类结果的确定往往采用多数表决原则,即由输入实例的 k 个最近邻的训练实例中的多数类决定输入实例的类别。

4.3.2　决策树算法

决策树(decision tree)是一种基本的分类与回归方法。本节主要讨论用于分类的决策树。决策树模型呈树形结构,在分类问题中,表示基于特征对实例进行分类的过程。它可以认为是 if-then 规则的集合,也可以认为是定义在特征空间与类空间上的条件概率分布。其主要优点是模型具有可读性,分类速度快。学习时,利用训练数据,根据损失函数最小化的原则建立决策树模型。预测时,对新的数据,利用决策树模型进行分类。决策树学习通常包括 3 个步骤:特征选择、决策树的生成和决策树的修剪。这些决策树学习的思想主要来源于由昆兰(Quinlan)在 1986 年提出的 ID3 算法和 1993 年提出的 C4.5 算法,以及由布莱曼(Breiman)等人在 1984 年提出的 CART 算法等。

(1) 决策树模型

分类决策树模型是一种对实例进行分类的树形结构。决策树由结点(node)和有向边(directed edge)组成。结点有两种类型:内部结点(internal node)和叶结点(leaf node)。内部结点表示一个特征或属性,叶结点表示一个类。

用决策树分类,从根结点开始,对实例的某一特征进行测试,根据测试结果,将实例分配到其子结点;这时,每一个子结点对应着该特征的一个取值。如此递归地对实例进行测试并分配,直至达到叶结点。最后将实例分到叶结点的类中。

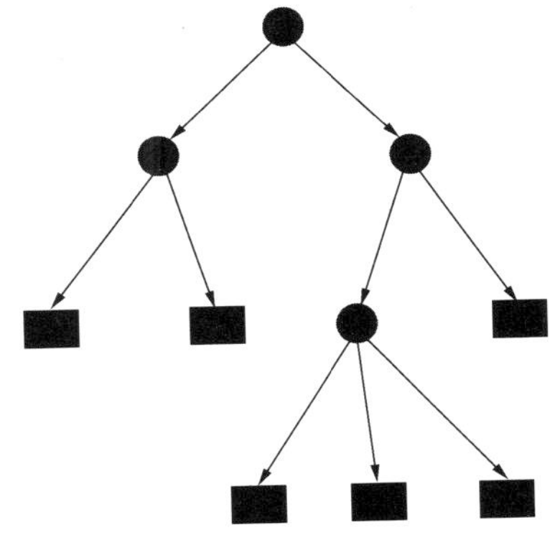

图 4.7　决策树模型

图 4.7 是一个决策树的示意图。图中圆点和方块分别表示内部结点和叶结点。

(2) 决策树与 if-then 规则

可以将决策树看成一个 if-then 规则的集合。将决策树转换成 if-then 规则的过程是这样的:将决策树的根结点到叶结点的每一条路径构建一条规则;路径上内部结点的特征对应着规则的条件,而叶结点的类对应着规则的结论。决策树的路径或其对应的 if-then 规则集合具有一个重要的性质:互斥并且完备。这就是说,每一个实例都被一条路径或一条规则所覆盖,而且只被一条路径或一条规则所覆盖。这里所谓覆盖是指实例的特征与路径上的特征一致或实例满足规则条件。

(3) 决策树与条件概率分布

决策树还表示给定特征条件下类的条件概率分布。这一条件概率分布定义在特征空间的一个划分(partition)上。将特征空间划分为互不相交的单元(cell)或区域(region),并在每个单元定义一个类的概率分布,构成了一个条件概率分布。决策树的一条路径对应于划分中的一个单元。决策树所表示的条件概率分布由各个单元给定条件下类的条件概率分布组成。假设 X 为表示特征的随机变量,Y 为表示类的随机变量,那么这个条件概率分布可以表示为 $P(Y \mid X)$。X 取值于给定条件下划分的单元的集合,Y 取值于类的集合。各叶结点(单元)上的条件概率往往偏向某一个类,即属于某一类的概率较大。决策树分类时将该结点的实例强行分到条件概率大的那一类去。

图 4.8(a)表示了特征空间的一个划分。图中的大正方形表示特征空间。这个大正方形被若干个小矩形分割,每个小矩形表示一个单元。特征空间划分上的单元构成了一个集合,X 取值为单元的集合。为简单起见,假设只有两类:正类和负类,即 Y 取值为$+1$ 和-1。小矩形中的数字表示单元的类。图 4.8(b)表示特征空间划分确定时,特征(单元)给定条件下类的条件概率分布。图 4.8(b)中条件概率分布对应于图 4.8(a)的划分。当某个单元 c 的条件概率满足 $P(Y=+1 \mid X=c) > 0.5$ 时,则认为这个单元属于正类,即落在这个单元的实例都被视为正例。图 4.8(c)为对应于图 4.8(b)中条件概率分布的决策树。

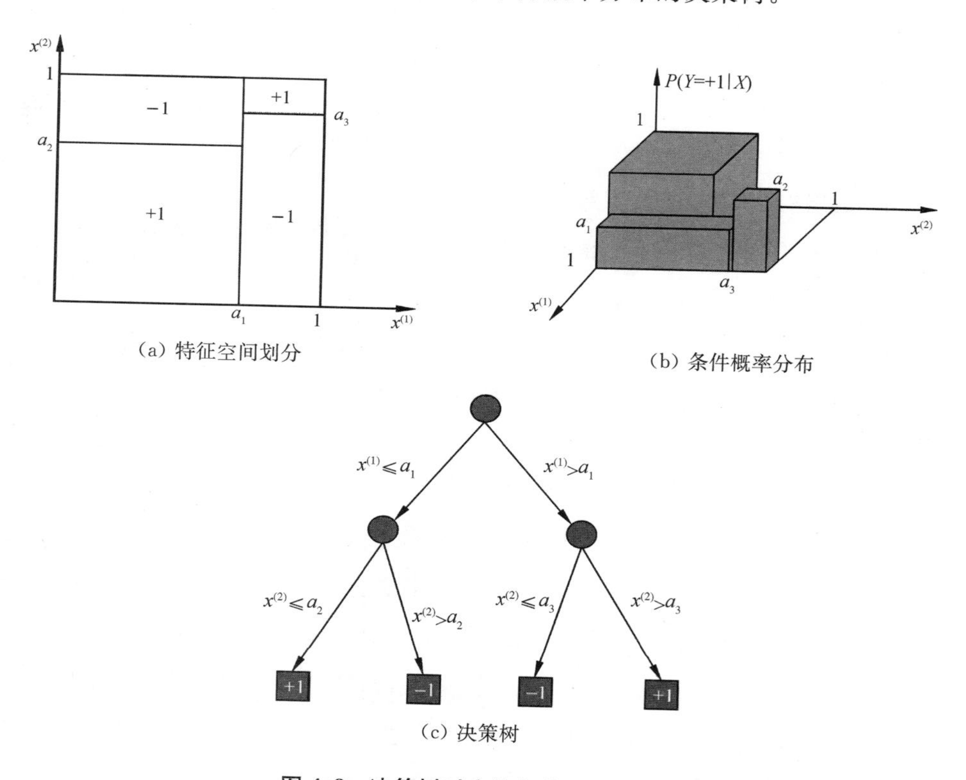

图 4.8　决策树对应的条件概率分布

(4) 决策树学习

假设给定训练数据集 $D=\{(x_1, y_1), (x_2, y_2), \cdots, (x_N, y_N)\}$。其中,$x_i=(x_i^{(1)}, x_i^{(2)}, \cdots, x_i^{(n)})^{\mathrm{T}}$ 为输入实例(特征向量),n 为特征个数,$y_i \in \{1, 2, \cdots, K\}$ 为类标记,$i=1, 2, \cdots, N$,N 为样本容量。决策树学习的目标是根据给定的训练数据集构建一个决策树模型,使它能够对实例进行正确的分类。

决策树学习本质上是从训练数据集中归纳出一组分类规则。与训练数据集不相矛盾的决策树(即能对训练数据进行正确分类的决策树)可能有多个,也可能一个都没有。一个较好的决策树要求与训练数据矛盾较小,且同时具有较好的泛化能力。从另一个角度看,决策树学习是通过训练数据集来估计条件概率模型。

因此,决策树学习的算法通常是一个递归地选择最优特征,并根据该特征对训练数据进行分割,使得对各个子数据集有一个最好的分类的过程。这一过程对应着对特征空间的划分,也对应着决策树的构建。开始,构建根结点,将所有训练数据都放在根结点。选择一个最优特征,按照这一特征将训练数据集分割成子集,使得各个子集有一个在当前条件下最好的分类。如果这些子集已经能够被基本正确分类,那么构建叶结点,并将这些子集分到所对应的叶结点中去。如果还有子集不能被基本正确地分类,那么就为这些子集选择新的最优特征,继续对其进行分割,构建相应的结点。如此递归地进行下去,直至所有训练数据子集被基本正确分类,或者没有合适的特征为止。最后每个子集都被分到叶结点上,即都有了明确的类。这就生成了一棵决策树。

以上方法生成的决策树可能对训练数据有很好的分类能力,但对未知的测试数据却未必也有很好的分类能力,即可能发生过拟合现象。所以需要对已生成的树自下而上进行剪枝,将树变得更简单,从而使它具有更好的泛化能力。具体地,就是去掉过于细分的叶结点,使其回退到父结点,甚至更高的结点,然后将父结点或更高的结点改为新的叶结点。

如果特征数量很多,也可以在决策树学习开始的时候,对特征进行选择,只留下对训练数据有足够分类能力的特征。

可以看出,决策树学习算法包含特征选择、决策树的生成与决策树的剪枝过程。由于决策树表示一个条件概率分布,所以深浅不同的决策树对应着不同复杂度的概率模型。决策树的生成对应于模型的局部选择,决策树的剪枝对应于模型的全局选择。决策树的生成只考虑局部最优,相对地,决策树的剪枝则考虑全局最优。

决策树学习常用的算法有 ID3、C4.5 与 CART,具体实现过程可参阅相关文献。

4.3.3　卷积神经网络

4.3.3.1　卷积神经网络的神经科学基础

1981 年,诺贝尔医学奖得主,神经生物学家大卫·休伯尔(David Hubel)和托斯坦·维厄瑟尔(Torsten Wiesel)对人脑视觉系统的研究表明：人脑视觉系统首先通过眼睛来成像，图像通过瞳孔、晶状体最终在视网膜上成像。视网膜上布满了大量的光感受细胞，可以把光刺激转换为神经冲动，神经冲动通过视觉通路传递到大脑的初级视觉皮层(primary visual cortex，V1)，V1 初步处理得到图像边缘、方向等特征信息，而后经由 V2 的进一步抽象得到图像轮廓、形状等特征信息，如此迭代地经由多层(V1 层至 V5 层)的抽象后得到高层特征。高层特征是低层特征的组合，从低层特征到高层特征的抽象过程中，语义的表现越来越清晰，存在的歧义越来越少，对目标的识别也就越来越精确。这就是人脑视觉系统的分层处理机制。

视觉皮层上的细胞有简单细胞(simple cell)与复杂细胞(complex cell)之分，这两种细胞的共同点是它们都只对特定方向的条形图样刺激有反应，而它们的主要区别是简单细胞对应的视网膜上的光感受细胞所在的区域比复杂细胞所对应的区域小，这个区域被称为感受野(receptive field)。这就是人脑视觉系统的感受野机制。

基于以上研究，1980 年，日本学者 Kunihiko Fukushima 提出感知机模型，其使用卷积层来模拟视觉细胞对特定图案的反应、使用池化层模拟感受野。卷积神经网络的设计深受这个方法的影响，其基本结构为：

卷积层——用于提取不同图像特征，有保留场景信息的作用；

池化层——用于模拟感受野、选取特征、减少参数量，引入微小平移不变性；

激活层——用于引入非线性因子，提升模型的表达能力；

全连接层——用于拟合不同区域神经元信息，对任务进行推理。

4.3.3.2 卷积运算

在通常形式中，卷积是对两个实变函数的一种数学运算。为了给出卷积的定义，本节从一个可能会用到的函数的例子出发。

假设某人正在用激光传感器追踪一艘宇宙飞船的位置。激光传感器给出一个单独的输出 $x(t)$，表示宇宙飞船在时刻 t 的位置。x 和 t 都是实值的，这意味着他可以在任意时刻从传感器中读出飞船的位置。

现在假设传感器受到一定程度的噪声干扰。为了得到飞船位置的低噪声估计，他对得到的测量结果进行平均。显然，时间上越近的测量结果越相关，因此可以采用一种加权平均的方法，给最近的测量结果赋予更高的权重。通过一个加权函数 $w(a)$ 可以实现赋权重的功能，其中 a 表示测量结果与当前时刻的时间间隔。如果对任意时刻都采用这种加权平均的操作就得到了一个新的对于飞船位置的平滑估计函数 s：

$$s(t)=\int x(a)w(t-a)\mathrm{d}a \tag{4.3}$$

这种运算就叫作卷积(Convolution)。卷积运算通常用星号(*)表示：

$$s(t)=(x*w)(t) \tag{4.4}$$

在卷积网络的术语中，卷积的第一个参数（在这个例子中为函数 x）通常叫作输入(input)，第二个参数（函数 w）叫作核函数(kernel function)。输出有时被称作特征映射(feature map)。

在本例中，激光传感器在每个瞬间反馈测量结果的想法是不切实际的。一般地，在用计算机处理数据时，时间会被离散化，传感器会定期地反馈数据。所以在上述例子中，假设传感器每秒反馈一次测量结果是比较现实的。这样，时刻 t 能取整数值。如果假设 x 和 w 都定义在整数时刻 t，就可以定义离散形式的卷积：

$$s(t)=(s*w)(t)=\sum_{a=-\infty}^{\infty}x(a)w(t-a) \tag{4.5}$$

在机器学习的应用中，输入通常是多维数组的数据，而核通常是由学习算法优化得到的多维数组的参数。这些多维数组被称为张量。因为在输入与核中的每一个元素都必须明确地分开存储，所以通常假设在存储了数值的有限点集以外，这些函数的值都为零。这意味着在实际操作中，可以通过对有限数组元素的求和来实现无限求和。

实际应用中，在多个维度进行卷积运算的情况经常发生。例如，如果把一张二维的图像 I 作为输入，那么将使用一个二维的核 K：

$$S(i,j)=(I*K)(i,j)=\sum_{m}\sum_{n}I(i-m,j-n)K(m,n) \tag{4.6}$$

卷积是可交换的(commutative)，式(4.6)可以等价写作：

$$S(i,j)=(K*I)(i,j)=\sum_{m}\sum_{n}I(i,j)K(m-i,n-j) \tag{4.7}$$

通常，式(4.7)在机器学习库中实现更为简单，因为 m 和 n 的有效取值范围相对较小。

卷积运算可交换性的出现是因为对核的相对输入进行了翻转(flip)，从 m 增大的角度来看，输入的索引在增大，但是核的索引在减小[换句话讲，如式(4.7)，假设当前原始图像中心采样像素点为 (u,v)，采样大小为 3×3，则原始图像中可以取出从 $I_{u-1,v-1}$ 至 $I_{u+1,v+1}$ 9 个像素点，对应的未经翻转卷积核样本点为 $K_{1,1}$ 至 $K_{-1,-1}$ 9 个像素点。因此，当输入索引增大，例如从 $I_{u-1,v-1}$ 过渡至 $I_{u,v-1}$，对应卷积核中的采样则从 $K_{1,1}$ 过渡至 $K_{0,1}$，核的索引在减少]。将核翻转的唯一目的是实现可交换性。尽管可交换性在证明时很有用，但在神经网络的应用中却不是一个重要的性质。与之不同的是，许多神经网络库会实现一个相关的函数，称为互相关函数(cross-correlation)，和卷积运算几乎一样但是并没有对核进行翻转：

$$S(i,j)=(I*K)(i,j)=\sum_{m}\sum_{n}I(i+m,j+n)K(m,n) \tag{4.8}$$

许多机器学习库实现的是互相关函数但是称之为卷积。在本章节中将遵循把两种运算都叫作卷积的这个传统，在与核翻转有关的上下文中，会特别指明是否对核进行了翻转。单独使用卷积运算在机器学习中是很少见的，卷积经常与其他的函数一起使用，无论卷积运算是否对它的核进行了翻转，这些函数的组合通常是不可交换的。

图 4.9 演示了一个在二维张量上的卷积运算（没有对核进行翻转）的例子。

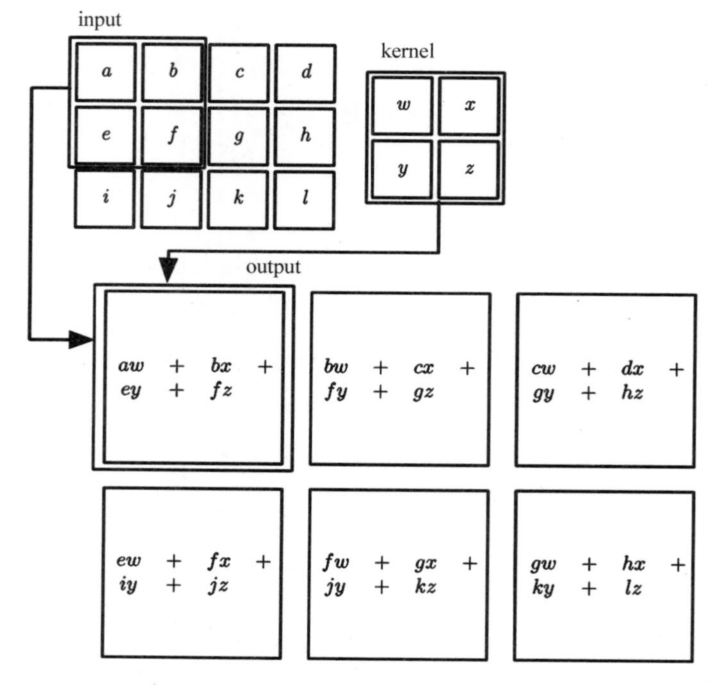

图 4.9　一个二维卷积的例子（没有对核进行翻转）

4.3.3.3　激活函数

激活函数来源于生物学中的生物神经元。一个生物神经元通过树突接收上一个神经元的信号之后，轴突内外的电荷数量发生变化，引起一个动作电压，使整个神经元被激活并向后传导信号。而在深度学习中，通常设定函数 $f(x)$ 作为输入到输出的激活过程，因此函数 $f(x)$ 也被称为激活函数。

激活函数在神经网络中非常重要。神经网络节点的计算是通过加权求和，再加上偏置项，这是一个线性模型，如果直接将这个计算结果传到下一个节点，那么还是同样的线性模型，其无法应用于非线性的数据处理之中。激活函数是用来加入非线性因素的，解决线性模型所不能解决的问题。为了增强网络的表示能力和学习能力，激活函数需要具备以下几点性质：

① 连续并可导（允许少数点上不可导）的非线性函数。可导的激活函数可以直接利用数值优化的方法来学习网络参数。

② 激活函数及其导函数要尽可能简单，有利于提高网络计算效率。

③ 激活函数的导函数的值域要在一个合适的区间内，不能太大也不能太小，否则会影响训练的效率和稳定性。

④ 为了保证数值的稳定性，激活函数需要能够映射所有的实数。

⑤ 由于激活函数只是增加非线性，并不需要改变对输入的响应状态，所以其应当随着 y 的增大而增大，随着 y 的减小而减小，是一个单调的 S 形曲线。

下面介绍几种在神经网络中常用的激活函数。

(1) sigmoid 型函数

sigmoid 型函数是指一类 S 形曲线函数，为两端饱和函数。对于函数 $f(x)$，若 $x \to -\infty$ 时，其导数 $f'(x) \to 0$，则称其为左饱和。若 $x \to +\infty$ 时，其导数 $f'(x) \to 0$，则称其为右饱和。当函数同时满足左、右饱和时，就称为两端饱和。常用的 sigmoid 型函数有 sigmoid 函数(又称 logistic 函数)和 tanh 函数。

① sigmoid 函数

sigmoid 函数定义为：

$$\sigma(x) = \frac{1}{1 + e^{-x}} \tag{4.9}$$

其可以看成是一个“挤压”函数，把一个实数域的输入“挤压”到(0, 1)。当输入值在 0 附近时，sigmoid 函数近似为线性函数；当输入值靠近两端时，对输入进行抑制。输入越小，越接近于 0；输入越大，越接近于 1。这样的特点也和生物神经元类似，对一些输入会产生兴奋(输出为 1)，对另一些输入产生抑制(输出为 0)。

因为 sigmoid 函数的性质，使得装备了 sigmoid 激活函数的神经元具有以下两点性质：

a. 其输出直接可以看作概率分布，使得神经网络可以更好地和统计学习模型进行结合。

b. 其可以看作一个软性门，用来控制其他神经元输出信息的数量。

② tanh 函数

tanh 函数也是一种 sigmoid 型函数，其定义为：

$$\tanh(x) = \frac{e^{x} - e^{-x}}{e^{x} + e^{-x}} \tag{4.10}$$

其可以看作放大并平移的 sigmoid 函数，如式(4.11)所示，其值域为(−1, 1)。

$$\tanh(x) = 2\sigma(2x) - 1 \tag{4.11}$$

图 4.10 给出了 sigmoid 函数和 tanh 函数的形状。tanh 函数的输出是零中心化的(zero-centered)，而 sigmoid 函数的输出恒大于 0。

由于在神经网络中误差反向传播的迭代公式为：

$$\delta^{(l)} = \boldsymbol{f}_l'(\boldsymbol{z}^{(l)}) \odot (\boldsymbol{W}^{(l+1)})^{\mathrm{T}} \delta^{(l+1)} \tag{4.12}$$

式(4.12)中，l 表示网络的层数，$\delta^{(l)}$ 表示最终的损失对每一层节点经过激活函数前的变量的偏导，f' 表示激活函数的导数，$\boldsymbol{z}^{(l)}$ 表示第 l 层经过激活函数前的节点向量，$\boldsymbol{W}^{(l+1)}$ 表示第 l 层与第 $l+1$ 层之间的权值形成的矩阵。当误差从输出层反向传播时，在每一层都要乘该层的激活函数的导数。当使用 sigmoid 型函数：sigmoid 函数或 tanh 函数时，其导数分别为：

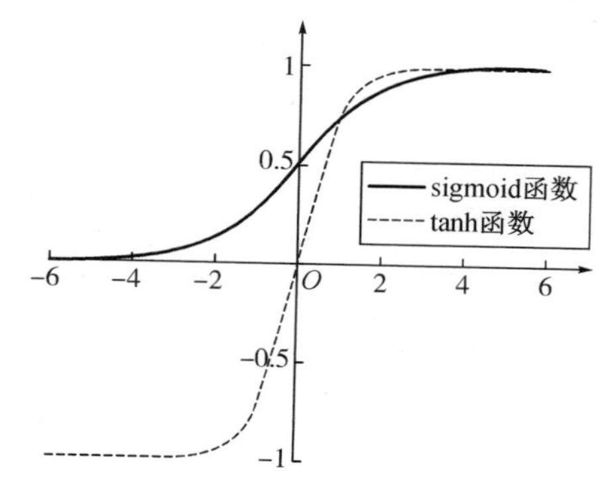

图 4.10　sigmoid 函数和 tanh 函数

$$\sigma'(x) = \sigma(x)[1-\sigma(x)],\ \sigma'(x) \in [0,\ 0.25] \tag{4.13}$$

$$\tanh'(x) = 1-[\tanh(x)]^2,\ \tanh'(x) \in [0,\ 1] \tag{4.14}$$

sigmoid 函数和 tanh 函数的导数图像如图 4.11 所示。

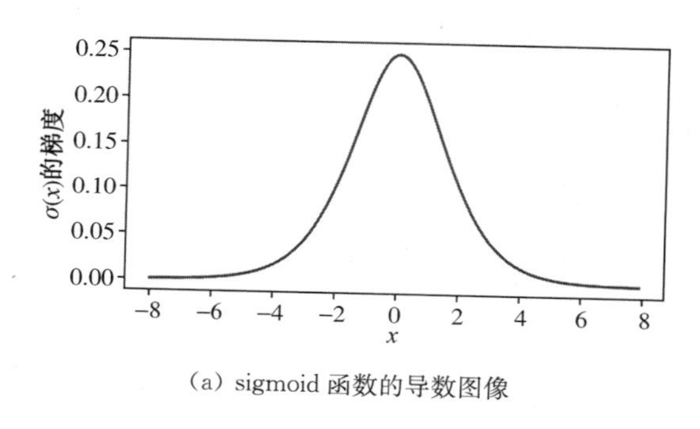

(a) sigmoid 函数的导数图像

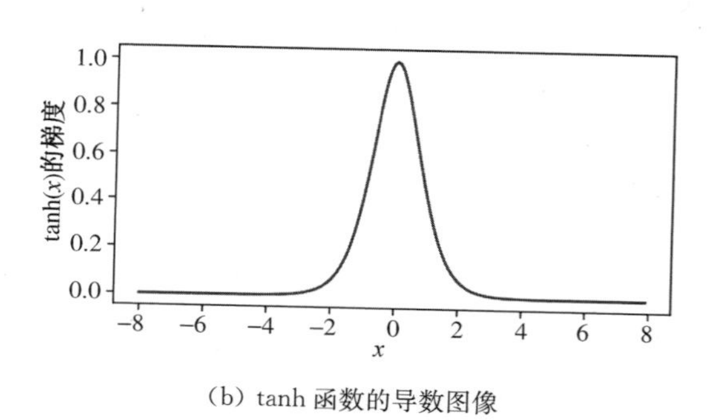

(b) tanh 函数的导数图像

图 4.11　sigmoid 型函数的导数图像

那么，由于 sigmoid 型函数的饱和性，饱和区的导数更是接近于 0。这样，误差经过每一层传递都会不断衰减，当网络层数很深时，梯度就会不停衰减，甚至消失，使得整个网络很难训练。这就是所谓的梯度消失问题，也称为梯度弥散问题。

在深度神经网络中，减轻梯度消失问题的方法有很多种。一种简单有效的方式是使用导数比较大的激活函数，比如 ReLU 函数等。

(2) ReLU 函数

ReLU(Rectified Linear Unit，修正线性单元)，也叫 rectifier 函数，是目前深度神经网络中经常使用的激活函数。ReLU 实际上是一个斜坡(ramp)函数，定义为：

$$\mathrm{ReLU}(x) = \begin{cases} x, & x \geqslant 0 \\ 0, & x < 0 \end{cases} \tag{4.15}$$

$$\max(0,\ x)$$

ReLU 函数图像如图 4.12 所示。

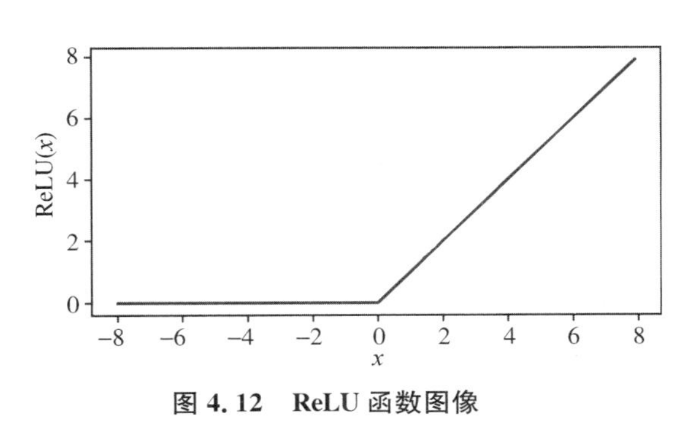

图 4.12　ReLU 函数图像

ReLU 函数的优点：采用 ReLU 的神经元只需要进行加、乘和比较的操作，计算上更加高效。ReLU 函数也被认为具有生物学合理性(biological plausibility)，比如单侧抑制、宽兴奋边界(即兴奋程度可以非常高)。在生物神经网络中，同时处于兴奋状态的神经元非常稀疏。人脑中在同一时刻大概只有 1%～4%的神经元处于活跃状态。sigmoid 型激活函数会导致一个非稀疏的神经网络，而 ReLU 函数却具有很好的稀疏性，大约 50%的神经元会处于激活状态。

在优化方面，相比于 sigmoid 型函数的两端饱和，ReLU 函数为左饱和函数，且在 $x>0$ 时导数为 1，这在一定程度上缓解了神经网络的梯度消失问题，加大了梯度下降的收敛速度。但 ReLU 函数的输出是非零中心化的，给后一层的神经网络引入偏置偏移，会影响梯度下降的效率。此外，ReLU 神经元在训练时比较容易“死亡”。在训练时，如果参数在一次不恰当的更新后，第一个隐藏层中的某个 ReLU 神经元在所有的训练数据上都不能被激活，那么这个神经元自身参数的梯度永远都会是 0，在以后的训练过程中永远不能被激活。这种现象称为死亡 ReLU 问题(dying ReLU problem)，并且也有可能会发生在其他隐藏层。

4.3.3.4　池化

卷积网络中一个典型层包含三级，如图 4.13 所示。在第一级中，这一层并行地计算多个卷积产生一组线性激活响应。在第二级中，每一个线性激活响应将会通过一个非线性的激活函数(见 4.3.3.3 节)。在第三级中，使用了池化函数(pooling function)来进一步调整这一层的输出。

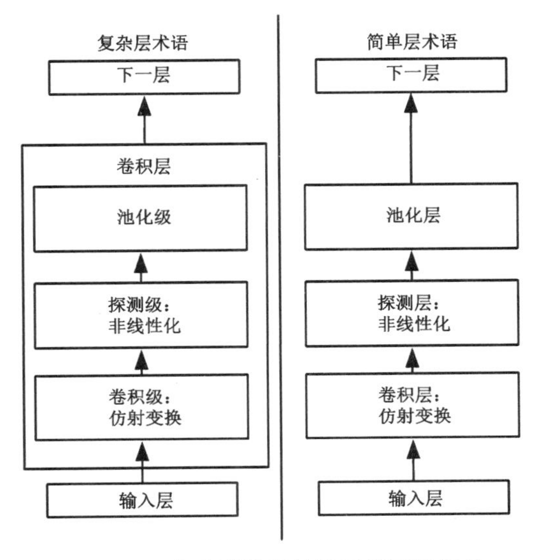

图 4.13　一个典型卷积神经网络层的组件

池化函数使用某一位置的相邻输出的总体统计特征来代替网络在该位置的输出。例如，最大池化(max-pooling)函数给出相邻矩形区域内的最大值。其他常用的池化函数包括相邻矩形区域内的平均值[即平均池化(avg-pooling)]、范数以及基于数据中心像素距离的加权平均函数。

池化函数具有微小平移不变性，即当对输入进行少量平移时，经过池化函数后的大多数输出并不会发生改变。图 4.14 用了一个例子来说明这是如何实现的。局部平移不变性是一个很有用的性质，尤其是在关心某个特征是否出现而不关心具体出现位置时。例如，当判定一张图像中是否包含人脸时，并不需要知道眼睛的精确位置，只需要知道有一只眼睛在脸的左边，有一只眼睛在脸的右边就行了。但在一些其他领域，保存特征的具体位置却很重要。例如在寻找一个由两条边相交而成的拐角时，就需要保存边的位置来判定它们是否相交。

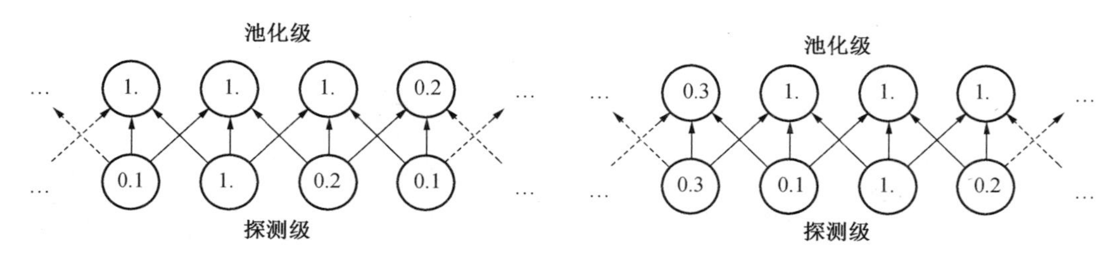

图 4.14　最大池化引入了不变性

因为池化综合了全部邻居的反馈，这使得池化单元少于探测单元成为可能，这可通过综合池化区域的 k 个像素的统计特征来实现。图 4.15 给出了一个例子，具体地，当采用最大池化分别对输入特征进行 3、3、2 像素区域信息统计时，其既获取到了该范围内的标志性特征，又极大地提高了网络的计算效率，因为下一层少了约 k 倍的输入。这种对输入规模的减小也可以提高统计效率并且减少对参数的存储需求。

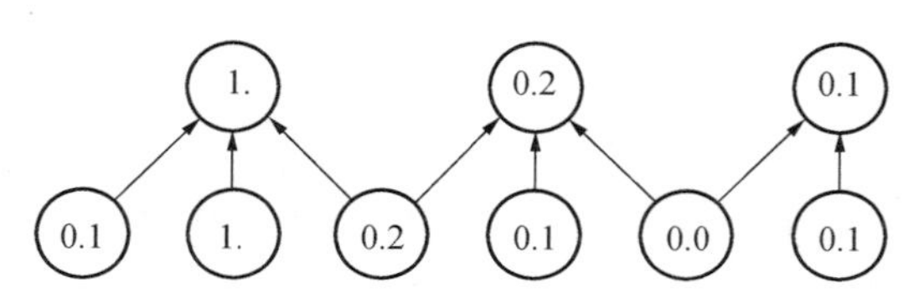

图 4.15　带有降采样的池化

一些理论工作对于在不同情况下应当使用哪种池化函数给出了一些指导。将特征一起动态地池化也是可行的，例如，对于感兴趣特征的位置运行聚类算法，这种方法可使每幅图像产生一个不同的池化区域集合。另一种方法是先学习一个单独的池化结构，再应用到全部的图像中。

4.3.3.5　全连接

如图 4.16 所示，卷积神经网络通常用于对样本进行分类或者回归。因此，经过多层的卷积、池化等操作后的特征图需要拉平，获取神经元，并经过一至多层的全连接层，通过反向传播

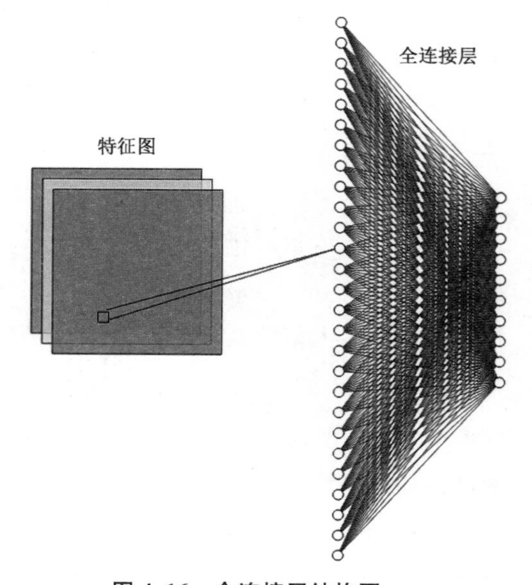

图 4.16　全连接层结构图

迭代权重矩阵,进而整合不同神经元信息,对样本进行分类或者回归。因此,全连接层其实就是一个权重矩阵,计算过程就是通过一个矩阵,将一个向量转化为另一个维度的向量。

具体地,假设图4.16中输入特征图的尺寸(c, h, w),其中c表示通道,h为特征高度,w为特征宽度。假设特征图拉平展开后神经元为$(x_1, x_2, \cdots, x_n)$,其中$n=c\times h\times w$,输出神经元为$(a_1, a_2, \cdots, a_{10})$,则输入神经元与输出神经元之间的全连接操作可以表示为:

$$
\begin{aligned}
&a_1 = W_{1,1} * x_1 + W_{1,2} * x_2 + W_{1,3} * x_3 + \cdots + W_{1,n} * x_n + b_1 \\
&a_2 = W_{2,1} * x_1 + W_{2,2} * x_2 + W_{2,3} * x_3 + \cdots + W_{2,n} * x_n + b_2 \\
&\cdots\cdots\cdots\cdots \\
&a_{10} = W_{10,1} * x_1 + W_{10,2} * x_2 + W_{10,3} * x_3 + \cdots + W_{10,n} * x_n + b_{10}
\end{aligned}
\tag{4.16}
$$

进而可以写成如下矩阵形式:

$$
\begin{bmatrix} a_1 \\ \vdots \\ a_{10} \end{bmatrix} = \begin{bmatrix} W_{1,1} & \cdots & W_{1,n} \\ \vdots & \ddots & \vdots \\ W_{10,1} & \cdots & W_{10,n} \end{bmatrix} * \begin{bmatrix} x_1 \\ \vdots \\ x_n \end{bmatrix} + \begin{bmatrix} b_1 \\ \vdots \\ b_{10} \end{bmatrix} \tag{4.17}
$$

因此,需要反向传播优化参数有$10\times n+10$个。具体优化算法可查阅链式法则。

4.3.3.6 经典的卷积神经网络

依照以上所阐述的卷积神经网络的基础机理,本节将对一些经典的卷积神经网络进行简要介绍。

(1) LeNet

LeNet为Yann LeCun等人于1998年提出的卷积神经网络,最早用于手写字体分类任务。具体网络结构如图4.17所示,输入的二维图像经过两次卷积层及池化层(即降采样层),并通过全连接层及softmax激活函数输出网络的分类结果。

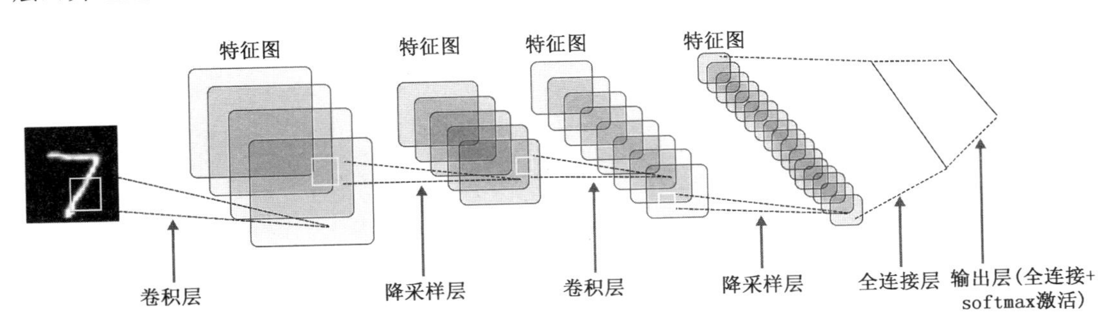

图4.17 LeNet网络架构

可以看出,LeNet网络虽小,但其包含了深度学习的基本模块:卷积层、池化层及全连接层，是其他深度学习的基础。这里我们将对 LeNet－5 进行实例分析，加深读者对卷积层和池化层的理解。

在开始介绍 LeNet 结构原理之前，我们先约定一些叫法。假设特征图尺寸为 28×28×6，卷积参数大小为(5×5×1)×6。其中 28×28 分别为特征图的高度及宽度，6 为通道数。(5×5×1)×6 卷积核表示该卷积层中宽乘高为 5×5，通道数为 1 的卷积核有 6 个。可以把(5×5×1)想象成一个厚度为 1，长宽各为 5 的三维立方体，以下以此类推。

① 输入层

如图 4.17 所示，输入为手写字体，为单通道图像，输入图像的尺寸统一归化为 32×32。

② 第一层卷积

与 4.3.3.2 节所述信号卷积原理相同，网络所涉及的卷积输出是通过输入图像像素点及卷积核的像素点进行对应点位相乘及相加得到。而每一层用于提取特征的卷积核之间的设计存在差异。举个例子，假设某一卷积层包含 6 个卷积核，通过卷积核中特征点的不同设计，用于提取图像差异性信息。

在 LeNet 中，输入的图像尺寸为 32×32，卷积核大小被设置为 5×5，卷积核的种类为 6，步长为 1，填充为 0，根据图像卷积计算公式 $[(n+2p-f)/s+1$，其中 n 为输入特征尺寸；p 为填充，即向输入特征四周进行特征点补充，进而保持输出维度大小；f 为卷积核大小；s 为卷积步长$]$，输出特征大小则为：28×28×6。

③ 第一层降采样(池化)

LeNet 所涉及的降采样是通过池化层执行。如 4.3.3.4 节所述，池化通过选取输入特征中的最大或平均特征点，获取输入特征中的最具表征信息。具体地，在 LeNet 中，通过第一层的卷积层后的输出为 28×28×6，池化采样区域为 2×2，池化种类为 6，则输出特征大小为 14×14×6。

④ 第二层卷积

上一层降采样输出将被送至第二层卷积中。在第二层卷积中，卷积核大小为 5×5。卷积核种类为 16，因而输出特征大小为 10×10×16。

⑤ 第二层降采样(池化)

输入尺寸大小为 10×10×16。采样区域同为 2×2，采样种类为 16，输出特征大小为 5×5×16。

⑥ 第三层卷积

输入尺寸大小为 5×5×16。卷积核大小为 5×5，采样种类为 120，输出特征大小为 1×1×120。

⑦ 全连接层

输入特征大小为 1×1×120，即为 120 个神经元组合，每个神经元均代表着网络从图像中所提取的一个特征。LeNet 提出时是面向手写字体分类任务。因此，采用两层全连接分别将神经元组合从 120 转化为 84 和 10，进而预测当前输入手写字体为数字 0～9 中的哪一类别。

(2) VGG－16

LeNet 虽为卷积神经网络的开山之作，但由于网络层数较浅，导致其对复杂的时空特征提取能力不足。再者，LeNet 网络模型中的卷积核尺寸固定，难以适应不同大小和形状的数据。VGG(Visual Geometry Group，视觉几何组)是 2014 年提出的一种深度卷积神经网络架构，并在 2014 年 ImageNet 图像分类竞赛中获得亚军。VGG 网络采用连续的小卷积核(3×3)和池化层构建深度神经网络，网络深度可以达到 16 层或 19 层，其中 VGG 16 和 VGG 19 最为著名。

VGG 19 和 VGG 16 网络架构非常相似，都是由多个卷积层和池化层交替堆叠而成，最后使用全连接层进行分类。两者的区别在于网络的深度和参数量，VGG 19 相对于 VGG 16 增加了 3 个卷积层和一个全连接层，参数量也更多。VGG 网络被广泛应用于图像分类、目标检测、语义分割等计算机视觉任务中，其网络结构的简单性和易实现性使得 VGG 成为深度学习领域的经典模型之一。

提出 VGG-16 的最初目的是了解卷积网络的深度如何影响大比例尺图像分类和识别的准确性。假设卷积核尺寸为 5×5×3，输入图像尺寸为 32×32×3，卷积无填充且步长为 1，那么根据上述公式 $(n+2p-f)/s+1$ 可得输出特征尺寸为 28×28×1。为了达到相同的感受野，VGG-16 采用多个小尺寸的卷积核进行串联实现。如上述 5×5×3 的卷积核所获取的感受野，可以由 1 个 3×3×3 及 1 个 3×3×1 的卷积替换。基于以上设计，模型以较低的参数量(3×3×3+3×3=36)获取到相同的感受野，并且网络深度得以扩展。

如图 4.18 所示，VGG-16 由 13 层卷积层及 3 层全连接层组合而成。其中卷积层中卷

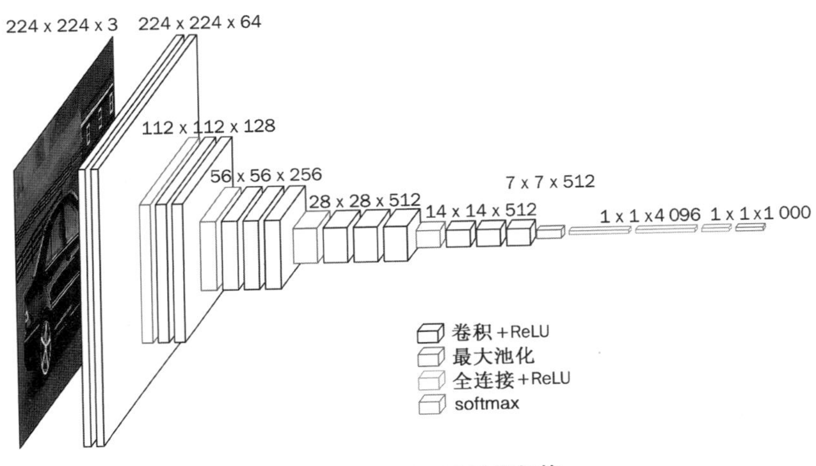

图 4.18　VGG-16 网络架构

积核尺寸全部为 3×3。通常情况下一个 3×3 的卷积核包含了一个像素的上下左右的最小单元，连续多层附加 ReLU 激活函数的非线性层（即卷积层叠加）可以通过增加网络深度来保证其学习更复杂的特征。

VGG-16 内部具体的卷积、池化及全连接计算流程，与 4.3.3.6 节（1）LeNet 所介绍的计算原理基本一致。需要说明的是，除了上述所介绍的 LeNet 及 VGG-16 以外，还有很多非常经典的卷积网络，例如 AlexNet、ResNet-50 等。感兴趣的读者可查阅相关文献。

4.3.3.7 应用举例

（1）手写数字识别

手写数字识别是将人类的手写数字图像数字化的过程，它是模式识别领域的重要分支，其在财务报表、邮政自动分拣、试卷成绩统计、银行单据、金融数字统计等手写数字自动化识别、录入系统等方面有着广泛的应用。而卷积神经网络独特的二维数据处理方式和在分类识别时可自动提取图像特征的特点，可以完成识别手写数字的任务并且能够提高手写体数字识别的泛化能力和准确度。下面介绍一个基于卷积神经网络识别自己手写数字的项目，来加深读者对卷积神经网络各个环节的理解。

本案例中使用的数据集是 MNIST 手写数字图像集。它是由 0～9 的数字图像构成的（图 4.19），其分别包含了像素为 28×28，单一通道的 6 万张训练图像和 1 万张测试图像，其中各个像素的取值均在 0～255 之间。

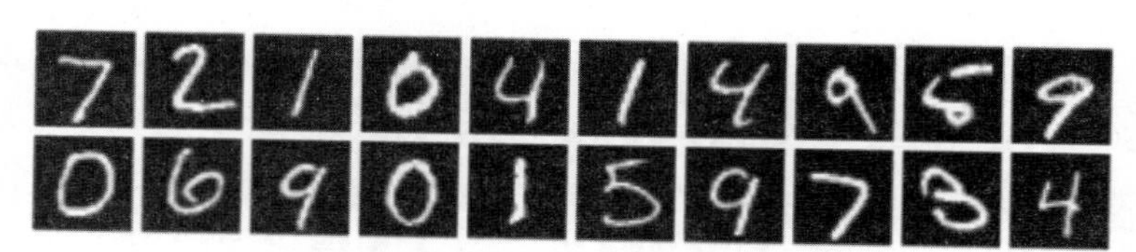

图 4.19 MNIST 手写数字图像集

在此案例中，卷积神经网络所采用的网络结构如图 4.20 所示。

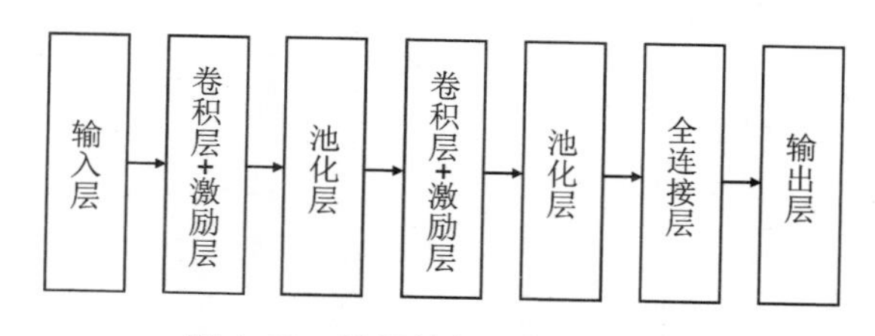

图 4.20 卷积神经网络模型结构

采用训练数据集对卷积神经网络进行训练。具体实现过程见附件Ⅱ，主要包括以下步骤：

① 导入所需要的第三方库。

② 载入 MNIST 手写数字图像。

③ 改变数据维度。在 TensorFlow 中使用卷积模块提取图像特征时，需要把数据变成 4 维格式，其分别是：数据数量、图片高度、图片宽度和图片通道数。

④ 归一化，提升训练速度。

⑤ 搭建卷积神经网络，网络结构图如图 4.20 所示。

⑥ 编译。

⑦ 训练。

⑧ 保存训练完成的模型。

训练过程如图 4.21 所示，其中 $x/60\,000$ 代表当前 epoch 模型已训练的数据量 x，总计需要完成 10 次 epoch 训练；loss 及 accuracy 分别代表神经网络在训练集中整体的损失值和准确率；val_loss 和 val_accuracy 则为网络在验证集整体的损失值及准确率。

```
59072/60000 [============================>.]59072/60000 [============================>.] - ETA: 2s - loss: 0.0217 - acc: 0.9931
59136/60000 [============================>.]59136/60000 [============================>.] - ETA: 2s - loss: 0.0217 - acc: 0.9931
59200/60000 [============================>.]59200/60000 [============================>.] - ETA: 1s - loss: 0.0218 - acc: 0.9931
59264/60000 [============================>.]59264/60000 [============================>.] - ETA: 1s - loss: 0.0218 - acc: 0.9931
59328/60000 [============================>.]59328/60000 [============================>.] - ETA: 1s - loss: 0.0217 - acc: 0.9931
59392/60000 [============================>.]59392/60000 [============================>.] - ETA: 1s - loss: 0.0217 - acc: 0.9931
59456/60000 [============================>.]59456/60000 [============================>.] - ETA: 1s - loss: 0.0217 - acc: 0.9931
59520/60000 [============================>.]59520/60000 [============================>.] - ETA: 1s - loss: 0.0217 - acc: 0.9931
59584/60000 [============================>.]59584/60000 [============================>.] - ETA: 1s - loss: 0.0217 - acc: 0.9931
59648/60000 [============================>.]59648/60000 [============================>.] - ETA: 0s - loss: 0.0217 - acc: 0.9931
59712/60000 [============================>.]59712/60000 [============================>.] - ETA: 0s - loss: 0.0217 - acc: 0.9930
59776/60000 [============================>.]59776/60000 [============================>.] - ETA: 0s - loss: 0.0217 - acc: 0.9931
59840/60000 [============================>.]59840/60000 [============================>.] - ETA: 0s - loss: 0.0217 - acc: 0.9930
59904/60000 [============================>.]59904/60000 [============================>.] - ETA: 0s - loss: 0.0217 - acc: 0.9930
59968/60000 [============================>.]59968/60000 [============================>.] - ETA: 0s - loss: 0.0217 - acc: 0.9930
60000/60000 [==============================]60000/60000 [==============================] - 155s 3ms/step - loss: 0.0217 - acc: 0.9930 - val_loss:
 0.0254 - val_acc: 0.9912


Process finished with exit code 0
```

图 4.21　算法训练过程

可以发现经过 10 次训练以后，本案例所搭建的神经网络在训练集上的识别准确率已达到 99%以上，表明模型损失值已收敛到极低点。

按上述步骤执行后，我们将获得训练好的参数模型，之后便可以采用该模型参数对自己的手写数字进行识别了。具体实现过程见附件Ⅱ，主要步骤如下：

① 导入所需第三方库。

② 载入 MNIST 数据集的图片(图 4.22)。

③ 载入训练好的模型。

④ 载入自己手写的数字图片(图 4.23)并修改图像大小。

⑤ 将 RGB 图像转为 1 通道灰度图像，如图 4.24 所示。

⑥ 转黑底白字、数据归一化。由于 MNIST 数据集中的数据都是黑底白字，且取值在 0～9 之间，为了更加充分契合原始训练数据集的数据信息，提高识别准确率，所以执行此步操作。

⑦ 转四维数据，方便卷积神经网络预测。

⑧ 显示图像，结果如图 4.25 所示。

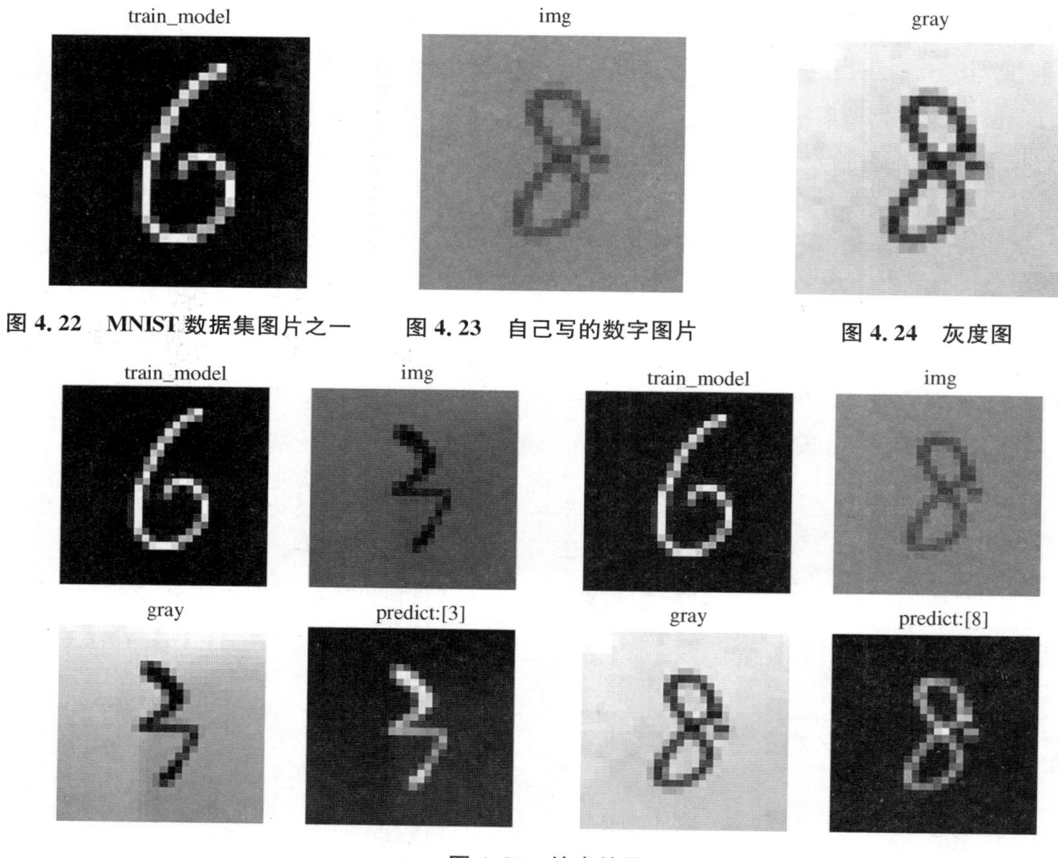

图 4.22　MNIST 数据集图片之一　　图 4.23　自己写的数字图片　　图 4.24　灰度图

图 4.25　输出结果

（2）图像语义分割

图像语义分割是一项计算机视觉任务，其核心目标是将输入的图像分割成多个区域，并为每个像素分配一个语义类别标签，以表示该像素属于图像中的哪个物体或区域类别。如图 4.26 中包含四个类别：猫、草地、山、天空。在图像处理和计算机视觉技术中，图像语义分割是关于图像理解的重要一环。它能够帮助机器更准确地理解和解析图像内容，为后续的任务如目标检测、场景理解等提供有力的支持。

图 4.26　语义分割示例

4.4 回归任务

回归分析是确定变量间依赖关系的一种统计分析方法，属于监督学习方法。前面介绍的分类问题的目标是预测类别，而回归任务的目标是预测一个值。区分分类任务和回归任务有一个简单的方法，就是确定输出是否具有某种连续性。

回归分析的方法有很多种，按照变量的个数，可以分为一元回归分析和多元回归分析；按照自变量和因变量之间的关系，可以分为线性回归分析和非线性回归分析。

在机器学习中，回归分析作为一种预测模型，常用于对问题结果或结论的预测分析。例如，出行日期与机票价格之间的关系。现如今，已有各种各样的回归技术用于预测，包括线性回归、逻辑回归、多项式回归和岭回归等。本节将主要从线性回归算法、支持向量回归算法以及多层感知机的原理展开介绍。

4.4.1 线性回归算法

4.4.1.1 线性模型基本形式

给定由 d 个属性描述的示例 $\boldsymbol{x}=(x_1, x_2, \cdots, x_d)$，其中 x_i 是 $\boldsymbol{x}$ 在第 i 个属性上的取值，线性模型(linear model)试图学得一个通过属性的线性组合来进行预测的函数，即

$$f(\boldsymbol{x})=w_1x_1+w_2x_2+\cdots+w_dx_d+b \tag{4.18}$$

一般向量形式写成：

$$f(\boldsymbol{x})=\boldsymbol{w}^{\mathrm{T}}\boldsymbol{x}+b \tag{4.19}$$

其中 $\boldsymbol{w}=(w_1, w_2, \cdots, w_d)$。$\boldsymbol{w}$ 和 b 学得之后，模型就得以确定。

线性模型形式简单、易于建模，且蕴含着机器学习中一些重要的基本思想。许多功能更为强大的非线性模型(nonlinear model)可在线性模型的基础上通过引入层级结构或高维映射而得。此外，由于 $\boldsymbol{w}$ 直观地表达了各属性在预测中的重要性，因此线性模型有很好的可解释性(comprehensibility)。

4.4.1.2 一元线性回归与多元线性回归

在上述模型中，如果 x 只有一个数值，则线性回归 $y=wx+b$ 称为一元线性回归，其中 x 表示输入数据，w 是模型的参数，也就是数学里的直线方程，w 是斜率，b 是 y 轴偏移。如果 $\boldsymbol{x}$ 为一组数据，$\boldsymbol{x}=(x_1, x_2, \cdots, x_d)$，则为多元线性回归。

一元线性回归方程比较容易求解，多元线性回归模型的求解则比较复杂，经常使用最小二乘算法逼近从而进行拟合。

最小二乘法是一种数学优化方法，也称最小平方法。它通过最小化误差的平方和寻找最佳结果。利用最小二乘法可以简便地求得未知的数据，并使得这些求得的数据与实际数据之间误差的平方和为最小。

线性回归算法原理简单，实现起来非常方便。然而，由于是线性模型，只能拟合结果与变量的线性关系，具有很大的局限性，所以还发展出了局部加权回归、岭回归等多种回归处理方法，以便处理更加复杂的问题。

4.4.1.3 广义线性模型

广义线性模型的基础是上面讨论的线性回归模型，并使用连接函数进一步抽象广义线性模型的输出。广义线性模型可以使用的连接函数有很多种，并且由于广义线性模型的训练算法的数学基础是微积分，因此连接函数必须要有导数。

广义线性模型的公式和线性回归很像，最大的不同在于广义线性模型多了一个连接函数。

广义线性模型如式(4.20)所示：

$$\boldsymbol{y}_i = g(\beta_1 x_{il} + \cdots + \beta_p x_{ip}) + \varepsilon_i = \boldsymbol{\beta}^{\mathrm{T}} \boldsymbol{x}_i + \boldsymbol{\varepsilon}_i,\ i = 1,\ \cdots,\ n \tag{4.20}$$

从本质上来讲，广义线性模型就是将线性回归的返回值传递给连接函数，在式(4.20)中，连接函数即 $g()$，输入为 $\boldsymbol{x}_i$，输出为 $\boldsymbol{y}_i$，$\boldsymbol{\beta}$ 的值构成系数，$\boldsymbol{\varepsilon}_i$ 的值指示截距，这与线性回归一样，唯一多出来的就是“连接函数”。

可选的不同连接函数有很多，最常见的一种就是逻辑函数。使用逻辑函数的广义线性模型通常被称为逻辑回归模型。

广义线性模型也可以用许多通用算法进行训练，其中一种更快捷的数学方法，被称为“重权最小二乘训练算法”。该算法的理论基础是最小二乘法，但其功能更加强大，能够应付添加了连接函数的情况。不同于最小二乘法，重权最小二乘训练算法是迭代型算法，需要反复执行，直到误差降到可接受的范围内才停止。

重权最小二乘训练算法被称作梯度下降的训练算法。梯度下降应用微积分的原理，求出当前长期记忆(即系数)条件下误差函数的梯度。这个梯度可以决定缩小误差应当增大还是减小各个系数的值，也就是说要计算连接函数的导数——而梯度下降的前提就是连接函数是可微的(即导数存在)。

函数的导数实际上是与该函数对应的另一个函数，其函数值反映的是原函数的瞬时变化率。假设有一个刻画某汽车任意时刻位置的函数，也就是说若函数输入时间为第 10 s，函数能够给出在 10 s 时该汽车所在的位置，若输入 60 s 则给出 60 s 时汽车的位置。要求汽车位置关于时间的函数的导数，就相当于要求出一个描述汽车任意时刻速度的新函数。表现在图像上，函数任意点处的导数都是一条与原函数在该点相切的直线的斜率。

在实际训练期间，程序无法将训练过程可视化，所能获得的信息就是当前系数值、导数值和在这基础上求得的误差值。根据导数的大小改变系数值，在下一次迭代中检测误差值减小了多少，并计算出此时的新梯度，然后继续改变系数的大小。这一过程一直要持续到误差值不再有明显减小为止。

4.4.2　支持向量回归算法

支持向量回归（Support Vector Regression，SVR），是支持向量机（Support Vector Machines，SVM）对回归问题的一种运用。SVM在解决线性/非线性样本回归问题上表现出特有的优势。SVM的优点是原理简单，且具有坚实的数学理论基础，广泛应用于分类、回归和模式识别等机器学习算法中。

4.4.2.1　支持向量机的概念

SVM是一种研究小样本机器学习模型的统计学习方法，其目标是在有限的数据信息情况下，渐进求解得到最优分类函数。在二维空间中，分类函数为一条直线。如果将线性判别函数扩大到三维空间，则相当于一个判别平面。如果是更高维空间，则称为超平面。

SVM的原理是寻找一个保证分类要求的最优分类超平面，策略是使超平面两侧的间隔最大化。模型建立的过程可转换为一个凸二次规划问题的求解。SVM很容易处理线性可分的问题。对于非线性问题，SVM的处理方法是选择一个核函数，然后通过核函数将数据映射到高维特征空间，最终在高维空间中构造出最优分类超平面，从而把原始平面上不好区分的非线性数据分开。下面详细介绍SVM的几个重要概念。

(1) 间隔与支持向量

给定训练样本集 $D=\{(\boldsymbol{x}_1, y_1), (\boldsymbol{x}_2, y_2), \cdots, (\boldsymbol{x}_m, y_m)\}$，$y_i \in \{-1, +1\}$，分类学习最基本的想法就是基于训练集 D 在样本空间中找到一个划分超平面，将不同类别的样本分开。但能将训练样本分开的划分超平面可能有很多，如图4.27所示，哪一个才是所需要的呢？

直观上看，应该去找位于两类训练样本正中间的划分超平面，即图4.27中深黑色的线条，因为该划分超平面对训练样本局部扰动的容忍性最好。例如，由于训练集的局限性或噪声的因素，训练集外的样本可能比图4.27中的训练样本更接近两个类的分隔界，这将使许多划分超平面出现错误，而深黑色的超平面受影响最小。换言之，这个划分超平面所产生的分类结果是最鲁棒的。

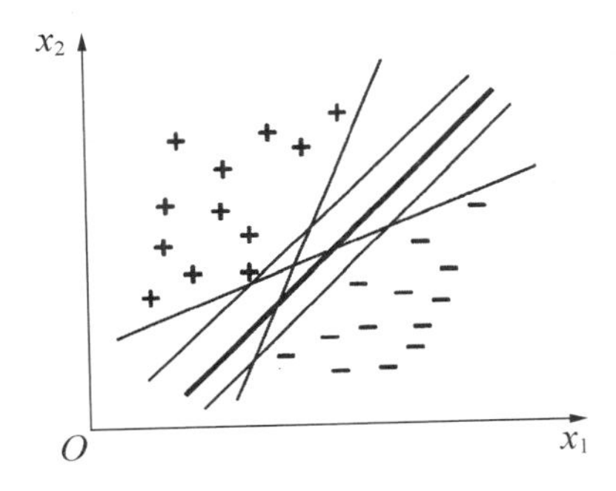

图4.27　存在多个划分超平面将两类训练样本分开

在样本空间中，划分超平面可通过如下线性方程来描述：

$$\boldsymbol{\omega x}+b=0 \tag{4.21}$$

其中，$\boldsymbol{\omega}=(\omega_1, \omega_2, \cdots, \omega_d)$ 为法向量，决定了超平面的

方向；b 为位移项，决定了超平面与原点之间的距离。显然，划分超平面可被法向量 $\boldsymbol{\omega}$ 和位移 b 确定，下面将其记为 $(\boldsymbol{\omega}, b)$。样本空间中任意点 $\boldsymbol{x}$ 到超平面 $(\boldsymbol{\omega}, b)$ 的距离可写为：

$$r=\frac{|\boldsymbol{\omega}^{\mathrm{T}}\boldsymbol{x}+b|}{|\boldsymbol{\omega}|} \tag{4.22}$$

假定超平面 $(\boldsymbol{\omega}, b)$ 能将训练样本正确分类，即对于 $(\boldsymbol{x}_i, y_i)\in D$，若 $y_i=+1$，则有 $\boldsymbol{\omega}^{\mathrm{T}}\boldsymbol{x}_i+b>0$；若 $y_i=-1$，则有 $\boldsymbol{\omega}^{\mathrm{T}}\boldsymbol{x}_i+b<0$。令

$$\begin{cases}\boldsymbol{\omega}^{\mathrm{T}}\boldsymbol{x}_i+b\geqslant+1, & y_i=+1\\ \boldsymbol{\omega}^{\mathrm{T}}\boldsymbol{x}_i+b\leqslant-1, & y_i=-1\end{cases} \tag{4.23}$$

如图 4.28 所示，距离超平面最近的几个训练样本点使式(4.23)的等号成立，它们被称为“支持向量”(support vector)，两个异类支持向量到超平面的距离之和为：

$$\gamma=\frac{2}{\|\boldsymbol{\omega}\|} \tag{4.24}$$

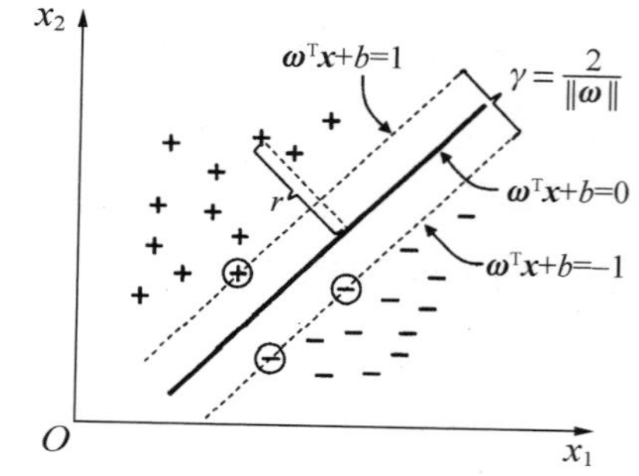

图 4.28　支持向量与间隔

它被称为间隔(Margin)，即最大化的划分边界。

欲找到具有最大间隔(maximum margin)的划分超平面，也就是能满足式(4.23)中约束的参数 $\boldsymbol{\omega}$ 和 b，使得 γ 最大，即

$$\begin{aligned}&\max_{w,b}\frac{2}{\|\boldsymbol{\omega}\|}\\ &\text{s.t. } y_i(\boldsymbol{\omega}^{\mathrm{T}}\boldsymbol{x}_i+b)\geqslant 1,\ i=1,2,\cdots,m\end{aligned} \tag{4.25}$$

显然，为了最大化间隔，仅需最大化 $\|\boldsymbol{\omega}\|^{-1}$，这等价于最小化 $\|\boldsymbol{\omega}\|^{2}$。于是式(4.25)可重写为：

$$\begin{aligned}&\min_{w,b}\frac{1}{2}\|\boldsymbol{\omega}\|^{2}\\ &\text{s.t. } y_i(\boldsymbol{\omega}^{\mathrm{T}}\boldsymbol{x}_i+b)\geqslant 1,\ i=1,2,\cdots,m\end{aligned} \tag{4.26}$$

这就是 SVM 的基本型。

(2) 核函数

上述讨论中，样本是完全线性可分或者大部分样本点线性可分的情况，但是实际应用中可能存在样本点线性不可分的情况，比如二维空间中环形分布的数据点，如图 4.29(a)所示。解决方法是将二维线性不可分的样本点映射到高维空间中，让样本点在高维空间线性

可分，如图 4.29(b)所示。

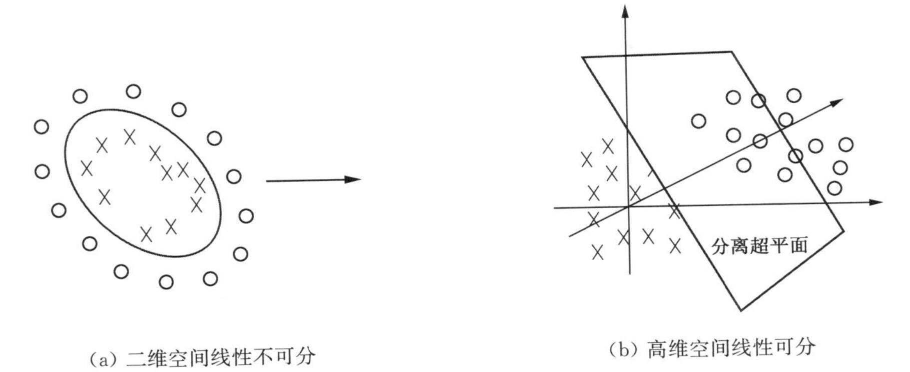

(a) 二维空间线性不可分　　(b) 高维空间线性可分

图 4.29　样本分类示意

向高维空间转换最关键的部分在于找到映射方法。支持向量机中，通过某些非线性变换将输入空间映射到高维空间。

用 $\boldsymbol{x}$ 表示原来的样本点，用 $\phi(\boldsymbol{x})$ 表示 $\boldsymbol{x}$ 映射到新的特征空间后的新向量，分割超平面可以表示为：$\boldsymbol{\omega}\phi(\boldsymbol{x})+b=0$。可以看到与式(4.21)的线性方程相比，唯一的不同就是之前的 $\boldsymbol{x}$ 变成了 $\phi(\boldsymbol{x})$。

将样本从低维映射到高维之后，维度可能很大，甚至可能是无限维的。此时计算两两样本的点乘，计算量太大。所以引入核函数 $k(\boldsymbol{x}_i, \boldsymbol{x}_j)$ 来表示映射之后内积的结果，而不再分别将 $\boldsymbol{x}$ 显式映射成高维向量，再去计算点积，可以有效降低计算量。

常用的核函数包括：

线性核函数

$$k(\boldsymbol{x}_i, \boldsymbol{x}_j)=\boldsymbol{x}_i^{\mathrm{T}}\boldsymbol{x}_j \tag{4.27}$$

多项式核函数

$$k(\boldsymbol{x}_i, \boldsymbol{x}_j)=(\boldsymbol{x}_i^{\mathrm{T}}\boldsymbol{x}_j)^d \tag{4.28}$$

RBF 径向基核函数(也叫高斯核函数)

$$k(\boldsymbol{x}_i, \boldsymbol{x}_j)=\exp\left(-\frac{\|\boldsymbol{x}_i-\boldsymbol{x}_j\|}{2\delta^2}\right) \tag{4.29}$$

4.4.2.2　支持向量回归

由图 4.30 可以直观地理解 SVM 和 SVR 的区别和联系。可以简单地理解为，SVM 要使超平面到最近的样本点的“距离”最大，而 SVR 要使超平面到最远的样本点的“距离”最小。因此，SVR 模型可以简单理解为，在线性函数的两侧创造了一个“间隔带”，而这个“间隔带”的间距为 ϵ (这个值常是根据经验给定的)，对所有落到间隔带内的样本不计算损失，最后通过最小化总损失和最大化间隔来得出优化后的模型。对于非线性的模型，与 SVM 一样使用核函数映射到特征空间，然后再进行回归。SVR 的具体实现过程如下：

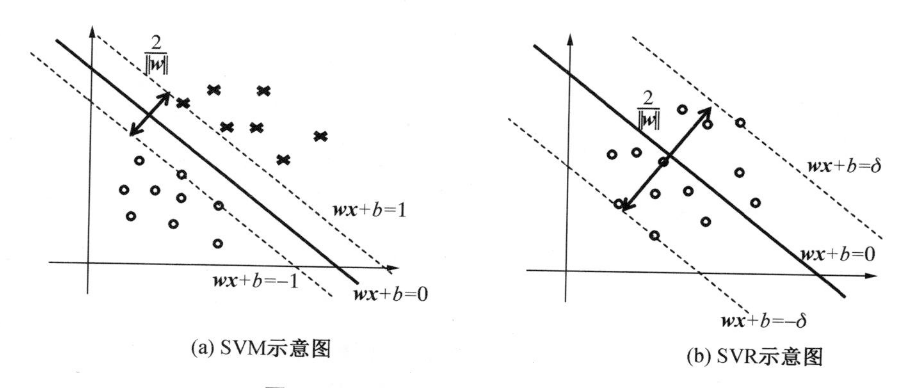

图 4.30　SVM 和 SVR 的区别和联系

对于给定的训练样本 $D=\{(\boldsymbol{x}_1, y_1), (\boldsymbol{x}_2, y_2), \cdots, (\boldsymbol{x}_m, y_m)\}$，$y_i \in \mathbb{R}$，希望学得一个形如式 $f(x)=\boldsymbol{\omega}^{\mathrm{T}}\boldsymbol{x}+b$ 的回归模型，使得 $f(\boldsymbol{x})$ 与 y 尽可能接近，$\boldsymbol{\omega}$ 和 b 是待确定的模型参数。

对样本 $(\boldsymbol{x}, y)$，传统回归模型通常直接基于模型输出 $f(\boldsymbol{x})$ 与真实输出 y 之间的差别来计算损失，当且仅当 $f(\boldsymbol{x})$ 与 y 完全相同时，损失才为零。与此不同，SVR 假设能容忍 $f(\boldsymbol{x})$ 与 y 之间最多有 ϵ 的偏差，即仅当 $f(\boldsymbol{x})$ 与 y 之间的差别绝对值大于 ϵ 时才计算损失。如图 4.31 所示，这相当于以 $f(\boldsymbol{x})$ 为中心，构建了一个宽度为 2ϵ 的间隔带，若训练样本落入此间隔带，则认为是被预测正确的。

于是，SVR 问题可公式化为：

$$\min_{w,b} \frac{1}{2}\|\boldsymbol{\omega}\|^2 + C\sum_{i=1}^{m} \ell_\epsilon\left[f(\boldsymbol{x}_i)-y_i\right] \tag{4.30}$$

其中，C 为正则化常数，ℓ_ϵ 是图 4.32 所示的 ϵ -不敏感损失（ϵ -insensitive loss）函数：

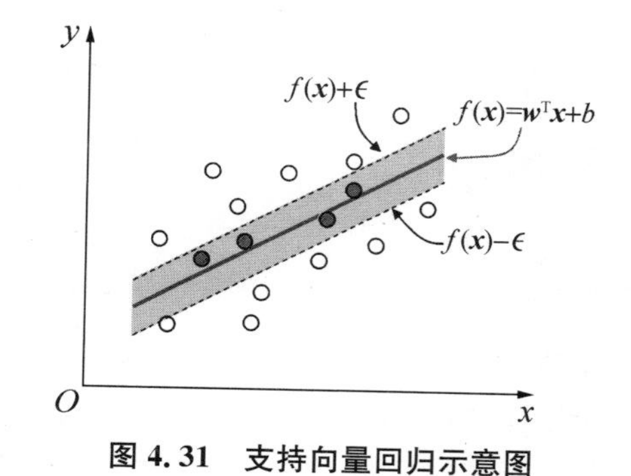

图 4.31　支持向量回归示意图

灰色显示出 ϵ -间隔带，落入其中的样本不计算损失

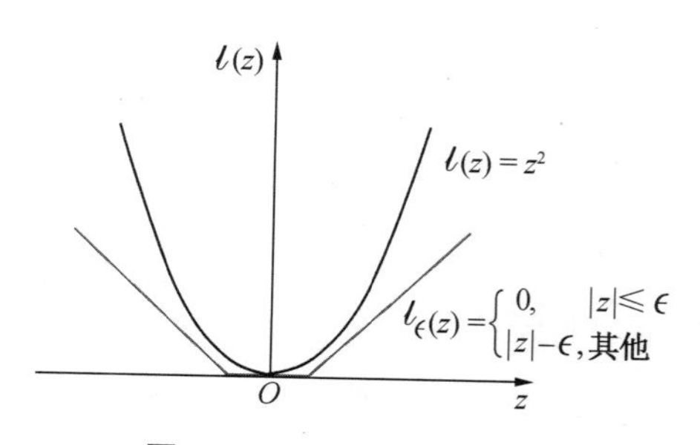

图 4.32　ϵ -不敏感损失函数

$$\ell_\epsilon(z)=\begin{cases}0, & |z|\leqslant\epsilon \\ |z|-\epsilon, & \text{其他}\end{cases} \tag{4.31}$$

引入松弛变量 ξ_i 和 $\hat{\xi}_i$，可将式(4.30)重写为：

$$\begin{aligned}&\min_{w,b,\xi_i,\hat{\xi}_i}\ \frac{1}{2}\|\boldsymbol{\omega}\|^2+C\sum_{i=1}^{m}(\xi_i+\hat{\xi}_i)\\ &\text{s.t. } f(\boldsymbol{x}_i)-y_i\leqslant\epsilon+\xi_i\\ &\qquad y_i-f(\boldsymbol{x}_i)\leqslant\epsilon+\hat{\xi}_i\\ &\qquad \xi_i\geqslant 0,\ \hat{\xi}_i\geqslant 0,\ i=1,2,\cdots,m\end{aligned} \tag{4.32}$$

通过引入拉格朗日乘子 $\mu_i\geqslant 0$，$\hat{\mu}_i\geqslant 0$，$\alpha_i\geqslant 0$，$\hat{\alpha}_i\geqslant 0$，由拉格朗日乘子法可得到式(4.32)的拉格朗日函数：

$$\begin{aligned}&L(\boldsymbol{w},\boldsymbol{b},\boldsymbol{\alpha},\hat{\boldsymbol{\alpha}},\boldsymbol{\xi},\hat{\boldsymbol{\xi}},\boldsymbol{\mu},\hat{\boldsymbol{\mu}})\\ &=\frac{1}{2}\|\boldsymbol{\omega}\|^2+C\sum_{i=1}^{m}(\xi_i+\hat{\xi}_i)-\sum_{i=1}^{m}\mu_i\xi_i-\sum_{i=1}^{m}\hat{\mu}_i\hat{\xi}_i+\\ &\sum_{i=1}^{m}\alpha_i[f(\boldsymbol{x}_i)-y_i-\epsilon-\xi_i]+\sum_{i=1}^{m}\hat{\alpha}_i[y_i-f(\boldsymbol{x}_i)-\epsilon-\hat{\xi}_i]\end{aligned} \tag{4.33}$$

将 $f(\boldsymbol{x})=\boldsymbol{\omega}^{\mathrm{T}}\boldsymbol{x}+b$ 代入，再令 $L(\boldsymbol{w},\boldsymbol{b},\boldsymbol{\alpha},\hat{\boldsymbol{\alpha}},\boldsymbol{\xi},\hat{\boldsymbol{\xi}},\boldsymbol{\mu},\hat{\boldsymbol{\mu}})$ 对 $\boldsymbol{\omega}$，b，ξ_i，$\hat{\xi}_i$ 的偏导为零，可得：

$$\boldsymbol{\omega}=\sum_{i=1}^{m}(\hat{\alpha}_i-\alpha_i)\boldsymbol{x}_i \tag{4.34}$$

$$0=\sum_{i=1}^{m}(\hat{\alpha}_i-\alpha_i) \tag{4.35}$$

$$C=\alpha_i+\mu_i \tag{4.36}$$

$$C=\hat{\alpha}_i+\hat{\mu}_i \tag{4.37}$$

将式(4.34)～式(4.37)代入式(4.33)，可得：

$$\begin{aligned}&\max_{\alpha,\hat{\alpha}}\ \sum_{i=1}^{m}y_i(\hat{\alpha}_i-\alpha_i)-\epsilon(\hat{\alpha}_i+\alpha_i)-\\ &\frac{1}{2}\sum_{i=1}^{m}\sum_{j=1}^{m}(\hat{\alpha}_i-\alpha_i)(\hat{\alpha}_j-\alpha_j)\boldsymbol{x}_i^{\mathrm{T}}\boldsymbol{x}_j\\ &\text{s.t. }\ \sum_{i=1}^{m}(\hat{\alpha}_i-\alpha_i)=0\\ &\qquad 0\leqslant\alpha_i,\ \hat{\alpha}_i\leqslant C\end{aligned} \tag{4.38}$$

这是 SVR 的对偶问题，此过程要满足不等式约束优化问题的 KKT(Karush-Kuhn-Tucker)条件，即要求

$$\begin{cases}\alpha_i(f(\boldsymbol{x}_i)-y_i-\epsilon-\xi_i)=0\\ \hat{\alpha}_i(y_i-f(\boldsymbol{x}_i)-\epsilon-\hat{\xi}_i)=0\\ \alpha_i\hat{\alpha}_i=0,\ \xi_i\hat{\xi}_i=0\\ (C-\alpha_i)\xi_i=0,\ (C-\hat{\alpha}_i)\hat{\xi}_i=0\end{cases} \tag{4.39}$$

可以看出，当且仅当 $f(\boldsymbol{x}_i)-y_i-\epsilon-\xi_i=0$ 时，α_i 能取非零值；当且仅当 $y_i-f(\boldsymbol{x}_i)-\epsilon-\hat{\xi}_i=0$ 时，$\hat{\alpha}_i$ 能取非零值。换言之，仅当样本 $(\boldsymbol{x}_i, y_i)$ 不落入 ϵ-间隔带中时，相应的 α_i 和 $\hat{\alpha}_i$ 才能取非零值。此外，约束 $f(\boldsymbol{x}_i)-y_i-\epsilon-\xi_i=0$ 和 $y_i-f(\boldsymbol{x}_i)-\epsilon-\hat{\xi}_i=0$ 不能同时成立，因此 α_i 和 $\hat{\alpha}_i$ 中至少有一个为零。

将式(4.34)代入 $f(\boldsymbol{x})=\boldsymbol{\omega}^{\mathrm{T}}\boldsymbol{x}+b$ 中，则 SVR 的解形如：

$$f(\boldsymbol{x})=\sum_{i=1}^{m}(\hat{\alpha}_i-\alpha_i)\boldsymbol{x}_i^{\mathrm{T}}\boldsymbol{x}+b \tag{4.40}$$

4.4.2.3 应用举例

本节将通过一个基于 SVR 的惯导累积误差预测案例，以加深读者对 SVR 模型的理解。所采用的数据集由累积时间和位置误差组成(某惯导某次上电采集的数据)，如表 4.2 所示。

表 4.2 累积时间和位置误差数据表

累积时间/s	位置误差/m	累积时间/s	位置误差/m	累积时间/s	位置误差/m
1	0	13	−0.394 08	25	−5.205 51
2	0.291 507	14	−1.021 19	26	−5.567 03
3	0.626 138	15	−1.605 12	27	−5.984 04
4	0.847 83	16	−2.015 19	28	−6.326 81
5	0.934 639	17	−2.455 85	29	−6.730 7
6	0.947 215	18	−2.826 98	30	−7.143 52
7	0.978 899	19	−3.111 11	31	−7.513 11
8	0.938 546	20	−3.466 65	32	−7.754 33
9	0.834 209	21	−3.797 91	33	−8.156 81
10	0.659 917	22	−4.171 73	34	−8.490 77
11	0.405 085	23	−4.573 49	35	−8.776 18
12	0.144 045	24	−4.859 77	36	−8.996 67

（续表）

累积时间/s	位置误差/m	累积时间/s	位置误差/m	累积时间/s	位置误差/m
37	−9.153	45	−9.820 88	53	−9.887 88
38	−9.396 2	46	−9.854 83	54	−10.103 2
39	−9.485 05	47	−9.895 89	55	−10.314 8
40	−9.543 14	48	−9.868 8	56	−10.618 1
41	−9.636 57	49	−9.851 91	57	−10.934
42	−9.709 18	50	−9.804 12	58	−11.195 8
43	−9.759 86	51	−9.743 95	59	−11.584 8
44	−9.783 08	52	−9.756 16	60	−11.960 9

具体实现代码见附件Ⅲ，主要步骤如下：

① 导入数据集。

② 将数据分割成训练集和测试集。本例使用前 40 s 的位置误差数据作为训练集，使用后 20 s 的位置误差数据作为测试集。

③ 使用 SVR 模型对训练集数据进行拟合，并计算训练后的损失。使用均方根误差（RMSE）函数[式(4.41)]来计算训练集的实际目标值与模型预测值之间的损失。

$$\mathrm{RMSE}=\sqrt{\left(\frac{1}{n}\right)\sum_{i=1}^{n}(y_i-\hat{y}_i)^2} \tag{4.41}$$

式中，y_i 是实际目标值，$\hat{y}_i$ 是模型预测值，n 是训练集中数据点总数。

一个模型的 RMSE 决定了该模型与数据的绝对拟合度。换句话说，它表明实际数据点与模型预测值的接近程度，RMSE 的低值表明拟合度较高。

④ 使用训练好的 SVR 模型进行位置误差预测。模型输出的预测数据如图 4.33 所示。

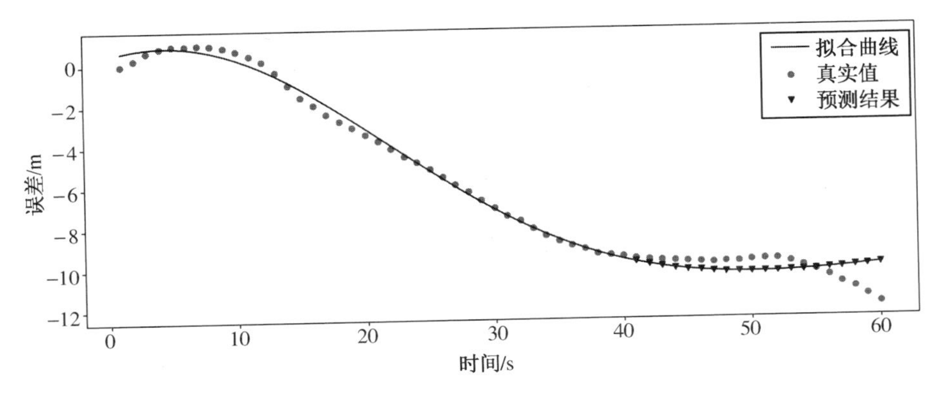

图 4.33　原始累积误差数据及预测结果

由图 4.33 可知，SVR 模型针对测试数据的预测值（40 s 之后的三角点）与真实标签值（40 s 之后的圆点）趋势基本一致，表明 SVR 可以有效执行惯导累积误差预测任务。但在 60 s 处预测误差较大，趋势也明显不一致，表明长时间预测时效果较差。

4.4.3 多层感知机

深度前馈网络（deep feedforward network），也叫前馈神经网络（feedforward neural network）或者多层感知机（Multilayer Perceptron，MLP），是典型的深度学习模型。前馈网络的目标是近似某个函数 f^*。例如，对于分类器，$y=f^*(x, \theta)$ 将输入 x 映射到一个类别 y，并且学习参数 θ 的值，使它能够得到最佳的函数近似。

这种模型被称为前向（feedforward）的，是因为信息流过 x 的函数，流经用于定义 f 的中间计算过程，最终到达输出 y。在模型的输出和模型本身之间没有反馈（feedback）连接。当前馈神经网络被扩展成包含反馈连接时，它们被称为循环神经网络（recurrent neural network）。

前馈网络对于机器学习的从业者是极其重要的，它们是许多重要应用的基础。例如，用于对照片中的对象进行识别的卷积神经网络就是一种专门的前馈网络。而循环网络在自然语言的许多应用中发挥着重要作用。

4.4.3.1 隐藏层

多层感知机在单层神经网络的基础上引入了一到多个隐藏层（hidden layer）。隐藏层位于输入层和输出层之间。图 4.34 展示了一个多层感知机的神经网络图。

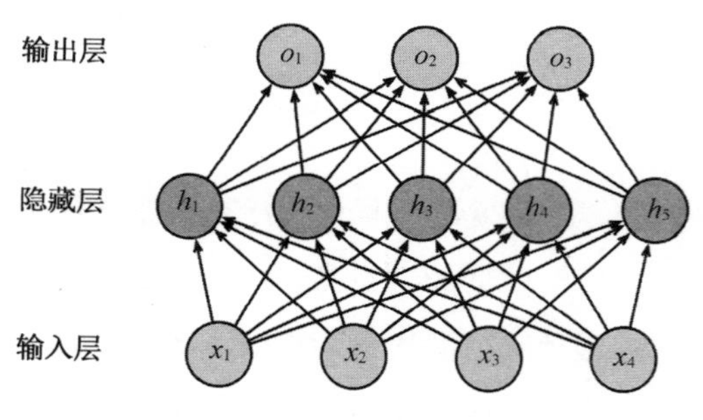

图 4.34 带有隐藏层的多层感知机

在图 4.34 所示的多层感知机中，输入和输出个数分别为 4 和 3，中间的隐藏层中包含了 5 个隐藏单元（hidden unit）。由于输入层不涉及计算，图 4.34 中的多层感知机的层数为 2。由图 4.34 可见，隐藏层中的神经元和输入层中各个输入完全连接，输出层中的神经元和隐藏层中的各个神经元也完全连接。因此，多层感知机中的隐藏层和输出层都是全连接层。

具体来说，给定一个小批量样本 $X \in \mathbb{R}^{n\times d}$，其批量大小为 n，输入维度为 d。假设多层感知机只有一个隐藏层，其中隐藏单元个数为 h。记隐藏层的输出（也称为隐藏层变量或隐藏变量）为 H，有 $H \in \mathbb{R}^{n\times h}$。因为隐藏层和输出层均是全连接层，可以设隐藏层的权重参数和偏差参数分别为 $W_h \in \mathbb{R}^{d\times h}$ 和 $b_h \in \mathbb{R}^{1\times h}$，输出层的权重和偏差参数分别为 $W_o \in \mathbb{R}^{h\times q}$ 和 $b_o \in \mathbb{R}^{1\times q}$（其中 q 为输出特征个数）。

基于上述介绍，一种含单隐藏层的多层感知机的设计，其输出 $O \in \mathbb{R}^{n\times q}$ 的计算为：

$$
\begin{aligned}
\boldsymbol{H} &= \boldsymbol{X}\boldsymbol{W}_h + \boldsymbol{b}_h \\
\boldsymbol{O} &= \boldsymbol{H}\boldsymbol{W}_o + \boldsymbol{b}_o
\end{aligned} \tag{4.42}
$$

也就是将隐藏层的输出直接作为输出层的输入。如果将以上两个式子联立起来，可以得到：

$$
\boldsymbol{O} = (\boldsymbol{X}\boldsymbol{W}_h + \boldsymbol{b}_h)\boldsymbol{W}_o + \boldsymbol{b}_o = \boldsymbol{X}\boldsymbol{W}_h\boldsymbol{W}_o + \boldsymbol{b}_h\boldsymbol{W}_o + \boldsymbol{b}_o \tag{4.43}
$$

从联立后的式子可以看出，虽然神经网络引入了隐藏层，却依然等价于一个单层神经网络：其中输出层权重参数为 W_hW_o，偏差参数为 $b_hW_o + b_o$。不难发现，即便再添加更多的隐藏层，以上设计依然只能与仅含输出层的单层神经网络等价。

4.4.3.2 多层感知机

多层感知机就是含有至少一个隐藏层的由全连接层组成的神经网络，且每个隐藏层的输出通过激活函数进行变换。多层感知机的层数和各隐藏层中隐藏单元个数都是超参数（超参数为网络训练之前所设置的参数，而不是通过训练得到的参数数据）。以单隐藏层为例并沿用本节之前定义的符号，多层感知机按以下方式计算输出：

$$
\begin{aligned}
\boldsymbol{H} &= \phi(\boldsymbol{X}\boldsymbol{W}_h + \boldsymbol{b}_h) \\
\boldsymbol{O} &= \boldsymbol{H}\boldsymbol{W}_o + \boldsymbol{b}_o
\end{aligned} \tag{4.44}
$$

其中，ϕ 表示激活函数。在分类问题中，可以对输出 O 做 softmax 运算，并使用交叉熵损失函数来计算网络损失。在回归问题中，将输出层的输出个数设为 1，并将输出直接提供给线性回归中使用的平方损失函数。

4.4.3.3 反向传播算法

采用随机梯度下降进行神经网络参数学习，给定一个样本 (x, y)，将其输入神经网络模型中，得到网络输出为 $\hat{y}$。假设损失函数为 $\mathcal{L}(y, \hat{y})$，要进行参数学习就需要计算损失函数关于每个参数的导数。

不失一般性，对第 l 层中的参数 $W^{(l)}$ 和 $b^{(l)}$ 计算偏导数。因为 $\frac{\partial \mathcal{L}(\boldsymbol{y}, \hat{\boldsymbol{y}})}{\partial W^{(l)}}$ 的计算涉及向量对矩阵的微分，十分烦琐，因此先计算 $\mathcal{L}(y, \hat{y})$ 关于参数矩阵中每个元素的偏导数 $\frac{\partial \mathcal{L}(\boldsymbol{y}, \hat{\boldsymbol{y}})}{\partial w_{ij}^{(l)}}$。根据链式法则：

$$
\begin{cases}
\dfrac{\partial \mathcal{L}(\boldsymbol{y}, \hat{\boldsymbol{y}})}{\partial w_{ij}^{(l)}} = \dfrac{\partial \boldsymbol{z}^{(l)}}{\partial w_{ij}^{(l)}} \dfrac{\partial \mathcal{L}(\boldsymbol{y}, \hat{\boldsymbol{y}})}{\partial \boldsymbol{z}^{(l)}} \\
\dfrac{\partial \mathcal{L}(\boldsymbol{y}, \hat{\boldsymbol{y}})}{\partial \boldsymbol{b}^{(l)}} = \dfrac{\partial \boldsymbol{z}^{(l)}}{\partial \boldsymbol{b}^{(l)}} \dfrac{\partial \mathcal{L}(\boldsymbol{y}, \hat{\boldsymbol{y}})}{\partial \boldsymbol{z}^{(l)}}
\end{cases} \tag{4.45}
$$

式(4.45)中的第二项都是目标函数关于第 l 层的神经元 $\boldsymbol{z}^{(l)}$ 的偏导数，称为误差项，可以一次计算得到。这样只需要计算 3 个偏导数，分别为 $\frac{\partial \boldsymbol{z}^{(l)}}{\partial w_{ij}^{(l)}}$，$\frac{\partial \boldsymbol{z}^{(l)}}{\partial \boldsymbol{b}^{(l)}}$ 和 $\frac{\partial \mathcal{L}(\boldsymbol{y}, \hat{\boldsymbol{y}})}{\partial \boldsymbol{z}^{(l)}}$。

下面分别计算这 3 个偏导数。

① 计算偏导数 $\frac{\partial \boldsymbol{z}^{(l)}}{\partial w_{ij}^{(l)}}$，因 $\boldsymbol{z}^{(l)}=\boldsymbol{W}^{(l)}\boldsymbol{a}^{(l-1)}+\boldsymbol{b}^{(l)}$，所以：

$$\begin{aligned}
\frac{\partial \boldsymbol{z}^{(l)}}{\partial w_{ij}^{(l)}} &= \left[\frac{\partial z_1^{(l)}}{\partial w_{ij}^{(l)}}, \cdots, \frac{\partial z_i^{(l)}}{\partial w_{ij}^{(l)}}, \cdots, \frac{\partial z_{M_l}^{(l)}}{\partial w_{ij}^{(l)}}\right] \\
&= \left[0, \cdots, \frac{\partial(\boldsymbol{w}_{i:}^{(l)}\boldsymbol{a}^{(l-1)}+b_i^{(l)})}{\partial w_{ij}^{(l)}}, \cdots, 0\right] \\
&= [0, \cdots, a_j^{(l-1)}, \cdots, 0] \\
&\triangleq \mathbb{I}_i(a_j^{(l-1)}) \quad \in \mathbb{R}^{1\times M_l}
\end{aligned} \tag{4.46}$$

其中，$\boldsymbol{w}_{i:}^{(l)}$ 为权重矩阵 $\boldsymbol{W}^{(l)}$ 的第 i 行，$\mathbb{I}_i(a_j^{(l-1)})$ 表示第 i 个元素为 $a_j^{(l-1)}$，其余为 0 的行向量。

② 计算偏导数 $\frac{\partial \boldsymbol{z}^{(l)}}{\partial \boldsymbol{b}^{(l)}}$，因为 $\boldsymbol{z}^{(l)}$ 和 $\boldsymbol{b}^{(l)}$ 的函数关系为 $\boldsymbol{z}^{(l)}=\boldsymbol{W}^{(l)}\boldsymbol{a}^{(l-1)}+\boldsymbol{b}^{(l)}$，所以：

$$\frac{\partial \boldsymbol{z}^{(l)}}{\partial \boldsymbol{b}^{(l)}}=\boldsymbol{I}_{M_l} \in \mathbb{R}^{M_l\times M_l} \tag{4.47}$$

为 $M_l \times M_l$ 的单位矩阵。

③ 计算偏导数 $\frac{\partial \mathcal{L}(\boldsymbol{y}, \hat{\boldsymbol{y}})}{\partial \boldsymbol{z}^{(l)}}$，偏导数 $\frac{\partial \mathcal{L}(\boldsymbol{y}, \hat{\boldsymbol{y}})}{\partial \boldsymbol{z}^{(l)}}$ 表示第 l 层神经元对最终损失的影响，也反映了最终损失对第 l 层神经元的敏感程度，因此一般称为第 l 层神经元的误差项，用 $\delta^{(l)}$ 来表示。

$$\delta^{(l)} \triangleq \frac{\partial \mathcal{L}(\boldsymbol{y}, \hat{\boldsymbol{y}})}{\partial \boldsymbol{z}^{(l)}} \in \mathbb{R}^{M_l} \tag{4.48}$$

误差项 $\delta^{(l)}$ 也间接反映了不同神经元对网络能力的贡献程度，从而比较好地解决了贡献度分配问题(Credit Assignment Problem，CAP)。

根据 $\boldsymbol{z}^{(l+1)}=\boldsymbol{W}^{(l+1)}\boldsymbol{a}^{(l)}+\boldsymbol{b}^{(l+1)}$，有

$$\frac{\partial \boldsymbol{z}^{(l+1)}}{\partial \boldsymbol{a}^{(l)}}=(\boldsymbol{W}^{(l+1)})^{\mathrm{T}} \in \mathbb{R}^{M_l\times M_{l+1}} \tag{4.49}$$

根据 $\boldsymbol{a}^{(l)}=f_l(\boldsymbol{z}^{(l)})$，其中 $f_l(\cdot)$ 为按位计算的函数，有：

$$\frac{\partial \boldsymbol{a}^{(l)}}{\partial \boldsymbol{z}^{(l)}}=\frac{\partial f_l(\boldsymbol{z}^{(l)})}{\partial \boldsymbol{z}^{(l)}} \\ =\mathrm{diag}[f_l'(\boldsymbol{z}^{(l)})]\in \mathbb{R}^{M_l\times M_l} \tag{4.50}$$

因此,根据链式法则,第 l 层的误差项为:

$$\begin{aligned}\delta^{(l)} &\triangleq \frac{\partial \mathcal{L}(\boldsymbol{y},\hat{\boldsymbol{y}})}{\partial \boldsymbol{z}^{(l)}} \\ &=\frac{\partial \boldsymbol{a}^{(l)}}{\partial \boldsymbol{z}^{(l)}}\cdot\frac{\partial \boldsymbol{z}^{(l+1)}}{\partial \boldsymbol{a}^{(l)}}\cdot\frac{\partial \mathcal{L}(\boldsymbol{y},\hat{\boldsymbol{y}})}{\partial \boldsymbol{z}^{(l+1)}} \\ &=\mathrm{diag}[f_l'(\boldsymbol{z}^{(l)})]\cdot(\boldsymbol{W}^{(l+1)})^{\mathrm{T}}\cdot\delta^{(l+1)} \\ &=f_l'(\boldsymbol{z}^{(l)})\odot[(\boldsymbol{W}^{(l+1)})^{\mathrm{T}}\delta^{(l+1)}]\in\mathbb{R}^{M_l}\end{aligned} \tag{4.51}$$

其中,$\odot$是向量的点积运算符,表示每个元素相乘。

从式(4.51)可以看出,第 l 层的误差项可以通过第 $l+1$ 层的误差项计算得到,这就是误差的反向传播(Back Propagation,BP)。反向传播算法的含义是:第 l 层的一个神经元的误差项(或敏感性)是所有与该神经元相连的第 $l+1$ 层的神经元的误差项的权重和。然后,再乘上该神经元激活函数的梯度。

在计算出上面 3 个偏导数之后,式(4.45)第一个式子可以写为:

$$\begin{aligned}\frac{\partial \mathcal{L}(\boldsymbol{y},\hat{\boldsymbol{y}})}{\partial w_{ij}^{(l)}} &=\mathbb{I}_i(a_j^{(l-1)})\delta^{(l)} \\ &=[0,\cdots,a_j^{(l-1)},\cdots,0][\delta_1^{(l)},\cdots,\delta_i^{(l)},\cdots,\delta_{M_l}^{(l)}]^{\mathrm{T}} \\ &=\delta_i^{(l)}a_j^{(l-1)}\end{aligned} \tag{4.52}$$

其中,$\delta_i^{(l)}a_j^{(l-1)}$ 相当于向量$\boldsymbol{\delta}^{(l)}$ 和向量 $\boldsymbol{a}^{(l-1)}$ 的外积的第(i,j)个元素。式(4.52)可以进一步写为:

$$\left[\frac{\partial \mathcal{L}(\boldsymbol{y},\hat{\boldsymbol{y}})}{\partial \boldsymbol{W}^{(l)}}\right]_{ij}=[\boldsymbol{\delta}^{(l)}(\boldsymbol{a}^{(l-1)})^{\mathrm{T}}]_{ij} \tag{4.53}$$

因此,$\mathcal{L}(\boldsymbol{y},\hat{\boldsymbol{y}})$ 关于第 l 层权重 $\boldsymbol{W}^{(l)}$ 的梯度为:

$$\frac{\partial \mathcal{L}(\boldsymbol{y},\hat{\boldsymbol{y}})}{\partial \boldsymbol{W}^{(l)}}=\boldsymbol{\delta}^{(l)}(\boldsymbol{a}^{(l-1)})^{\mathrm{T}}\in\mathbb{R}^{M_l\times M_{l-1}} \tag{4.54}$$

同理,$\mathcal{L}(\boldsymbol{y},\hat{\boldsymbol{y}})$ 关于第 l 层偏置 $\boldsymbol{b}^{(l)}$ 的梯度为:

$$\frac{\partial \mathcal{L}(\boldsymbol{y},\hat{\boldsymbol{y}})}{\partial \boldsymbol{b}^{(l)}}=\boldsymbol{\delta}^{(l)}\in\mathbb{R}^{M_l} \tag{4.55}$$

在计算出每一层的误差项之后，就可以得到每一层参数的梯度。因此，使用误差反向传播算法的前馈神经网络训练过程可以分为以下 3 步：

① 前馈计算每一层的净输入 $\boldsymbol{z}^{(l)}$ 和激活值 $\boldsymbol{a}^{(l)}$，直到最后一层；

② 反向传播计算每一层的误差项 $\boldsymbol{\delta}^{(l)}$；

③ 计算每一层参数的偏导数。

4.5 时序预测任务

时间序列预测就是利用过去一段时间的数据来预测未来一段时间内的信息，包括连续型预测（数值预测，范围估计）与离散型预测（事件预测）等。

需要明确的一点是，与回归分析预测模型不同，时间序列模型依赖于数值在时间上的先后顺序，同样大小的值改变顺序后输入模型产生的结果是不同的。时间序列可以分为平稳序列（即存在某种周期，季节性及趋势的方差和均值不随时间而变化的序列）和非平稳序列。如何对各种场景的时序数据做准确的预测，是一个非常值得研究的问题。

本节主要介绍 ARIMA 模型、几种简单循环神经网络以及长短期记忆这几种在深度学习领域的时序预测算法。

4.5.1 ARIMA 模型

ARIMA 模型的全称是求和自回归移动平均模型（Autoregressive Integrated Moving Average Model），该模型综合包含了自回归（AR）模型和移动平均（MA）模型的特点。下面将结合 ARIMA 模型的建立过程进行详细介绍。

4.5.1.1 平稳性和差分

（1）平稳性

平稳的时间序列的性质不随观测时间的变化而变化。因此具有趋势或季节性的时间序列不是平稳时间序列——趋势和季节性使得时间序列在不同时段呈现不同性质。与它们相反，白噪声序列则是平稳的。白噪声序列的特点表现在任何两个时间点的随机变量都不相关，序列中没有任何可以利用的动态规律，因此不能用历史数据对未来进行预测和推断。

一般而言，一个平稳的时间序列从长期来看不存在可预测的特征。它的时间曲线图反映出这个序列近似于水平（尽管可能存在一些周期性的变化）并保持固定的方差。

如图 4.35 所示的 9 个时间序列，其中有哪些是平稳的时间序列呢？

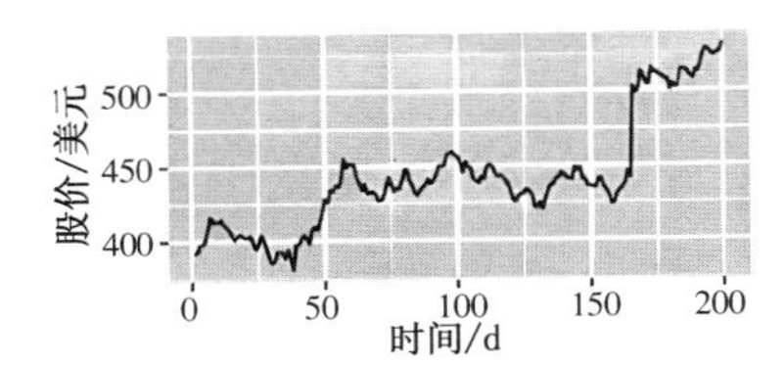

(a) 连续 292 天的谷歌股价

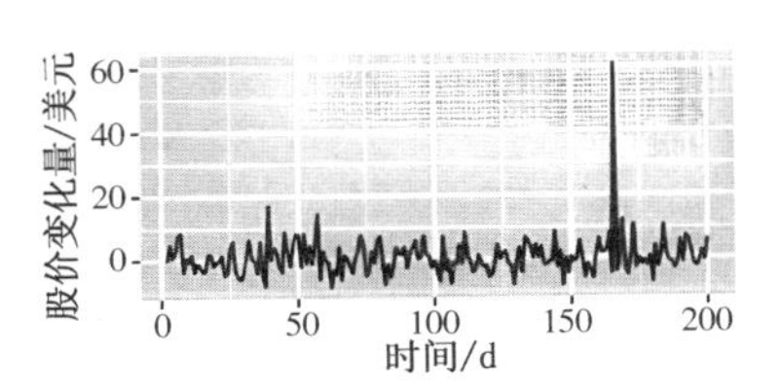

(b) 连续 292 天谷歌股价的每日变化量

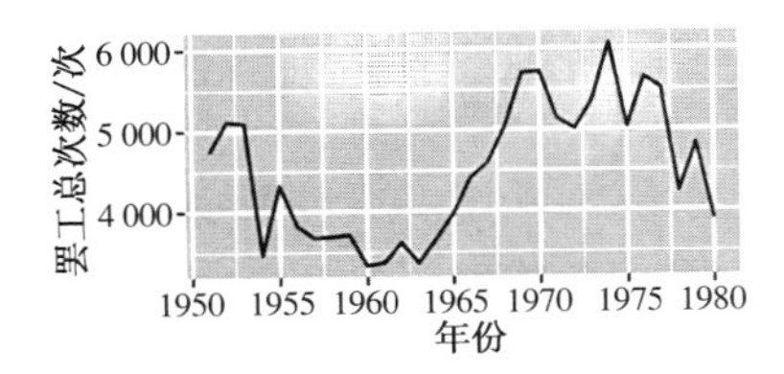

(c) 美国各年的罢工总次数

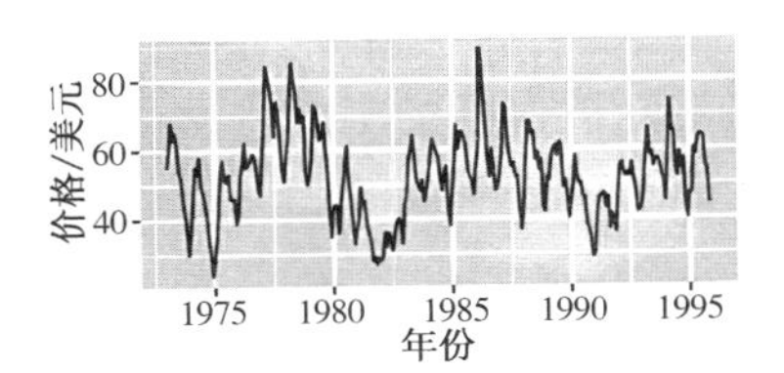

(d) 美国独立家庭住宅的每月价格

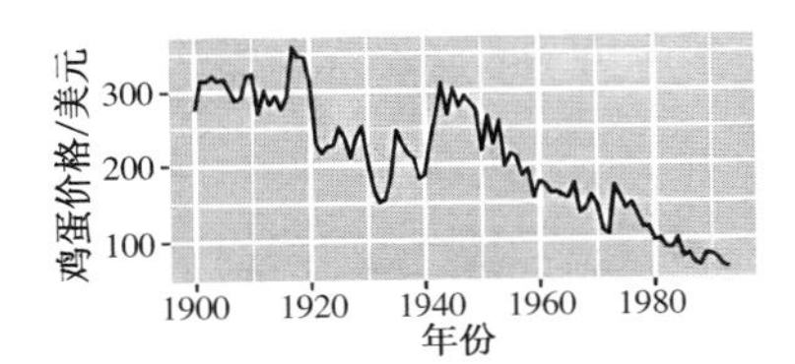

(e) 按不变美元计算的美国的鸡蛋价格

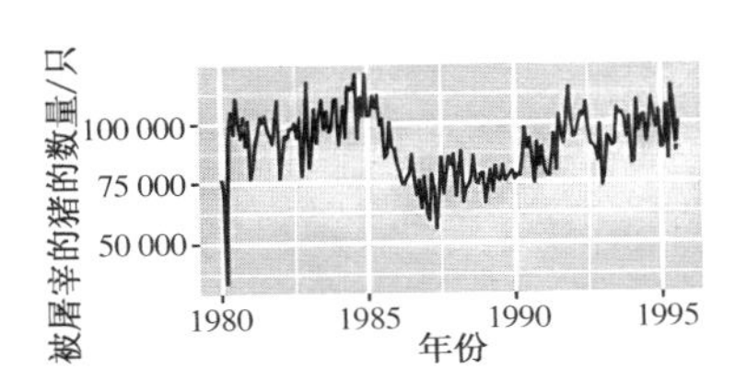

(f) 每月在澳大利亚维多利亚州被屠宰的猪的数量

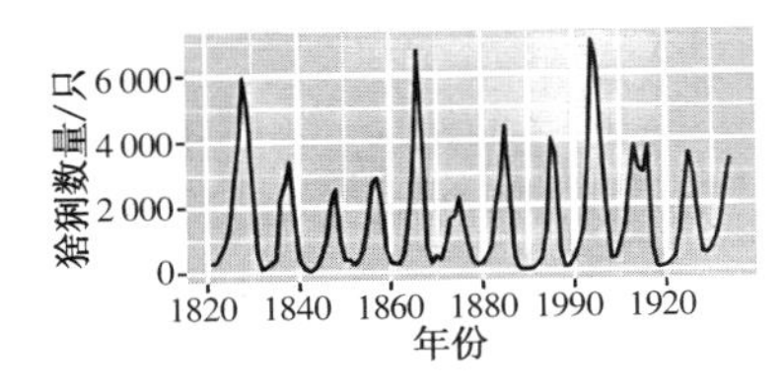

(g) 每年在加拿大西北的麦肯齐河停留的猞猁数量

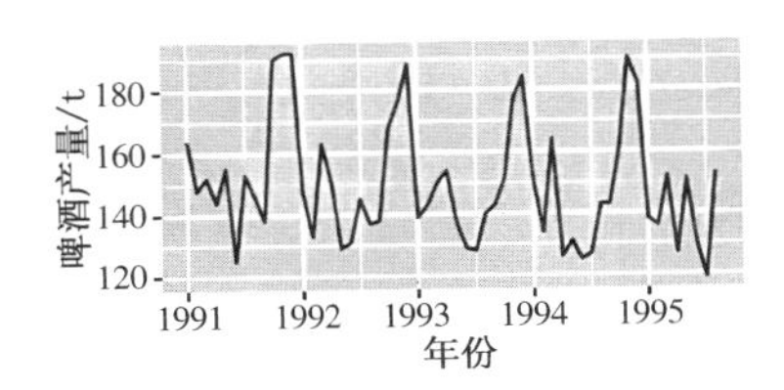

(h) 澳大利亚每月啤酒产量

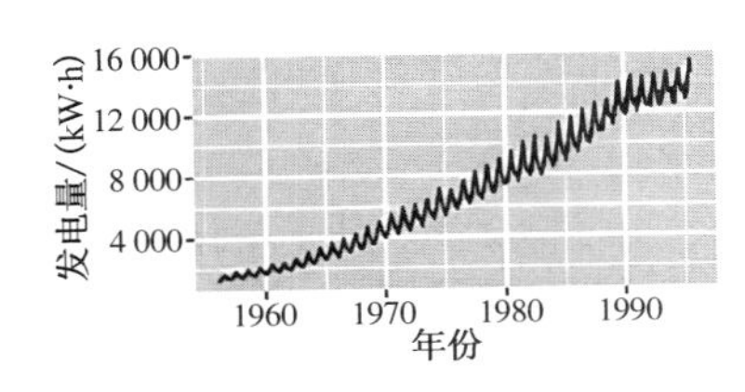

(i) 澳大利亚每月发电量

图 4.35　9 组不同情景下的时间序列示意图

显然存在季节性的序列(d)、(h)可以被排除。存在趋势的序列(a)、(c)、(e)、(f)和(i)也应该被排除。用上述方法排除后,剩下的(b)和(g)是平稳时间序列。

序列(g)的循环变化让它第一眼看上去不太平稳,但是这种变化其实是不定期的——

当猞猁的数量超过食物承载的上限时，它们会停止繁殖从而使得数量回落到非常低的水平，之后食物来源的再生使得猞猁数量重新增长，周而复始。从长期来看，这种循环的时间点是不能预测的，因此序列(g)是平稳的。

(2) 差分

在图 4.35 中，注意到图(a)中谷歌股价数并不平稳，但(b)中谷歌股价每天的变化量则是平稳的。这展示了一种让非平稳时间序列变平稳的方法——计算相邻观测值之间的差值，这种方法被称为差分。

诸如对数变换的变换方法可用于平稳化时间序列的方差。差分则可以通过去除时间序列中的一些变化特征来平稳化它的均值，并因此消除（或减小）时间序列的趋势和季节性。

(3) 随机游走模型

差分序列是指由原序列的连续观测值之间的变化值组成的时间序列，它可以被表示为：

$$y'_t = y_t - y_{t-1} \tag{4.56}$$

差分序列的长度为 $T-1$，因为 $t=1$ 时，公式中的差值无法计算。

当差分序列是白噪声时，原序列的模型可以表示为：

$$y_t - y_{t-1} = \varepsilon_t \tag{4.57}$$

这里的 ε_t 为白噪声。调整式(4.57)，即可得到随机游走模型：

$$y_t = y_{t-1} + \varepsilon_t \tag{4.58}$$

随机游走模型在非平稳时间序列数据中应用广泛。典型的随机游走通常具有以下特征：

① 长期的明显上升或下降趋势。

② 游走方向上出现突然的、不能预测的变化。

由于未来的变化是不可预测的，随机游走模型的预测值为上一次观测值，并且其上升和下降趋势的可能性相同。因此，随机游走模型适用于朴素(naive)的预测。

通过稍许改进，可以让差值均值不为零。从而：

$$y_t - y_{t-1} = c + \varepsilon_i \quad \text{或} \quad y_t = c + y_{t-1} + \varepsilon_t \tag{4.59}$$

其中，c 是连续观测值之间的变化的平均值。如果 c 值为正，则之前的平均变化情况是增长的，因此 y_t 将倾向于继续向上漂移(drift)。反之如果 c 值为负，y_t 将倾向于向下漂移。

(4) 二阶差分

有时差分后的数据仍然不平稳，所以可能需要再一次对数据进行差分来得到一个平稳的序列：

$$
\begin{aligned}
y''_t &= y'_t - y'_{t-1} \\
&= (y_t - y_{t-1}) - (y_{t-1} - y_{t-2}) \\
&= y_t - 2y_{t-1} + y_{t-2}
\end{aligned} \tag{4.60}
$$

在这种情况下，序列 y''_t 的长度为 $T-2$。之后可以对原数据的“变化的变化”进行建模。

（5）季节性差分

季节性差分是对一个观测值和相对应的前一定时间间隔的观测值之间进行差分，因此有：

$$y'_t = y_t - y_{t-m} \tag{4.61}$$

其中，m 为两个观测值之间的时间间隔，因此这也被称为“延迟- m 差值”。

如果季节性差分数据是白噪声，则原数据可以用一个合适的模型来拟合：

$$y_t = y_{t-m} + \varepsilon_t \tag{4.62}$$

这个模型的预测值等于对应季节的上一次观测值。例如，对于月度数据，未来所有 2 月的预测值都等于前一年 2 月的观测值。对于季度数据，未来所有第二季度的预测值都等于前一年第二季度的观测值。

图 4.36 显示的是 A10（抗糖尿病）药剂在澳大利亚月销售量的对数和季节性差值。经过变换和差分，序列变得相对平稳。

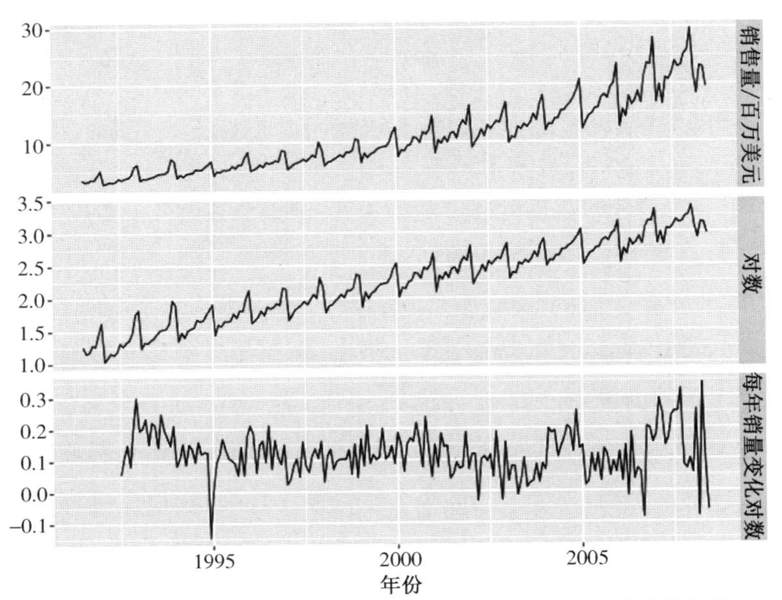

图 4.36　A10（抗糖尿病）药剂销量、销量的对数和季节性差值数据

（从图中可以看出，对数变换稳定了方差，而季节性差分去除了数据的趋势和季节性。）

为了区别季节性差分和一般差分，有时将一般差分称为“一步差分”，即差值的延迟期数为 1。正如图 4.37 所示，有时会同时使用季节性差分和一般差分方法来得到平稳时间序列。在图中，先对数据进行对数变换[图 4.37(b)]，之后进行季节性差分[图 4.37(c)]。经过上述操作后的数据仍然看起来有点非平稳，所以又进行了一次一般差分[图 4.37(d)]。

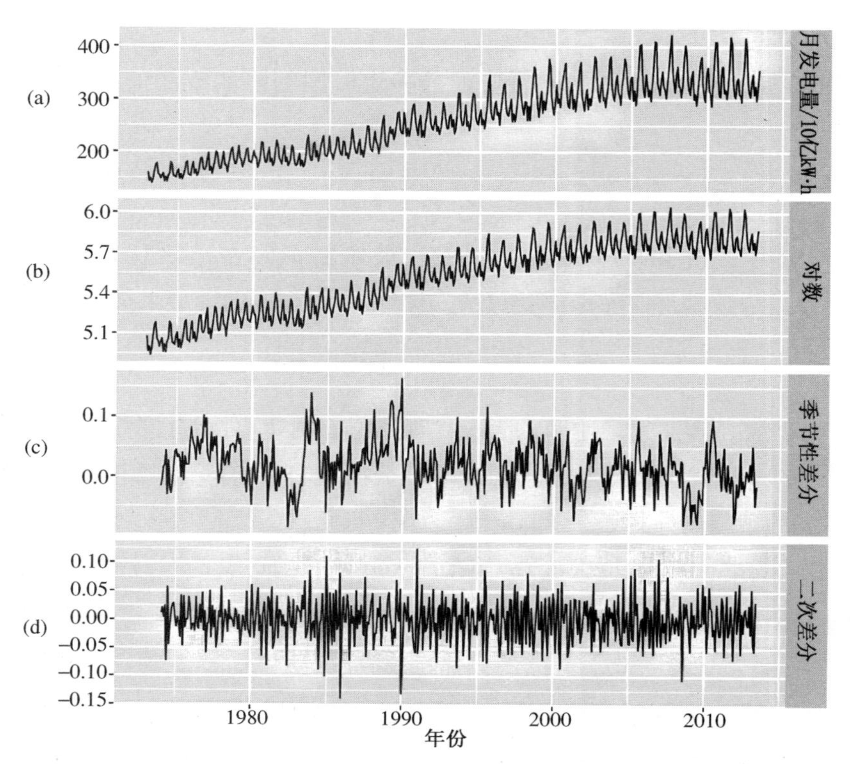

图 4.37 (a) 美国电网每月发电量(10 亿 kW・h)；(b)～(d)该数据经过不同的变换和差分后的情况

图 4.36 中季节性差分的数据看起来和图 4.37 中季节性差分的数据差异并不大。然而在图 4.37 中，可能会使用季节性差分后的数据，而不是进一步对数据进行差分。在图 4.36 中，也可能认为季节性差分后的数据仍然不够平稳，因而进一步进行差分。本书将在后文中讨论一些严谨的差分检验方法，然而选择使用何种方式仍然是一个主观选择的过程，不同的人可能会做出不同的选择。

当季节性差分和一般差分都被使用时，两者的先后顺序并不会影响结果，即变换顺序后的结果仍是一样的。然而，如果数据的季节性特征比较强，建议先进行季节性差分，因为有时经过季节性差分的数据已经足够平稳，没有必要进行后续的差分。

当使用差分时，有一点非常重要：差值应该是可解释的。一般差分是相邻观测值之间的差值，季节性差分是相邻一定时间间隔的观测值的变化。其他延迟期数的差分很难和这两者一样易于解释，因此应避免。

(6) 单位根检验

单位根检验是一种更客观的判定是否需要差分的方法。此类方法利用针对平稳性的统计假设检验，判断是否需要使用差分方法来让数据更平稳。常用的单位根检验方法包括 DF 检验、ADF 检验和 PP 检验等。

4.5.1.2　延迟算子

延迟算子 B 是一个重要的标记，它被用于表示时间序列的延迟：

$$By_t = y_{t-1} \tag{4.63}$$

即当 B 被用于 y_t 时，意味着将时间反向回溯一个单位时段。当 B 被连续两次使用时，它表示将 y_t 的时间反向回溯两个单位时段：

$$B(By_t) = B^2 y_t = y_{t-2} \tag{4.64}$$

对月度数据而言，如果想考虑上一年的同一个月份，表示方法为：$B^{12} y_t = y_{t-12}$。

延迟算子在描述差分的过程中十分方便。比如一阶差分可以表示为：

$$y'_t = y_t - y_{t-1} = y_t - By_t = (1-B)y_t \tag{4.65}$$

在这里一阶差分的表示方法为 $(1-B)$。同样地，如果需要计算二阶差分，则：

$$y''_t = y_t - 2y_{t-1} + y_{t-2} = (1-2B+B^2)y_t = (1-B)^2 y_t \tag{4.66}$$

将上面的式子进行推广，d 阶差分可以表示为：

$$(1-B)^d y_t \tag{4.67}$$

进行差分方式的组合时，延迟算子尤其有用，因为它符合代数变换的规则。特别地，包含 B 的式子可以相乘。

比如，季节性差分后进一步差分可以表示为：

$$\begin{aligned}(1-B)(1-B^m)y_t &= (1-B-B^m+B^{m+1})y_t \\ &= y_t - y_{t-1} - y_{t-m} + y_{t-m-1}\end{aligned} \tag{4.68}$$

4.5.1.3　自回归模型

在多元线性回归模型中，通过对多个预测变量的线性组合预测了目标变量。在自回归模型中，则是基于目标变量历史数据的组合对目标变量进行预测。自回归一词中的“自”字即表明其是对变量自身进行的回归。

因此，一个 p 阶的自回归模型可以表示如下：

$$y_t = c + \phi_1 y_{t-1} + \phi_2 y_{t-2} + \cdots + \phi_p y_{t-p} + \varepsilon_t \tag{4.69}$$

这里的 ε_t 是白噪声。这就相当于将预测变量替换为目标变量的历史值的多元回归。

将这个模型称为 AR(p)模型——p 阶自回归模型。

自回归模型在处理拥有复杂特征的时间序列上十分灵活。图 4.38 显示的两个时间序列分别来自一个 AR(1)模型和一个 AR(2)模型。在自回归模型中，系数 ϕ_1，…，ϕ_p 的变化将使得时间序列拥有不同的特征，而误差项 ε_t 的方差则只会改变序列的数值范围，而不会改变它的特征。

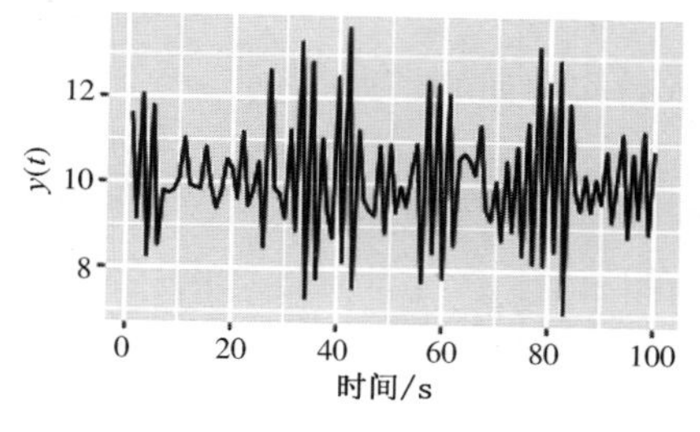

(a) AR(1)模型：$y_t=18-0.8y_{t-1}+\varepsilon_t$

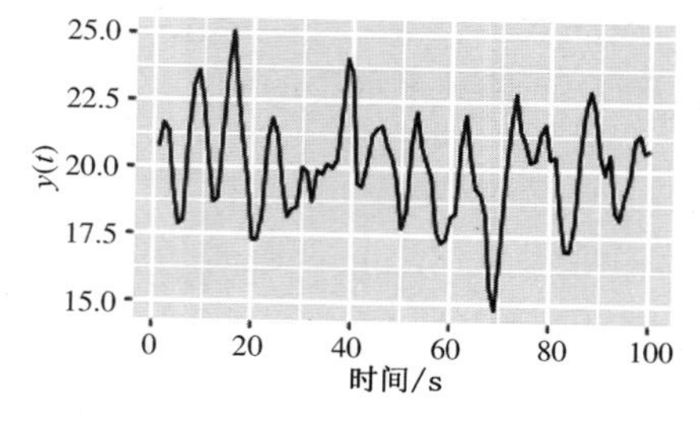

(b) AR(2)模型：$y_t=8+1.3y_{t-1}-0.7y_{t-2}+\varepsilon_t$

图 4.38　两个不同系数的自回归模型示例

（两个模型中的 ε_t 都服从均值为 0，方差为 1 的正态分布。）

对于一个 AR(1)模型而言：

① 当 $\phi_1=0$ 并且 $c=0$ 时，y_t 相当于白噪声。

② 当 $\phi_1=1$ 并且 $c=0$ 时，y_t 相当于随机游走模型。

③ 当 $\phi_1=1$ 并且 $c\neq 0$ 时，y_t 相当于带漂移的随机游走模型。

④ 当 $\phi_1<0$ 时，y_t 倾向于在正负值之间上下浮动。

通常将自回归模型的应用限制在平稳数据上，并且对回归系数也施加一些约束条件：

① 对于 AR(1)模型：$-1<\phi_1<1$。

② 对于 AR(2)模型：$-1<\phi_2<1$，$\phi_1+\phi_2<1$，$\phi_2-\phi_1<1$。

4.5.1.4　移动平均模型

不同于使用预测变量的历史值来进行回归，移动平均模型使用历史预测误差来建立一个类似回归的模型。

$$y_t=c+\varepsilon_t+\theta_1\varepsilon_{t-1}+\theta_2\varepsilon_{t-2}+\cdots+\theta_q\varepsilon_{t-q} \tag{4.70}$$

式(4.70)中的 ε_t 是白噪声。将这个模型称之为 MA(q)模型，即 q 阶移动平均模型。当然，由于并不对 ε_t 的值进行观测，因此这其实不是一个一般意义上的线性模型。

请注意：y_t 的每一个值都可以被认为是一个历史预测误差的加权移动平均值。

图 4.39 即为 MA(1)模型和 MA(2)模型中的数据。如图所示，改变 θ_1，…，θ_q 这些系数将会使数据显示出不同的时间序列特征。和自回归模型一样，误差项 ε_t 的方差只会改变序列的数值范围，而不会改变它的特征。

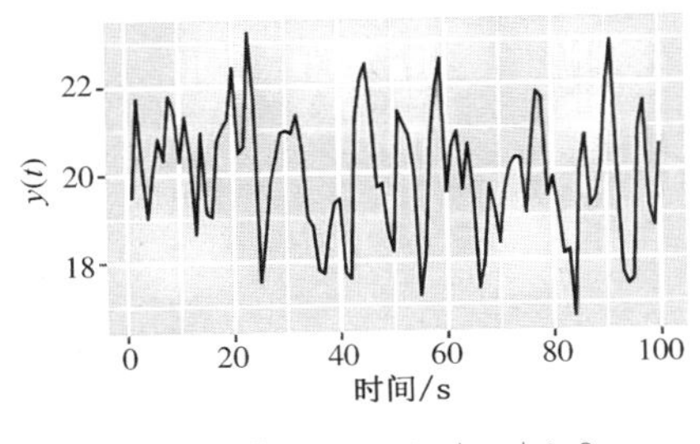

(a) MA(1)模型：$y_t=20+\varepsilon_t+0.8\varepsilon_{t-1}$

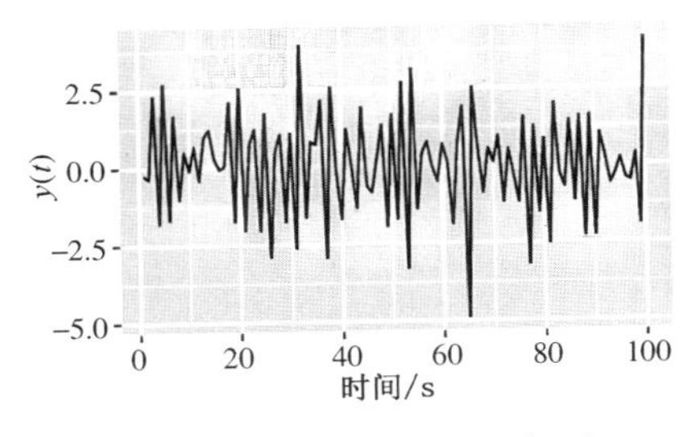

(b) MA(2)模型：$y_t=\varepsilon_t-\varepsilon_{t-1}+0.8\varepsilon_{t-2}$

图 4.39　两例不同系数的移动平均模型数据

（两个模型中的 ε_t 都是均值为 0，方差为 1 的正态分布白噪声。）

4.5.1.5　非季节性 ARIMA 模型

当把差分和自回归模型以及移动平均模型结合起来的时候，可以得到一个非季节性 ARIMA 模型。ARIMA 模型的表示如下：

$$y'_t=c+\phi_1 y'_{t-1}+\cdots+\phi_p y'_{t-p}+\theta_1\varepsilon_{t-1}+\cdots+\theta_q\varepsilon_{t-q}+\varepsilon_t \tag{4.71}$$

式(4.71)中 y'_t 是差分序列(它可能经过多次差分)，右侧的“预测变量”包括 y_t 的延迟值和延迟的误差。将这个模型称为 ARIMA(p, d, q)模型，其参数含义为：p——自回归模型阶数；d——差分阶数；q——移动平均模型阶数。

自回归模型和移动平均模型中的平稳性和可逆性条件在 ARIMA 模型中依然适用。

之前讨论的很多模型其实都是 ARIMA 模型的特殊情况，如表 4.3 所示。

表 4.3　ARIMA 模型的几种特例

白噪声	ARIMA(0, 0, 0)
随机游走模型	ARIMA(0, 1, 0)无常数项
带漂移的随机游走模型	ARIMA(0, 1, 0)有常数项
自回归模型	ARIMA(p, 0, 0)
移动平均模型	ARIMA(0, 0, q)

一旦开始组合不同模型来形成复杂的模型，延迟算子就会显得格外简便。比如，式(4.71)可以被表示为：

$$\underset{\text{AR}(p)}{(1-\phi_1 B-\cdots-\phi_p B^p)}\ \underset{d\text{ differences}}{(1-B)^d y_t}=c+\underset{\text{MA}(q)}{(1+\theta_1 B+\cdots+\theta_q B^q)\varepsilon_t} \tag{4.72}$$

4.5.1.6　阶数选择和参数估计

(1) 阶数选择

AIC 信息准则(Akaike Information Criterion)在选择用于回归模型的变量时非常有用，同样在确定 ARIMA 模型阶数时也可以发挥很大作用。它可以写作：

$$\mathrm{AIC}=-2\log(L)+2(p+q+k+1) \tag{4.73}$$

这里的 L 是数据的似然函数，当 $c\neq 0$ 时，$k=1$；当 $c=0$ 时，$k=0$。

对于 ARIMA 模型而言，修正过的 AIC 值可以被表示为：

$$\mathrm{AICc}=\mathrm{AIC}+\frac{2(p+q+k+1)(p+q+k+2)}{T-p-q-k-2} \tag{4.74}$$

BIC 信息准则(Bayesian Information Criterion)的表示方式如下：

$$\mathrm{BIC}=\mathrm{AIC}+[\log(T)-2](p+q+k+1) \tag{4.75}$$

通过最小化 AIC，AICc 或者 BIC 都可以得到最优模型。其中 AICc 使用更为频繁。有一点需要格外注意：这些信息准则在选择模型的合适的差分阶数(d)时效果并不好，只能被用于选择 p 和 q 的取值。这是因为差分改变了似然函数计算所使用的数据，这会使得不同差分阶数模型的 AIC 值无法比较。通常用其他方法先选择出合适的 d，然后再通过 AICc 来选择 p 和 q 的取值。

(2) 参数估计

一旦确定了模型的阶数(即 p、d 和 q 的取值)，就需要估计参数 c，ϕ_1，…，ϕ_p，θ_1，…，θ_q 了。通常可以采用极大似然估计(maximum likelihood estimation)方法。该方法通过最大化观测到的数据出现的概率来确定参数。

4.5.1.7 预测

ARIMA 模型的预测可以通过下面的步骤得到：

① 对 ARIMA 的等式进行变换，让 y_t 在等号左侧而其他项在右侧。

② 将 t 替换为 $T+h$，改写整个等式。

③ 在等式右侧，用预测值来代替未来的观测值，用零代替未来的预测误差，用对应的残差代替历史误差。

从 $h=1$ 开始，不断对 $h=2, 3, \cdots$ 重复上述步骤，直到计算出所有的预测值。

例如若将 ARIMA(3, 1, 1)模型表示为如下形式：

$$(1-\hat{\phi}_1 B-\hat{\phi}_2 B^2-\hat{\phi}_3 B^3)(1-B)y_t=(1+\hat{\theta}_1 B)\varepsilon_t \tag{4.76}$$

式中，$\hat{\phi}_1=0.0044$，$\hat{\phi}_2=0.0916$，$\hat{\phi}_3=0.3698$，$\hat{\theta}_1=0.3921$。展开等号左边可以得到：

$$[1-(1+\hat{\phi}_1)B+(\hat{\phi}_1-\hat{\phi}_2)B^2+(\hat{\phi}_2-\hat{\phi}_3)B^3+\hat{\phi}_3 B^4]y_t=(1+\hat{\theta}_1 B)\varepsilon_t \tag{4.77}$$

代入延迟算子，式(4.77)变为：

$$y_t-(1+\hat{\phi}_1)y_{t-1}+(\hat{\phi}_1-\hat{\phi}_2)y_{t-2}+(\hat{\phi}_2-\hat{\phi}_3)y_{t-3}+\hat{\phi}_3 y_{t-4}=\varepsilon_t+\hat{\theta}_1\varepsilon_{t-1} \tag{4.78}$$

最后，将除了 y_t 之外的所有项移到等号右侧：

$$y_t=(1+\hat{\phi}_1)y_{t-1}-(\hat{\phi}_1-\hat{\phi}_2)y_{t-2}-(\hat{\phi}_2-\hat{\phi}_3)y_{t-3}-\hat{\phi}_3y_{t-4}+\varepsilon_t+\hat{\theta}_1\varepsilon_{t-1} \quad (4.79)$$

这样就完成了第一步。

对于第二步而言，在式(4.79)中用 $T+1$ 代替 t：

$$y_{T+1}=(1+\hat{\phi}_1)y_T-(\hat{\phi}_1-\hat{\phi}_2)y_{T-1}-(\hat{\phi}_2-\hat{\phi}_3)y_{T-2}-\hat{\phi}_3y_{T-3}+\varepsilon_{T+1}+\hat{\theta}_1\varepsilon_T \quad (4.80)$$

假设拥有历史时间的观测值，则等号右侧的除了 ε_{T+1} 的所有项的取值都是已知的，而对于 ε_T，用最后一次观测的残差 e_T 来代替：

$$\hat{y}_{T+1|T}=(1+\hat{\phi}_1)y_T-(\hat{\phi}_1-\hat{\phi}_2)y_{T-1}-(\hat{\phi}_2-\hat{\phi}_3)y_{T-2}-\hat{\phi}_3y_{T-3}+\hat{\theta}_1e_T \quad (4.81)$$

通过将式(4.79)中的 t 替换为 $T+2$，就可以得到 y_{T+2} 的预测。等号右侧除了 y_{T+1} 的所有项都是已知的，因此将其替换为 $\hat{y}_{T+1|T}$。对于 ε_{T+2} 和 ε_{T+1}，将其替换为0。

$$\hat{y}_{T+2|T}=(1+\hat{\phi}_1)\hat{y}_{T+1|T}-(\hat{\phi}_1-\hat{\phi}_2)y_T-(\hat{\phi}_2-\hat{\phi}_3)y_{T-1}-\hat{\phi}_3y_{T-2} \quad (4.82)$$

利用此方法可以对所有未来时间进行预测。

4.5.1.8 应用举例

基于ARIMA模型可以从一个训练有素的模型中产生一个长范围的预测和预报，人们可以广泛地使用它来预测未来7天的天气或未来几天的股票表现，还可以识别传感器输出的变化或波动等。

假设数据中过去的值会影响到现在或未来的值，或者可以根据最近的波动预示未来的趋势。在这种情况下，时间序列预测是这种回归问题的解决方案。一些时间序列预测模型依靠纳入数据中的连续变化或更多的最新发展来预测未来趋势。而其他一些模型使用纯粹的统计量，经常纳入历史数据的趋势，而历史趋势在现在或未来的预测中可能并不那么相关。因此，这些假设和方法有其合理的理由，但在现实生活中也往往会失败。

ARIMA在其结合自回归和移动平均的方法中纳入了上述的想法，以建立时间序列数据模型。这种方法找出了过去波动的重要性，包括总体趋势，并处理了平滑异常值或数据中临时异常变化的影响。

本节将通过一个预测西雅图降雨量的项目，使读者对ARIMA模型有更深入的掌握。相关代码见附录Ⅳ，主要过程和步骤如下：

① 读取数据集。如图4.40所示，选择西雅图2015年1月1日至2016年2月2日的每日降雨量作为本案例的数据准备，其中2015年1月1日至2016年1月31日每日降雨量作为模型训练数据。

② 选择合适的 p，q 值，确定ARIMA模型。

③ ARIMA模型训练。

④ 采用训练模型预测后续两天的雨量。

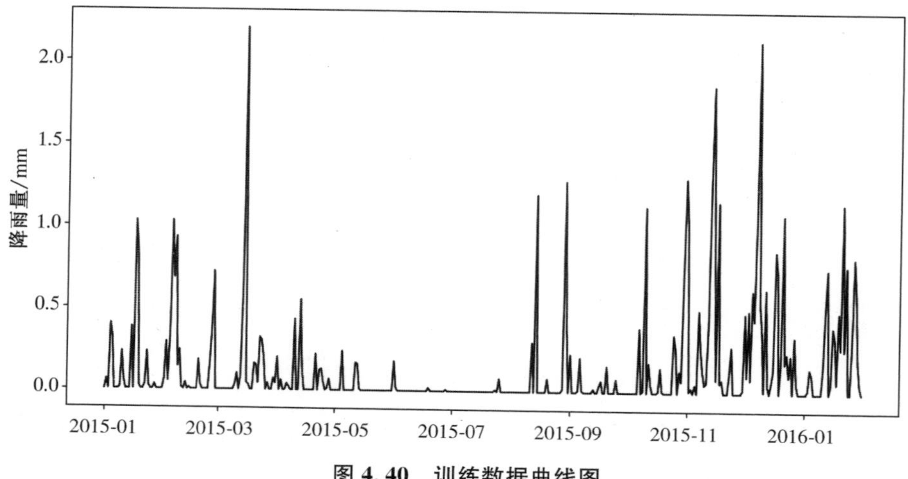

图 4.40 训练数据曲线图

由图 4.41 可知，通过 ARIMA 模型对训练数据拟合后的曲线与原始数据曲线的走向基本一致，但是存在一定突变，这是因为 ARIMA 模型只是将时间变量作为自变量，其考虑的变量很少，但是雨量不仅和时间相关，它和当地的气候等因素也息息相关，所以其准确率会有所降低。

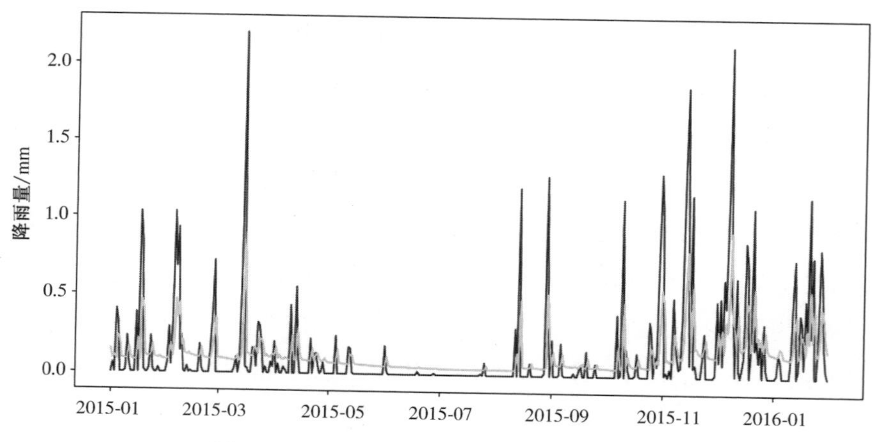

图 4.41 ARIMA 模型拟合训练样本示意图

因此，如表 4.4 所示，ARIMA 算法在预测西雅图 2016 年 2 月 1 日及 2016 年 2 月 2 日的降雨量时，其预测趋势是准确的，但具体数据与真实值存在差异。

表 4.4 ARIMA 算法预测结果

日期	预测结果	真实值
2016-02-01	0.148 557	0.11
2016-02-02	0.199 220	0.14

4.5.2　简单循环神经网络

4.5.2.1　埃尔曼神经网络

1990 年,埃尔曼(Elman)引入了一种神经网络,可以为时间序列提供模式识别。对于用来预测的每个数据流,这种神经网络类型都有一个输入神经元,并且尝试预测的每个时间片都有一个输出神经元。单个隐藏层位于输入层和输出层之间。上下文层中的神经元从隐藏层输出中获取其输入,然后反馈到同一隐藏层中。因此,上下文层始终具有与隐藏层相同数量的神经元。如图 4.42 埃尔曼简单循环网络(Simple Recurrent Network,SRN)所示,图中 I 代表输入神经元(输入特征),B 代表偏置神经元(向网络添加偏差,允许激活函数曲线向左或向右移动以帮助网络学习),C 代表上下文神经元(以记忆的形式,保留过去计算信息),H 代表隐藏神经元,O 代表输出神经元。

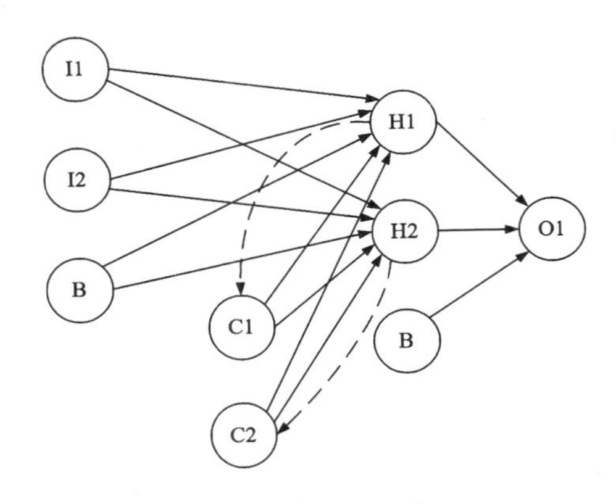

图 4.42　埃尔曼 SRN

埃尔曼神经网络可以将任意数量的输入神经元与任意数量的输出神经元配对,并使用正常加权连接。两个上下文神经元采用两个无权重连接虚线接收来自两个隐藏神经元的状态。

4.5.2.2　若当神经网络

1993 年,若当(Jordan)引入了神经网络来控制电子系统,与埃尔曼神经网络类似。但其上下文神经元的输入来自输出层,而不是隐藏层。若当神经网络中的上下文单元也可称为状态层。它们之间有一个循环连接,该连接上没有其他节点,如图 4.43 所示。

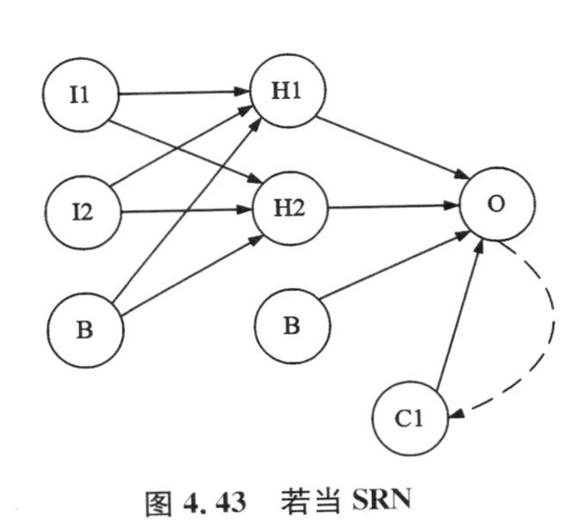

图 4.43　若当 SRN

若当神经网络需要相同数量的上下文神经元和输出神经元。即如果若当神经网络有一个输出神经元,那么它也只有一个上下文神经元。也正因此,埃尔曼神经网络比若当神经网络适用的问题更广泛,因为较大的隐藏层创建了更多的上下文神经元。由于埃尔曼神经网络抓住了先前迭代中隐藏层的状态,因此,它可以记住更复杂的模式。

此外,如果增加隐藏层的大小以解决更复杂的问题,那么还会通过埃尔曼神经网络获得更多的上下文神经元。若当神经网络无法产生这种效果。要使用若当神经网络创建更多上下文神经元，必须添加更多的输出神经元，但不能在不更改问题定义的情况下添加输出神经元。

4.5.2.3 通过时间的反向传播

上述神经网络可以使用任何优化算法来训练它的权重，如模拟退火、粒子群优化、Nelder-Mead或通过时间的反向传播(Back Propagation Through Time，BPTT)。Sjoberg、Zhang、Ljung等(1995)确定，与常规优化算法(如模拟退火法)相比，通过时间的反向传播可提供出色的训练表现。与标准反向传播相比，通过时间的反向传播对局部最小值的敏感度更高。

所谓通过时间的反向传播的工作方式，是将SRN展开为常规的神经网络。为了展开SRN，构建了一个神经网络，其作用是表明希望回到多久的过去。该神经网络包含当前时间的输入，称为$I(t)$。接下来，根据上下文神经元的输入，用构建的神经网络替换上下文层。继续操作以达到所需时间片数量，并将最终的上下文神经元替换为0。图4.44和图4.45分别展示了SRN展开为2个和3个时间片的过程。

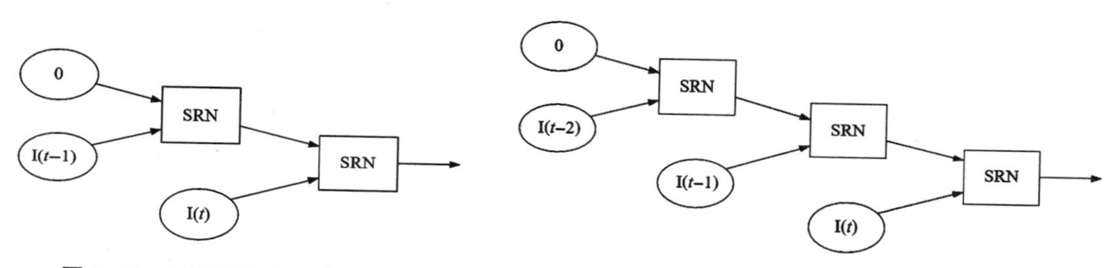

图4.44 SRN展开为2个时间片

图4.45 SRN展开为3个时间片

可以将这个抽象概念应用于实际的SRN。图4.46展示了具有2个输入层、2个隐藏层、1个输出层的埃尔曼神经网络，展开为2个时间片的情况。

有t(当前时间)和$t-1$(过去一个时间片)的输入。底部神经网络停在隐藏神经元处，因为不需要隐藏神经元以外的所有内容来计算上下文输入。底部神经网络结构成为顶部神经网络结构的上下文。当然，底部神经网络结构也可以有与其隐藏神经元相连的上下文。但是，由于其输出神经元对上下文没有帮助，因此只有顶部神经网络结构(当前时间)才有一个输出神经元。

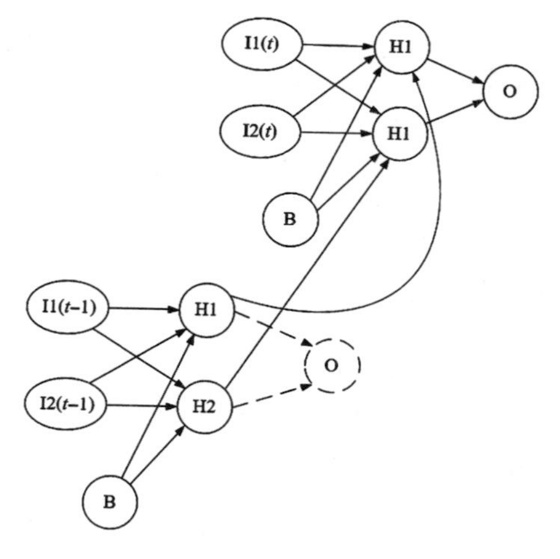

图4.46 埃尔曼SRN展开为2个时间片

除此之外，也可以展开为若当神经网络。图4.47展示了具有2个输入层、2个隐藏层、1个输出层的若当神经网络，展开为2个时间片的情况。

与埃尔曼神经网络不同，要确定若当神经网络的上下文，必须计算整个若当神经网络。可以一直计算到输出神经元的前一个时间片（底部神经网络）。

要训练 SRN，可以使用常规的反向传播来训练展开的神经网络。在迭代结束时，对所有展开部分的权重取平均值，以获得 SRN 的权重。

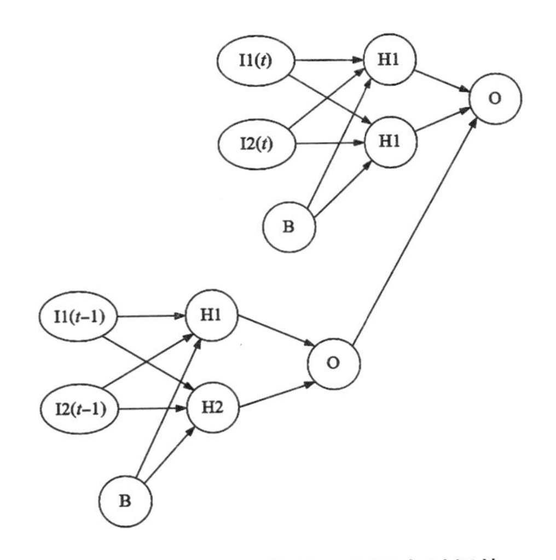

图 4.47 若当神经网络展开为两个时间片

4.5.3 长短期记忆

本节将介绍一种常用的门控循环神经网络——长短期记忆（Long Short-Term Memory，LSTM）。LSTM 中引入了 3 个门，即输入门（input gate）、遗忘门（forget gate）和输出门（output gate），以及与隐藏状态形状相同的记忆细胞（某些文献把记忆细胞当成一种特殊的隐藏状态），从而记录额外的信息。

4.5.3.1 输入门、遗忘门和输出门

如图 4.48 所示，长短期记忆的门是一种软门，其输入均为当前时间步输入 X_t 与上一时间步隐藏状态 H_{t-1}，输出由激活函数为 Sigmoid 函数的全连接层计算得到。如此一来，这 3 个门元素的值域均为[0, 1]。

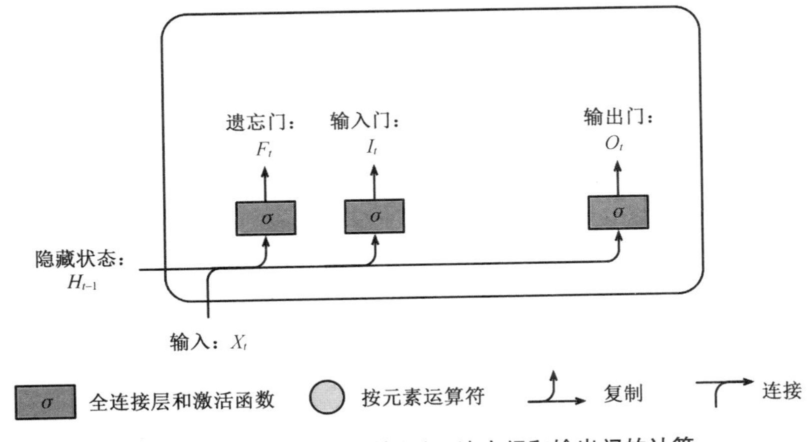

图 4.48 长短期记忆中输入门、遗忘门和输出门的计算

具体来说，假设隐藏单元个数为 h，给定时间步 t 的小批量输入 $X_t(\in \mathbb{R}^{n\times d}$，样本数为 n，输入特征维度为 d）和上一时间步隐藏状态 $H_{t-1}(\in \mathbb{R}^{n\times h})$。时间步 t 的输入门 $I_t(\in \mathbb{R}^{n\times h})$、遗忘门 $F_t(\in \mathbb{R}^{n\times h})$ 和输出门 $O_t(\in \mathbb{R}^{n\times h})$ 分别计算如下：

$$I_t = \sigma(X_t W_{xi} + H_{t-1} W_{hi} + b_i) \tag{4.83}$$

$$F_t = \sigma(X_t W_{xf} + H_{t-1} W_{hf} + b_f) \tag{4.84}$$

$$O_t = \sigma(X_t W_{xo} + H_{t-1} W_{ho} + b_o) \tag{4.85}$$

其中，W_{xi}，W_{xf}，$W_{xo}(\in \mathbb{R}^{d\times h})$ 和 W_{hi}，W_{hf}，$W_{ho}(\in \mathbb{R}^{h\times h})$ 是权重参数，b_i，b_f，$b_o(\in \mathbb{R}^{1\times h})$ 是偏差参数。σ 为激活函数，用于将 3 个门元素的值域转换为[0，1]，以控制不同信息的流动比率。

4.5.3.2 候选记忆细胞

接下来，长短期记忆需要计算候选记忆细胞 $\tilde{C}_t$。它的计算与上面介绍的 3 个门类似，但使用了值域在[−1，1]的 tanh 函数作为激活函数，如图 4.49 所示。

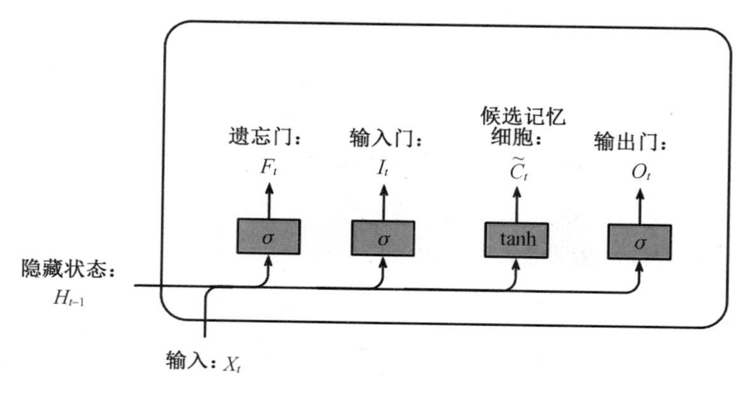

图 4.49 长短期记忆中候选记忆细胞的计算

具体来说，时间步 t 的候选记忆细胞 $\tilde{C}_t(\in \mathbb{R}^{n\times h})$ 的计算为：

$$\tilde{C}_t = \tanh(X_t W_{xc} + H_{t-1} W_{hc} + b_c) \tag{4.86}$$

其中，$W_{xc}(\in \mathbb{R}^{d\times h})$ 和 $W_{hc}(\in \mathbb{R}^{h\times h})$ 是权重参数，$b_c(\in \mathbb{R}^{1\times h})$ 是偏差参数。

4.5.3.3 记忆细胞

LSTM 通过元素值域在[0，1]的输入门、遗忘门和输出门来控制隐藏状态中信息的流动，这一般也是通过使用按元素乘法（符号为⊙）来实现的。当前时间步记忆细胞 $C_t(\in \mathbb{R}^{n\times h})$ 的计算组合了上一时间步记忆细胞和当前时间步候选记忆细胞的信息，并通过遗忘门和输入门来控制信息的流动：

$$C_t = F_t \odot C_{t-1} + I_t \odot \tilde{C}_t \tag{4.87}$$

如图 4.50 所示，遗忘门控制上一时间步的记忆细胞 C_{t-1} 中的信息是否传递到当前时间步，而输入门则控制当前时间步的输入 X_t 通过候选记忆细胞 $\tilde{C}_t$ 如何流入当前时间步的记忆细胞。如果遗忘门一直近似 1 且输入门一直近似 0，过去的记忆细胞将一直通过时间保存并传递至当前时间步。这个设计可以应对循环神经网络中的梯度衰减问题，并更好地捕捉时间序列中时间步距离较大的依赖关系。

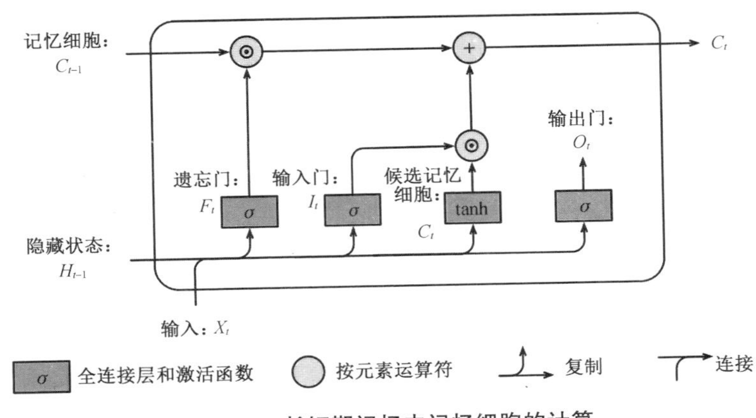

图 4.50 长短期记忆中记忆细胞的计算

4.5.3.4 隐藏状态

有了记忆细胞以后，接下来还可以通过输出门来控制从记忆细胞到隐藏状态 $H_t(\in \mathbb{R}^{n\times h})$ 的信息的流动：

$$H_t = O_t \odot \tanh(C_t) \tag{4.88}$$

这里的 tanh 函数确保隐藏状态元素值在 $-1\sim1$ 之间。需要注意的是，当输出门近似 1 时，记忆细胞信息将传递到隐藏状态供输出层使用；当输出门近似 0 时，记忆细胞信息仅自己保留。图 4.51 展示了长短期记忆中隐藏状态的计算。

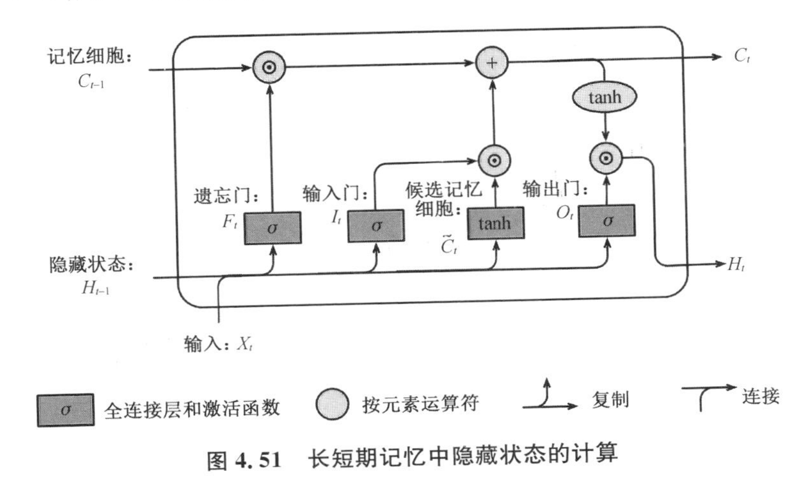

图 4.51 长短期记忆中隐藏状态的计算

4.5.3.5 应用举例

时间序列预测问题是一种困难的预测建模问题。与回归预测建模不同,时间序列还增加了输入变量之间序列依赖的复杂性。长短期记忆网络是深度学习中使用的一种递归神经网络,其可以解决时间序列预测问题。

为使读者能够对 LSTM 网络有更加深入的了解,本小节将介绍一个用 LSTM 网络进行股票预测的项目。选择某只股票从 2014 年 1 月至 2015 年 4 月的收盘价作为任务对象。与传统算法优化采用直接将总体数据按照 7∶2∶1 的比例划分训练集、验证集及测试集的方式不同,时序数据处理需要按照时间关联顺序进行训练和测试划分,具体 LSTM 实现代码见附件Ⅴ,主要步骤包括:

① 导入所需第三方库文件,设置默认实验参数。

② 读取股票收盘价数据 CSV 文件。

③ 加载模型训练数据。

④ 创建 LSTM 模型。

⑤ 训练模型。

⑥ 预测输出结果并显示。

本例所使用的原始数据如图 4.52 所示。

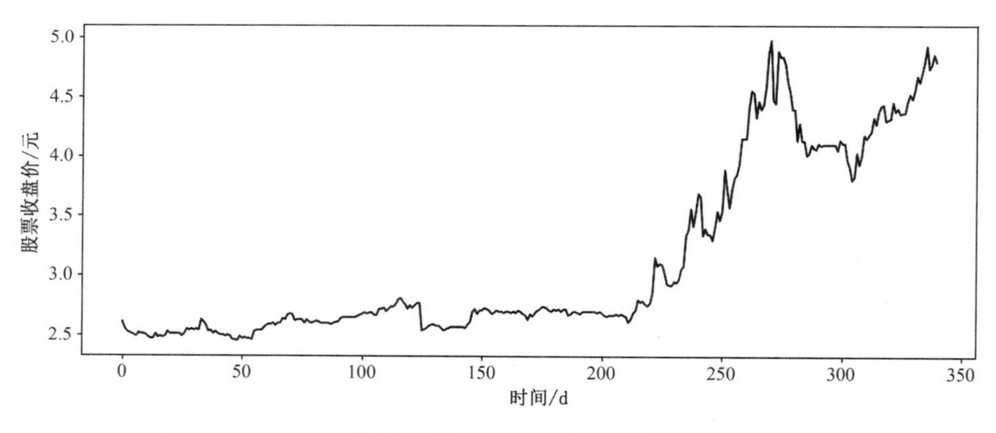

图 4.52 原始股价数据图例

通过 LSTM 网络预测所得的数据,如图 4.53 及表 4.5 所示。可以得出,经过时序数据训练得到的网络,所预测的收盘价虽在数值上与真实值存在略微差距,但总体数值变化趋势与原始数据是契合的,这验证了 LSTM 处理时序数据的有效性。

表 4.5 LSTM 算法预测结果

日期	预测收盘价/元	真实收盘价/元
2015-04-17	4.983 3	4.93

（续表）

日期	预测收盘价/元	真实收盘价/元
2015-04-20	4.805 5	4.74
2015-04-21	4.773 3	4.78
2015-04-22	4.817 7	4.86
2015-04-23	4.792 8	4.8

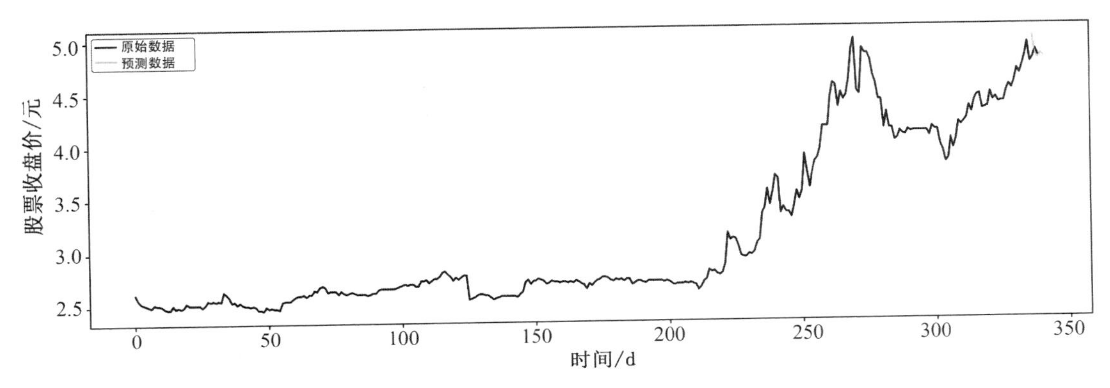

图 4.53　股价预测结果与原始数据叠加图

4.6 本章小结

本章主要对智能感知任务以及相应的算法进行了介绍。根据任务形式的不同，将智能感知任务分为聚类任务、分类任务、回归任务、时序预测任务等几种。

在聚类任务小节中，主要介绍了 K 均值算法、DBSCAN 算法以及 AGNES 算法等。在分类任务小节中，主要介绍了 K 近邻分类算法、决策树算法以及卷积神经网络等，并重点介绍了卷积神经网络，提供了手写数字识别和语义分割两个案例供读者学习。在回归任务小节，介绍了线性回归算法、支持向量机、多层感知机等。在时序预测任务小节中，主要介绍了 ARIMA 模型、简单循环神经网络和长短期记忆等来处理时序预测任务，并介绍了相关案例。

通过对本章所介绍的算法的学习，能够初步了解智能感知算法的内容及其作用。需指出的是，人工智能算法的发展极其迅速，更为前沿和新兴的算法需要通过阅读最新的文献才能掌握，本章只是做了相对初步的介绍。

习　题

1. 智能感知任务有哪些？它们分别具有什么特点？

2. 尝试解释在K均值聚类算法中，采用肘部方法获取聚类数 k 的原理。

3. 随机选取一张图像，采用K均值聚类算法对图像中的不同像素点进行聚类分割，并对实验效果进行分析，默认 $k=3$。

4. 采用肘部方法获取最优类数 k，优化题目3中聚类分割效果。

5. 试分析AGNES算法使用最小距离和最大距离的区别。

6. 试述K近邻分类算法的工作原理及其优缺点。

7. 试述决策树分类算法的工作原理。

8. 试述将线性函数 $f(x)=\boldsymbol{\omega}^{\mathrm{T}}x$ 用作神经元激活函数的缺陷。

9. 试述sigmoid、tanh及ReLU激活函数的优缺点。

10. 从互联网下载或自己编程实现一个卷积神经网络，并在手写字符识别数据集MNIST上进行实验测试。

11. 画出第10题所涉及的卷积神经网络结构图，并分析每个子模块的作用。

12. 编写代码，实现对类似下列题12图图像的语义分割。

题12图　测试图像

13. 在线性空间中，证明一个点 x 到平面 $f(x;\boldsymbol{\omega})=\boldsymbol{\omega}^{\mathrm{T}}x+b=0$ 的距离为 $\dfrac{|f(x;\boldsymbol{\omega})|}{\|\boldsymbol{\omega}\|}$。

14. 若数据集线性可分，证明支持向量机中将两类样本正确分开的最大间隔分割超平面存在且唯一。

15. 现有一组温度-压力数据集如下表所示，编写代码实现对训练集和测试集的划分，并通过设计支持向量机算法拟合训练数据，实现对测试数据集的准确预测。

题 15 表　温度数据和压力数据

序号	温度/℃	压力/MPa	序号	温度/℃	压力/MPa
1	0	0.000 2	9	160	4.2
2	20	0.001 2	10	180	8.8
3	40	0.006 0	11	200	17.3
4	60	0.030 0	12	220	32.1
5	80	0.090 0	13	240	57
6	100	0.27	14	260	96
7	120	0.75	15	280	157
8	140	1.85	16	300	247

16. 从互联网上下载鸢尾花数据集，尝试设计支持向量机算法，实现对鸢尾花数据集的分类。

17. 试述时序预测 ARIMA 模型的优缺点。

18. 试述差分在 ARIMA 建模中所起到的作用。

19. 以西雅图 2015 年 6 月到 8 月的降雨量作为训练数据，建立适当的 ARIMA 模型，预估西雅图在 2015 年 9 月 1 日的降雨量，并对降雨量的预测结果进行精度分析。

20. 试分析卷积神经网络和循环神经网络的异同点。

21. 试分析在长短期记忆中，输入门、遗忘门和输出门的作用。

22. 从互联网获取西雅图 2000 年至 2001 年的降雨量作为训练数据，建立适当的 LSTM 模型，预估西雅图在 2002 年的降雨量，并进行预测结果分析。

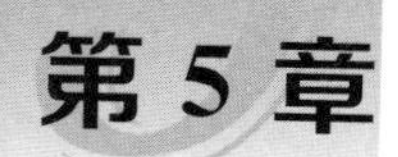

第5章

智能感知系统设计方法

本章将在第二章智能感知系统硬件、第三章数据预处理方法，以及第四章智能感知算法的基础上，提供一种智能感知系统设计的基本思路和方法，其主要包含针对系统设计的需求分析、方案设计、技术设计及实现、测试验证以及任务总结等。

5.1 设计流程

智能感知系统开发和设计的总体流程如图 5.1 所示。根据设计过程中每个阶段的工作特点，将主要步骤分为：

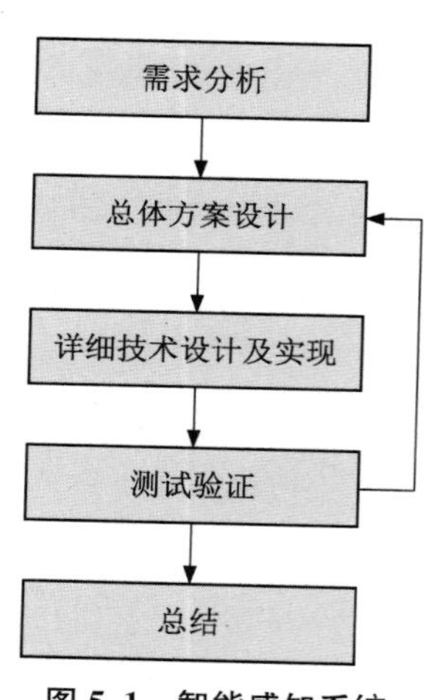

图 5.1　智能感知系统设计流程

① 需求分析。只有充分明确设计任务，才能圆满完成设计任务。设计需求是任何设计过程的输入，设计需求分析是任何设计工作的首要环节。

② 总体方案设计。总体方案设计是对智能感知系统的全局性问题进行全面的设想和规划，包括技术指标确定、主要结构参数选择、功能模块划分与协议接口等。在总体设计时，应针对以上问题提出若干方案，并进行分析比较。智能感知系统总体设计的优劣，直接决定了最终设计结果的优劣，甚至决定着设计项目的成败。因此，应对总体设计的若干方案组织相关专家进行评审，并根据评审意见确定并优化总体设计。通过后的总体设计方案，应作为设计文件固定下来，并指导、约束后续技术设计。

③ 详细技术设计及实现。根据总体设计中模块划分、模块功能、指标、接口等的定义，开发智能感知系统各个模块的软硬件。

④ 测试验证。将调试好的智能感知系统各个软硬件模块组装成样机，并进行样机整体功能、性能、可靠性等的测试验证。如果达不到设计任务要求，应修改完善设计。

⑤ 总结。根据用户、专家对样机的评审意见，修改优化设计，并整理归档设计技术资料。

5.2 设计需求分析

智能感知系统的设计需求作为设计过程的输入，设计任务应满足下列要求：

① 正确性：设计任务不能错误地描述用户的需求。正确性既包括应该避免超出需要的任务，各任务又不能附加不必要的条件。

② 无二义性：设计任务的描述应该清晰，并且只能有一种明确的解释。

③ 可检验性：设计任务的描述是否满足用户需求，应能够找到有效的方法检验。例如，如果设计任务中有“设计产品对用户有吸引力”的描述，而又没有对“吸引力”进行其他定义，那么将很难验证设计的产品是否满足要求。

④ 一致性：设计任务的描述项之间不能相互矛盾。

⑤ 可修改性：设计任务书文档应结构化，以便在不影响一致性、可检验性等情况下可以为适应变化的需求而修改。

⑥ 可溯源性：设计任务的描述应能溯源。设计任务书的每一项描述应能找到其存在的价值；可以找到前后描述的关联性；可以跟踪用户需求在实现中如何被满足；可以从现实向后溯源知道哪个需求是用户提出的。

通常，智能感知系统设计的需求分析包括以下内容：

① 了解智能感知任务的用途。任何系统之所以存在，在于其具有难以替代的功能，即能完成某种工作。首先要了解用户的用途，了解用户对感知任务的功能要求。对于智能感知系统，应确定它可以用于完成何种核心工作，完成这一核心工作需要哪些步骤，完成各步骤需要哪些条件，当系统接收到输入时执行哪些动作，用户输入的数据对功能如何影响，不同功能之间是如何相互作用的等。从这些分析中提取出具体的功能要求，例如要求智能感知系统是实时动态感知还是静态感知；是实时在线还是事后；系统的检测效率和精度如何要求；系统的感知范围要求；人机交互方式要求等。

在分析设计任务时，与用户交流是至关重要的。不仅一个大型的、复杂的智能感知系统设计是这样的，一个小型智能感知系统的开发，甚至是一次很小的系统升级，同用户进行沟通也都是有益的。有效的沟通能够让设计者得到用户需求的初步模型，可以让设计者更好地了解用户的需求，给出更清晰、更容易使用的用户界面。和用户交流也可能包括产品调查，组织集中的用户组座谈，或请一些用户来测试实体模型等形式。

② 了解感知对象的特点。一般智能感知系统的工作任务主要是对某种目标的认知。因此，了解感知对象的特点是设计任务分析的重要内容。感知对象的特征包括被感知对象的定义、精度要求、感知范围等。智能感知系统的工作原理主要是由被感知对象的定义确

定的，智能感知系统的许多性能指标也是由被感知对象的上述特征而确定。对性能的要求应尽快确定，因为这些要求在设计过程中需认真考虑，以便随时检查系统是否满足要求。

③ 了解智能感知系统的使用条件和环境。智能感知系统使用条件和工作环境是设计的约束条件，对设计起着重要的作用。例如：要研发的智能感知系统是在室内使用还是室外使用；是在实验室内还是工业车间内使用；工作环境状况如何，如环境温湿度及其变化范围、灰尘油污状况、振动及电磁干扰等情况。对于功能和性能指标相似的同类智能感知系统，仅因使用环境不同，其软硬件结构形式也可能差别极大。

④ 了解国内外同类产品。通过查找资料、搜集产品样本、现场实地调研、用户访问、专家咨询等形式，尽可能多地了解国内外同类产品的类型、原理、技术水平和结构特点，通过对比分析，可以把握同类智能感知系统的现状、存在的问题和发展方向等。

⑤ 考虑设计的其他主要影响因素，如成本、功耗、操作性等。在设计需求分析阶段，至少应对最终产品的粗略价格有所了解，因为成本最终影响了系统的体系结构。还必须对系统功耗有一个粗略的了解，通常采用电池供电还是使用市电供电是系统的一个重要决定。尤其是靠电池供电的系统必须对系统功耗进行仔细考虑。系统的物理尺寸和重量对系统的构造有直接的约束。一台台式设备的构造就会比一台便携式仪器有更宽松的选择。

通过以上多角度的分析，可对智能感知系统设计任务有一个全面的了解。在此基础上，还应明确上述问题哪些是主要问题，哪些是次要问题；哪些问题是在设计中必须首先解决和保证的，哪些可以采用自己或他人成果。这样，在设计过程中便可以集中精力针对关键问题进行深入研究。通过对设计任务的分析，除了审查设计任务的合理性和可实现性，从设计任务的模糊叙述中提炼系统的功能/性能指标外，还应在系统的精度、数据存储和功能扩展方面留有余地。

5.3 总体方案设计

智能感知系统总体方案设计，是指在进行智能感知系统具体技术设计前，分析用户需求、系统的应用环境和条件，从系统的功能规划、技术指标确定、主要结构参数选择、系统原理和组成、功能模块划分与交互接口等总体角度出发，对智能感知系统的全局性问题进行全面的设想和规划。

一个好的总体设计，是智能感知系统设计必经的良好开端，是研发项目成功的基础和保证。如果智能感知系统的总体设计没有做好，设计出的产品就不可能满足设计任务要求，甚至难以完成最终的设计工作，导致研发项目流产。智能感知系统总体设计的主要内容包括：功能的规划；技术指标、经济指标、可靠性指标的确定；工作原理、感知方案的选择；

结构布局和造型设计;模块划分与交互接口设计,人机界面设计等内容。

智能感知系统总体设计中的功能规划包括智能感知系统总体功能的规划,也包括各个模块功能的规划。目前,大部分的智能感知系统研发都需要团队的通力合作才能完成。团队中任何一个部分的设计失误,尤其是各环节交互接口部分的失误,都可能带来全局性影响。因此,在具体设计前,应对各个部分的功能/性能指标进行仔细规划,对各个模块的输入、输出、供电、功耗、安装方式、尺寸和重量等进行详细定义,这些工作也是总体方案设计中的重要内容。

5.4　技术设计及实现

在制定总体设计方案的基础上,主要从硬件和软件两个方面开展智能感知系统开发。

5.4.1　硬件设计及开发

根据第二章中智能感知系统模块分解的介绍,其硬件设计及开发主要包括传感器、处理器和通信等模块的选型。

传感器的选型一般需要考虑以下方面:

(1) 根据感知对象与使用环境确定类型和型号

要执行一个具体的感知任务,首先要考虑采用何种具体类型或型号的传感器,这需要分析多方面的因素之后才能确定。因为,即使是感知测量同一物理量,也有多种原理的传感器可供选用,即使同类型但不同型号的传感器,其具体性能和使用环境可能也会有较大差异。例如摄像头和激光雷达都可以用于目标识别;卫星导航和惯性传感器都可以用于位置测量。选用哪一类或哪一型号传感器更为合适,则需要根据感知任务的特点和传感器的使用条件来决定。

(2) 传感器的精度、可靠性、适用范围等不可忽视

精度、可靠性、适用范围是传感器的重要性能指标,它是关系整个智能感知系统精度的重要环节。一般而言,传感器的精度和可靠性越高,其价格越昂贵,考虑到成本等因素,传感器的精度和可靠性等只要能满足整个智能感知系统的要求就可以,不必选得过高。

处理器的选择对于智能感知系统而言也是至关重要的。处理器可以分为三大类,分别是通用算力、专用算力和智能算力,如图 5.2 所示。

通用算力使用通用芯片,包括 X86、ARM 这样的 CPU 处理器芯片,它们能完成的算力任务是灵活、多样的,但是功耗很高。

专用算力使用专用芯片,主要是指 FPGA、ASIC 等。FPGA 是可编程集成电路,它可以通过硬件编程来改变内部芯片的逻辑结构,其软件也是深度定制的,执行专门任务。

ASIC 是专用集成电路。顾名思义,它是为专业用途而定制的芯片,其绝大部分软件算

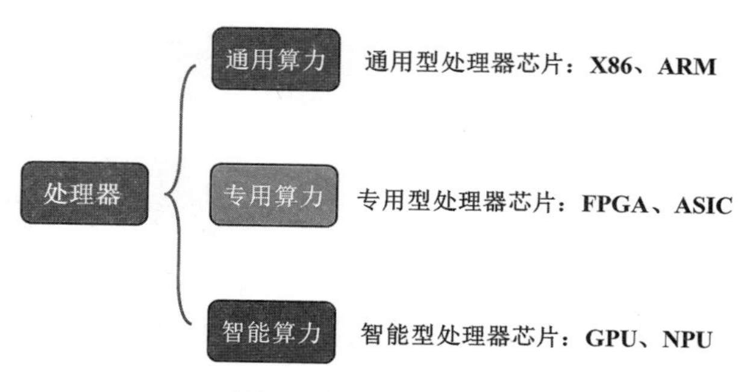

图 5.2　处理器的分类

法都固化于硅片。ASIC 能完成特定的运算功能，作用比较单一，能耗也很低。FPGA 的功耗介于通用芯片和 ASIC 之间。

智能算力包括 GPU、NPU 等，它们具有更强的并行计算能力，并且专注于神经网络的训练和推理计算。当智能感知任务需要在短时间内处理大量的数据，或者需要训练复杂的神经网络模型时，则需要配备一定的智能算力，从而减少处理和训练时间，更快速高效地完成智能感知中的各种计算任务。

无线交互、联网通信也是智能感知系统的重要环节。在选择通信模块之前，需要根据智能感知系统的应用场景和具体需求来评估，在传输距离、带宽、功耗和环境因素（恶劣天气、电子设备的噪声、电磁干扰等）之间进行权衡，同时还要考虑实时性、安全性、体积、成本等方面的要求，例如：

对于传输距离和功耗比较敏感的应用，如在对温度、湿度等环境参数进行采集时，数据采集的实时性要求不高，通常只要分钟级别能感知到就行，更关注的是感知系统的使用寿命以及传输距离。此时就需要有一套传输距离较远、功耗低的通信模块来满足应用要求。

对于控制实时性敏感的应用，如工业机器人的精细控制等，通常需要实时的控制或者采集数据，时延在秒级以内，甚至达到毫秒级。对此，需要提高传输速率，可能需要牺牲功耗跟覆盖范围来满足低时延的要求，使用对时延、上下行资源严格控制的通信模块来满足应用需求。

对于成本敏感的应用，如物流货物跟踪，通常只关心货物在不在、在哪里，并不需要对其进行控制，但是成本效益极其关键，要求成本越低越好，此时通信模块可以牺牲下行资源来达到极低的功耗和成本。

对于数据量敏感的应用，例如若某个智能感知应用中的传感器数量较多、数据传输的频率也较高，此时需要一套通信模块能合理地管理数据传输、降低数据冲突的概率，并且保证数据的可靠性、安全性。

此外，对于较为复杂的智能感知系统，往往难以用一种通信技术来满足所有信息交互的要求，此时可以综合运用近距离、广域和移动通信技术中的多种通信方式，但需要避免不同通信方式之间的干扰。

5.4.2 软件设计及开发

智能感知系统的软件设计往往都会涉及机器学习或人工智能算法的应用和实现，但是没有一种解决方案或算法适合所有的任务。在软件设计开发过程中，需要对所使用的数据、所面临的问题以及应用限制有清晰的认识，在此基础上，才能选择或设计合适的算法。智能感知系统软件设计及开发一般需要考虑以下几方面内容：

(1) 了解数据

可以通过汇总统计和可视化的方法对处理数据有更直观的认识。汇总统计的方法包括：利用百分位数帮助确定大部分数据的范围；利用平均值和中位数描述集中趋势；利用相关性指明数据的紧密关系等。可视化的方法包括：利用箱形图识别异常值；利用密度图和直方图显示数据的分布；利用散点图描述双变量关系等。

(2) 数据预处理

在了解数据的基础上，需要对数据进行预处理，包括缺失值和异常值的处理。

① 处理缺失值。通常缺失数据会对模型造成直接的影响。即便是对能够处理缺失数据的模型来说，它们也可能会受到不良的影响，如某些变量数据的缺失会导致糟糕的预测。

② 处理异常值。异常值在多维数据中很常见。一些模型算法对异常值的敏感性不高。但有些模型算法，如回归模型或任何尝试使用等式的模型，会受到异常值的直接影响。异常值可能是数据收集不正确的结果，也可能是真实的极端值。

(3) 任务归类及算法设计

第四章中给出了智能感知系统可能面临的几类任务，实际设计开发过程中可以根据输出数据的类型进行任务归类及算法设计：

① 如果模型的输出数据是一个连续的数值，那基本是回归任务。

② 如果模型的输出数据是事先定义的类别归属，那就是分类任务。

③ 如果模型的输出数据是找出潜在类型，那基本是聚类任务。

④ 如果是对趋势或者状态等进行时间相关的预测，那多是时序预测任务。

各项任务的具体算法设计可以参考第四章。需指出的是，实际的智能感知任务也可能是上述几类任务的组合，设计时应注意开展多任务的协同集成设计。

此外，也可以根据输入数据的类型进行任务归类及算法设计：

① 如果是标签数据，那就是监督学习。

② 如果是无标签数据，想找到结构，那基本是非监督学习。

③ 如果想通过与环境互动来优化一个目标函数，那多是强化学习。

(4) 兼顾约束限制

智能感知算法的开发设计也需要考虑系统的应用约束与限制。

① 是否需要快速训练模型？在某些情况下，需要在感知任务执行的间隙，用不同的数

据集迅速更新模型，这时对模型训练的实时性就提出了较高的要求。

② 是否必须迅速输出结果？在实时应用中，尽可能快地输出结果显然非常重要。例如，在自动驾驶时，必须尽可能快地对道路标志进行识别分类，以免发生事故。

上述软件开发的考虑有助于缩小算法选择的范围。但应注意的是，智能感知系统软件的实际开发过程往往需要进行反复的迭代筛选。把数据输入到可能是较好选择的几种机器学习算法中，并行或依次运行这些算法，最后综合平衡算法性能、现实需求、约束限制等方面，以确定最终的选择。

5.5 测试验证

测试验证是智能感知系统设计过程的一个关键阶段，在所设计的智能感知系统投入运行前，需要进行多方面的测试验证，以暴露需求分析、方案设计以及产品体验等方面的问题，并迭代优化，从而确保系统的正确性、完整性和一致性。

智能感知系统设计过程中的测试验证是通过测试设计、测试环境搭建、测试执行、测试评估和测试报告等步骤，对智能感知系统的功能、性能和稳定性等进行全面而系统的测试。

测试设计主要是确定测试用例和测试数据。根据测试依据，也就是智能感知系统的设计需求、系统架构、接口说明等文档，通过对测试项、规格说明、测试对象行为和结构的分析，设计测试用例。测试用例应该能够覆盖智能感知系统的各个功能和性能要求，同时要考虑到可能的边界情况和异常情况。测试用例设计完成后，还需确定其所需的必要的测试数据。测试用例和测试数据决定了测试的质量和覆盖度，并为后续的功能验证、性能测试和可靠性测试等工作提供指导。

功能验证即确认所设计的智能感知系统是否能够满足预期的功能要求，简单来说，就是验证系统是否符合设计需求和规定的功能。功能验证可以涵盖系统的各个方面，包括用户界面、输入输出、接口通信、人机交互、算法逻辑等。功能验证通常以定性描述为主。

性能测试包括基准测试、负载测试、强度测试、容量测试等，可以输出定量化的测试结果，能够验证智能感知系统是否达到了用户提出的性能指标，同时发现系统中存在的性能瓶颈，从而达到优化系统的目的。因此性能测试是性能优化结果的检查和度量标准，也是性能优化的前提和基础。

可靠性测试即测试智能感知系统在长时间、不同环境、模拟故障等工况下运行时的稳定性和可靠性，包括测试系统的使用寿命、故障率、可维护性等方面，以确保智能感知系统在实际使用时，可以在一定时间内具有期望的功能/性能水平，而且不会出现任何故障或错误。

测试过程中的环境搭建、测试执行、测试评估和测试报告等方面因各项测试而异，这里不展开介绍。

综上，测试验证是保证智能感知系统设计质量的重要环节，通过对软件和硬件进行全面而系统的检查，以确保智能感知系统的功能、性能和可靠性能够达到设计要求。

5.6 设计总结

总结上述设计的各方面，深入浅出地写出设计报告，以便指导系统使用。设计报告应重点突出，将所设计的系统特点阐述明白、清楚，同时应列出所采取的措施及注意事项。这样，既能推动设计工作，又能积累经验，是做好智能感知系统设计的最后一环。

需要指出的是，智能感知系统发展迅速，作为优秀的开发者应密切关注智能感知系统发展的新动向，掌握时代的信息，以最新的技术武装自己，努力创造出新原理和新技术，使自己设计的智能感知系统能赶上时代的步伐。

5.7 本章小结

在本章节中，我们充分了解了智能感知系统设计的主要流程和具体要求。首先要开展充分的需求分析，此时设计者应充分了解感知任务的用途、感知对象的特点等，同时考虑设计的成本、功耗、操作性等其他影响因素。其次，开展总体方案设计，即对智能感知系统的全局性问题进行全面的设想和规划，例如技术指标确定、主要结构参数的选择、功能模块的划分与接口的交互等。随后，从硬件和软件两个方面开展智能感知系统的技术开发。最后，对开发的感知系统进行测试验证，以确保其满足正确性、完整性及一致性等。

习　题

1. 智能感知系统设计一般包括哪些步骤？
2. 智能感知系统设计的需求分析需要考虑哪些内容？
3. 传感器的选择一般需要考虑哪些方面的因素？
4. 通信模块的选择需要考虑哪些因素？说出不少于4种。
5. 简述智能感知系统软件设计及开发过程中需着重考虑的因素。

第6章

综合设计案例

本书第2至第4章对智能感知系统的构成、数据预处理以及各类智能感知算法进行了较为全面的介绍。在此基础上，第5章对智能感知系统的设计过程进行了较为详细的阐述。为了帮助读者更好地掌握智能感知系统的设计，尤其是嵌入式感知系统，本章将结合几个典型案例介绍系统设计的基本过程和步骤，包括自动驾驶领域障碍物的感知检测、机器人抓取目标的识别定位以及导航领域惯性导航累积误差的智能预测与修正等。

6.1 自动驾驶领域障碍物的感知检测

6.1.1 需求分析

随着人工智能技术的崛起，传统驾驶技术迎来了变革，将人工智能融入汽车驾驶系统中，提升汽车自动化能力，并且增加感知系统、控制系统，通过有效的系统控制，引导车辆自动驾驶。自动驾驶系统通过电子信息化技术代替驾驶员安全地操控汽车，从而减少驾驶疲劳，降低道路运输过程中的安全风险。目前，汽车自动驾驶系统得到了迅速发展，自动驾驶汽车已成为全球汽车产业发展的重要战略方向。智能感知系统是自动驾驶系统的基础，该系统的作用是代替驾驶人的感知，从周围环境中收集信息并从中提取相关知识，能够准确识别汽车行驶期间可能遇到的障碍，确保汽车行驶安全，是目前智能感知技术研究中最为热门的领域之一。为此，要求设计一个自动驾驶智能感知系统，实现复杂交通场景下对交通参与者(车辆和行人)的识别。

6.1.2 总体方案设计

根据上述对自动驾驶智能感知需求的分析，明确总体方案设计。根据本书第2章介绍，为了获取复杂交通场景下丰富的高精度三维感知信息，同时能适应白天、晚上的检测要求，本设计案例选择使用激光雷达作为数据采集的智能传感器。

根据本案例智能感知的任务要求和已选择好的智能感知传感器的特点，对总体感知算法方案进行设计。目前基于激光雷达传感器的智能感知技术，软件算法处理流程大致为：

①去除地面点;②点云聚类;③特征提取;④智能识别。

依据上述一般流程,本案例结合识别目标的形态特征和栅格分布规律等多种先验信息作为约束条件,设计一种基于激光雷达的自动驾驶智能感知系统。该系统首先去除地面点并对点云进行栅格化处理,降低系统整体计算量,然后对处理后的栅格进行聚类,再充分提取聚类后障碍物的几何特征和激光雷达点云的反射率特征,最后将提取的特征输入支持向量机(SVM)进行训练和预测,从而实现载体周边环境的智能感知识别,其算法流程如图 6.1 所示。

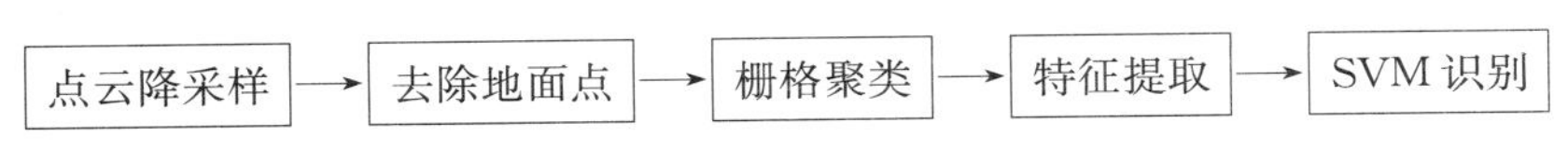

图 6.1 基于激光雷达的障碍物智能感知算法流程图

6.1.3 技术设计与实现

6.1.3.1 硬件平台设计

(1) 传感器的选择

在点云感知领域,威力登(Velodyne)激光雷达具有 360°全方位扫描且具有较高的精度和分辨率,使其成为自动驾驶、环境建模等领域应用较多的传感器。考虑到高精度的数据输出和可靠性,本案例选择 Velodyne 64 线激光雷达来获取周围环境信息,它具有 64 个激光发射器和接收器,能够实时捕获周围环境的三维点云数据,并且水平视角分辨率可达到 0.08°,测量精度优于 2 cm,最远可以探测到 120 m 处的车辆。该款激光雷达通过 RJ45 连接器与计算平台进行连接,并且其超过 100 Mb/s 的 UDP 以太网传输速率能够有效保证数据处理的实时性。

(2) 计算平台的选择

在点云感知中,选择适合的计算平台至关重要。考虑到功耗和性能要求,本案例选用了 CIS-RTLU-LW01 嵌入式工控机作为计算平台,其搭载了 Intel Core i7-1165G7 处理器来完成计算工作。Intel Core i7-1165G7 是基于 Intel Tiger Lake 架构的处理器,拥有 4 个核心、8 个线程,采用的是高性能的 Willow Cove 架构,对于中等规模的点云数据集处理和一般的点云聚类任务,能够提供相当不错的性能和响应速度。并且该工控机具备多种接口,包括 USB 3.0、HDMI、Gigabit Ethernet、PCIe 等,便于连接外部设备和扩展模块,为调试提供了很大的便利。

6.1.3.2 软件平台设计

(1) 点云降采样

Velodyne 64 线激光雷达每秒激光雷达采集的点云数据量巨大。举例来说,Velodyne

64 线激光雷达在双返模式下每秒产生的三维扫描点数量达 220 万个。直接使用这些原始点云数据进行处理会消耗大量硬件资源，增加系统负荷，严重妨碍计算效率，甚至导致系统卡顿。因此，必须先进行降采样操作，以精简点云数量，减轻系统负担，提高计算效率。降采样的基本目标是保留点云的形状特征，同时减少点云数量，突出关键点、线和面的特征。

在本案例中，采用了体素栅格降采样算法。该算法首先在三维空间坐标系中建立了体素栅格，每个栅格大小为 0.1 m×0.1 m×0.1 m 的空间立方体。然后，将点云数据放入栅格中，删除未包含数据点的栅格。接着，在每个三维立方体中，利用该立方体内所有数据点的质心来代表其他点。这样，在确保降采样处理后点云的空间信息与下采样前基本一致的情况下，体素网格采样能够大幅减少点云数量，从而提升系统的实时性。质心点的坐标计算公式为：

$$(\bar{x},\ \bar{y},\ \bar{z})=\left(\frac{1}{n}\sum_{i=1}^{n}x_i,\ \frac{1}{n}\sum_{i=1}^{n}y_i,\ \frac{1}{n}\sum_{i=1}^{n}z_i\right) \tag{6.1}$$

(2) 去除地面点

本案例的目标是识别路面上的车辆和行人。然而，激光雷达的纵向扇形扫描范围不可避免地会扫描到地面，而这些地面点并非目标识别所需的激光点，可能会干扰后续的聚类处理。为了解决这个问题，在对识别目标数据进行聚类检测之前，需要对整体的 3D 点云数据进行地面点的滤除预处理操作。

在高等级道路环境中，地面点云通常呈现相对平坦的特征。它们的 z 轴坐标值相对较小且保持稳定。为此，本案例设置了传感器的安装高度作为高度阈值 H，用来有效地滤除地面点云。当点云数据的 z 坐标值高于阈值 H 时，被判定为障碍物点；而低于阈值 H 的点被判定为地面点。通过这样的操作，能够从激光雷达点云数据中有效去除大量的地面点，以便更精确地进行后续的目标识别和处理。

(3) 点云聚类

去除地面点后，将对点云数据进行聚类处理。根据激光雷达点云和栅格图的分布特征，选用了一种基于密度的聚类方法。本案例采用了基于密度的空间聚类方法，即 DBSCAN(具体原理内容可参照 4.2.2 节)。这种方法能够适应激光点数据密度不均匀的情况，有能力对各种形状的目标进行聚类，尤其对于复杂形状的目标效果显著。同时，它能有效地抑制噪声干扰，具有出色的抗干扰性。

DBSCAN 聚类算法可以聚类出任意类别的稠密簇，需要半径参数 ϵ 和邻域密度阈值 $MinPts$ 两个参数。本设计案例在使用 DBSCAN 算法对栅格进行聚类时，考虑到栅格的分布形式，使用了如表 6.1 所示的参数设置：

表 6.1 DBSCAN 参数设置

栅格大小/m	ϵ	$MinPts$
0.1	0.2	5

(4) 特征提取

经过去除地面点、栅格化和聚类等操作后，得到了一系列由栅格簇表示的候选目标。为了使用分类器对障碍物进行有效的分类识别，充分考虑了不同障碍物的特点和激光雷达的可用信息，提取能够区分不同障碍物的特征向量 $\boldsymbol{F}=(f_1, f_2, f_3)$。特征向量 $\boldsymbol{F}$ 的维度为 6，如表 6.2 所示。

表 6.2 特征向量表

特征编号	内容描述
f_1	候选目标簇的长、宽、高
f_2	宽高比
f_3	反射率的平均值、方差

上述特征由各种几何特征和反射率特征组成，其中几何特征包括：

① 候选目标簇的长、宽、高

车辆和行人所形成的候选目标簇的长、宽、高这些外形尺寸存在明显差异，因此，将 $f_1=(L, W, H)^{\mathrm{T}}$ 作为特征向量中的一部分，其中 L 为候选目标簇的长度，W 为宽度，H 为高度。

② 宽高比

一般来说，行人的宽高比远小于车辆，因此将候选目标簇的宽高比 $f_2=W/H$ 作为特征向量的第二部分。

③ 反射率特征

对于激光雷达传感器来说，其点云的反射率强度跟物体的材质和颜色有关，金属的反射率一般远大于非金属的反射率，机动车一般是金属外壳，反射率较大，而行人皮肤或所穿着衣物的反射率较小。因此，计算候选栅格簇中点云的反射率的平均值 $E(ref)$ 和方差 $D(ref)$ 作为特征向量的第三部分 f_3，$f_3=(E(ref), D(ref))$。其中：

$$
\begin{aligned}
E(ref) &= \frac{\sum_{i=1}^{P_n} ref_i}{P_n} \\
D(ref) &= \frac{\sum_{i=1}^{P_n} [ref_i - E(ref)]^2}{P_n}
\end{aligned}
\tag{6.2}
$$

式(6.2)中 P_n 为候选目标栅格簇中包含的三维点的数量，ref_i 表示第 i 个点的反射率。

(5) 目标识别

提取特征后，需要使用分类器将聚类结果分为车辆和行人两类。支持向量机是一种广泛应用于多种回归和分类问题的算法，在工程领域具有较好的分类效果。本案例中选用了基于特征的支持向量机作为分类器。这种方法利用支持向量机模型，通过非线性核函数将不同类别感知目标聚类的特征向量映射到高维特征空间。通过寻找最优分类超平面，即在高维空间中将不同类别样本之间最近的点间隔最大化，最终实现交通场景目标的智能识别分类。支持向量机的原理已在第四章中进行了介绍，接下来将重点讨论支持向量机的运行流程和参数设置。

① 数据准备：在本案例中，我们将前文第(4)点中提取出的六维特征向量作为支持向量机的输入数据，根据聚类得到的结果为每个聚类簇分配其对应的标签(如车辆、行人等)，作为训练数据的类别标签。并将标记好的数据划分为训练集和测试集，以便进行 SVM 模型的训练和验证。

② 模型训练：利用训练集的六维特征和对应的类别标签，使用 SVM 算法训练分类模型。在训练过程中，需要设置 SVM 的核函数和相应的超参数，以及核函数的参数等。

③ 参数优化：使用测试集评估 SVM 模型的性能，并根据需要对模型进行调参，根据数据的分布情况，选择适当的核函数类型，如线性核、多项式核或高斯核。调节正则化参数 C、核函数的参数(如多项式核的度数、高斯核的带宽)等超参数，以平衡模型的拟合能力和泛化能力。最后使用交叉验证等技术来评估和选择最佳的超参数配置，以提高模型的性能。

④ 经过训练和验证后，可以使用训练好的 SVM 模型对新的、未知类别的六维特征进行分类预测。

6.1.4 测试结果

完成智能感知软件系统设计后，利用 KITTI 数据集提供的数据，验证设计算法的有效性。KITTI 数据集是国内外广泛使用的交通场景数据集，包含了高速、乡村和城市等场景下的组合导航、激光雷达以及视觉等传感器数据。KITTI 数据集采集所用的激光雷达是 Velodyne HDL-64E 64 线激光雷达，本设计案例在实验时选取了城市典型场景进行实验，选取了 KITTI 数据集中的 3 个场景进行测试，如图 6.2 所示，图中左侧为去除地面点后检测到的障碍物，红色框代表车，黄色框代表行人；右侧为生成的栅格，红色点为车辆，黄色点为行人。

可以看出，在图 6.2 的场景中，本案例设计的智能感知算法对于尺度较大的车辆检测效果较好，3 个场景中 25 辆车检测出了 23 辆，只发生了 2 次漏检，且没有误检；对于小尺度目标的行人等识别效果相对较差，8 个行人检测出了 5 个，发生了 3 次漏检；并且对于每帧点云的处理时间均小于 100 ms，即能够满足与雷达采集频率(10 Hz)同步的实时检测。

从图 6.2 中可以看出，对于车辆识别来说，本案例设计算法具有较好的检测效果。车辆漏检主要是由于城市道路环境下交通参与者多，遮挡情况比较严重。除了由于遮挡引起的

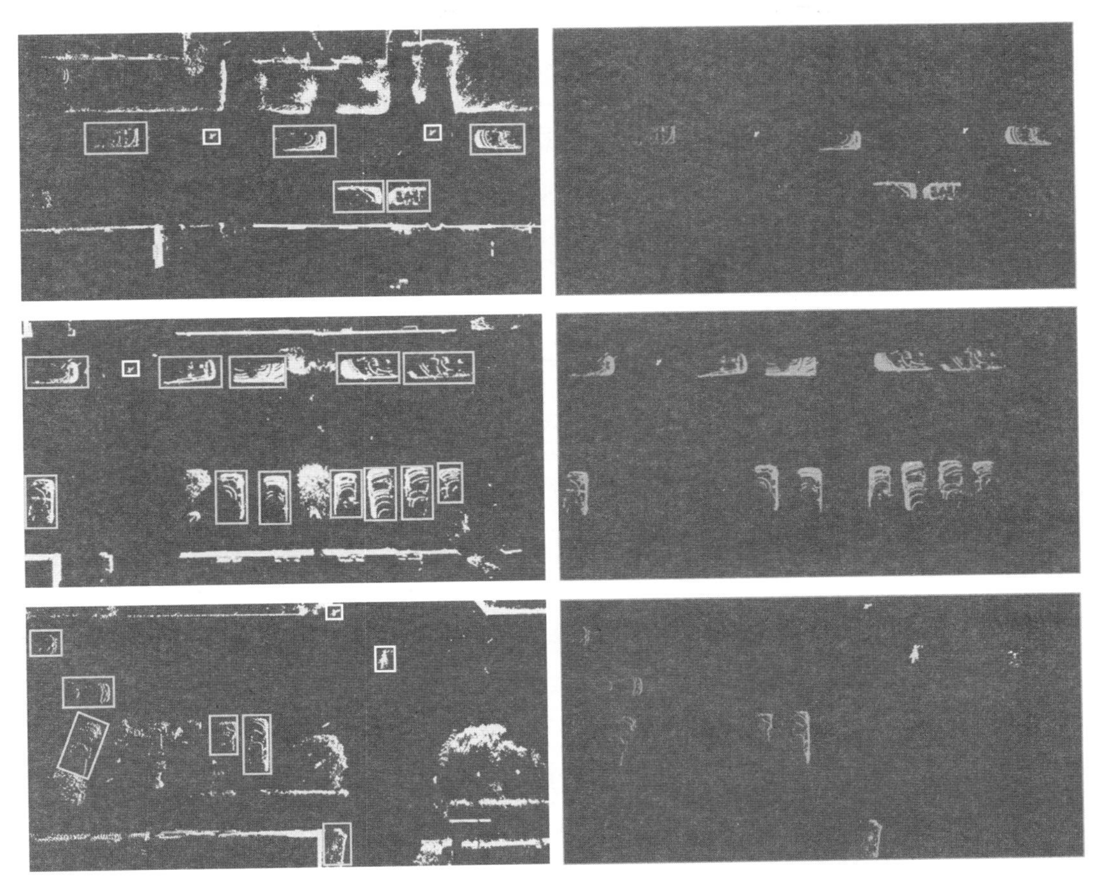

图6.2

图6.2　算法检测效果图

漏检外，远处的点云较为稀疏，导致聚类的效果较差。而对于行人目标识别来说，所提算法的效果相比车辆较差，主要原因有以下两点：①行人尺度小，所形成的栅格往往只有一个，从而被忽略；②在十字路口、闹市区等城市环境下行人往往呈现为人群状态，即使使用比较小的栅格，其在栅格图中仍会形成一片不规则形状，难以用合适的特征向量进行描述。

6.1.5　案例总结

随着人工智能技术的快速发展，自动驾驶技术已成为未来发展方向之一。作为自动驾驶系统的基础，感知系统设计是实现自动驾驶的首要条件。本设计案例对应用于交通场景的自动驾驶智能感知系统进行了设计，设计了整体流程和智能感知算法，通过试验验证了算法的可行性，并对实验结果进行了分析。

需要指出的是，本案例所提算法只是点云聚类检测中一个较为简单的算法，用来初步实现交通环境下行人和车辆的检测与分类，帮助读者初步掌握智能感知的设计过程。为实现更为复杂环境下的精准和鲁棒的检测，读者可在本案例基础上尝试更为深入的方法。

6.2 机器人抓取目标的识别定位

6.2.1 需求分析

机器人抓取目标的识别定位技术可以在各个领域中发挥重要作用，包括但不限于：

① 工业生产：机器人可以识别生产线上的零件、工具等目标，以进行精确的操作，提高生产效率和产品质量。

② 物流配送：机器人可以识别货架上的商品、货箱等目标，以进行快速准确的分拣和配送，提高物流效率和准确性。

③ 医疗护理：机器人可以识别患者、药品、医疗设备等目标，以进行精确的操作，提高医疗护理效率和安全性。

④ 农业领域：机器人可以识别农田中的杂草、病虫害等目标，以进行精确的喷药和施肥，提高农业生产和管理的效率和精度。

该技术对于提高生产效率、降低成本、提高产品质量和安全性等具有重要意义。

机器人抓取目标的识别定位主要涉及物体识别和位姿估计两个重要步骤。物体识别是利用计算机视觉技术，从图像中检测出目标物体的类型等。这跟计算机视觉的研究有很大一部分交叉。因此可以使用 2D/3D 目标检测以及实例分割算法，以获得目标物体的2D/3D包围盒区域或者掩码区域。位姿估计则是计算出物体在摄像机坐标系下的位置和姿态。对于机器人而言，如果需要抓取东西，它不仅要知道这是什么，也需要知道它具体在哪里。总的来说，物体识别做的只是计算了物体在相机坐标系下的坐标，我们还需要确定相机跟机器人的相对位置和姿态，从而将物体位姿转换到机器人位姿。

考虑到位姿估计与机器人在工作环境中的位置密切相关，需要具体情况具体分析。而物体识别时，目标物体与相机的位置相对固定，故本例聚焦于物体识别并给出具体方案设计。在本案例中，需要机器人从红色、蓝色两种颜色的正方形工件、三角形工件、圆形工件中抓取红色正方形工件。由于任务中对检测的目标颜色具有要求，故而使用视觉检测方案能够更为有效地实现对目标的检测。

在进行方案设计之前，需要先明确相机的位置，相机位置、拍摄角度将直接影响工件在图片中的姿态。在此我们假设智能感知设备将被部署于流水线上，流水线具体形式如图 6.3 所示，检测目标在流水线上流动。感知设备将部署于图 6.3 中圈出位置，而相机将从上向下，垂直拍摄工件的俯视视角。

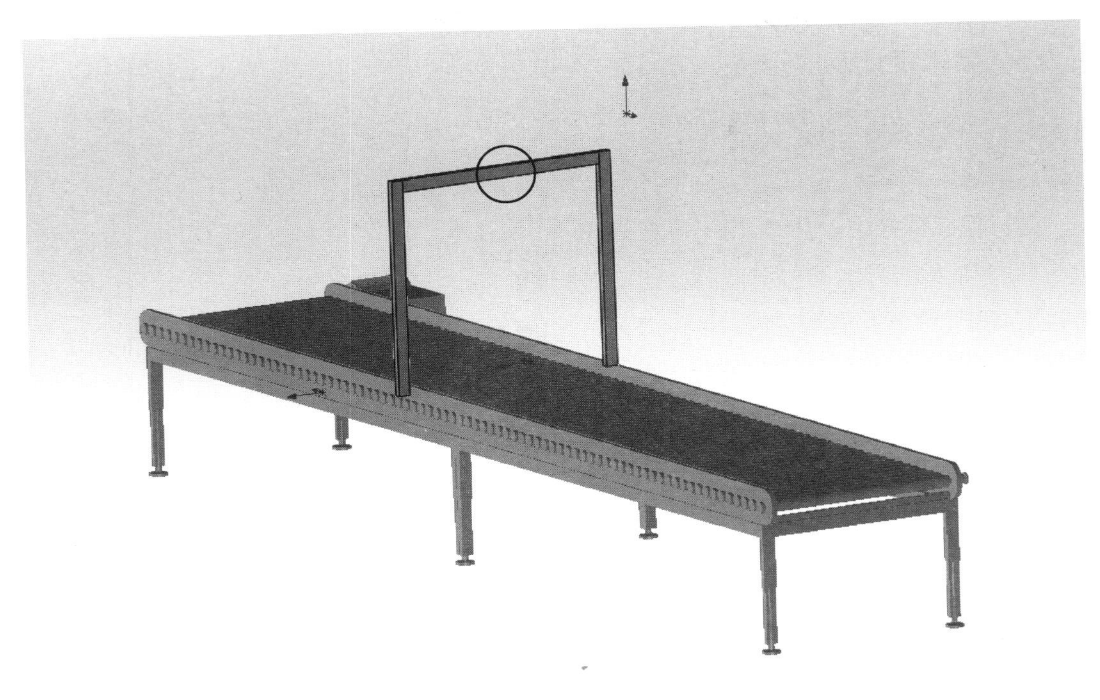

图 6.3　流水线与感知设备部署位置示意图

综合上述分析，需求可以被归纳为：

① 工作环境为流水线，工件所处背景颜色相对单一；

② 工件暂时具有正方形、三角形、圆形三种形态；

③ 工件具有红色、蓝色两种不同颜色；

④ 拍摄视角为俯视视角；

⑤ 识别目标为红色正方形工件；

⑥ 由于工件由流水线传送带带动前进，所以目标运动速度相对较慢，检测速度达到 30 帧/秒即可满足使用要求。

6.2.2　总体方案设计

根据上述对机器人抓取目标的识别需求分析，明确总体方案设计。本例环境相对简单、工件形状与颜色也相对简单，采用简单的视觉目标检测系统即可实现。整个系统需要先实现视觉信息的输入，在得到图像或视频数据后，传输到硬件平台进行目标检测，从而实现工件的定位，工作流程如图 6.4 所示。

在这个流程中需要使用到的硬件设备包含摄像头与计算平台，核心算法为目标检测算法。

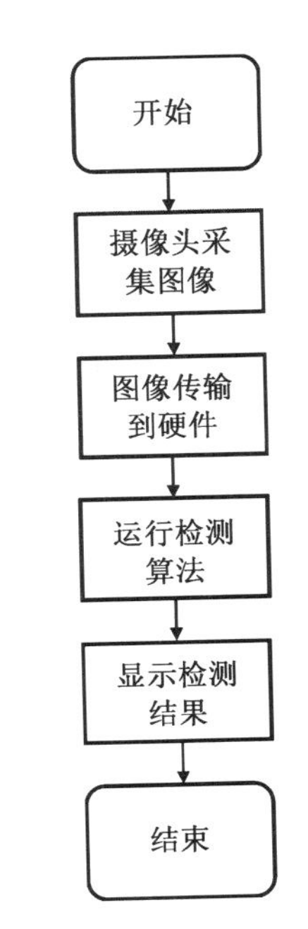

图 6.4　抓取目标识别定位系统工作流程图

6.2.3 技术设计及实现

6.2.3.1 硬件设计

(1) 摄像头选择

在摄像头选择中，本例使用了海思 DS-U64 摄像头。DS-U64 可以应用在室内外不同环境中，图像清晰、细腻，分辨率可以达到 2 560 像素×1 440 像素；支持 1 080P@60 FPS 高帧率输出，运动场景更清晰；支持 USB Type-C 接口(正反插设计)，标准 USB2.0 协议，免驱设计，即插即用；支持自动聚焦。DS-U64 的性能参数完全可以满足对工件识别定位的要求，摄像头外形如图 6.5 所示。

图 6.5 DS-U64 摄像头外形

(2) 计算平台选择

在进行目标检测时，选择适合的计算平台至关重要。基于深度学习的目标检测算法往往需要较强的处理设备才能保证实时数据处理和决策制定。采用高性能的多核处理器和专用的图形处理单元(GPU)能够更有效地处理图像数据，并执行实时的目标检测任务。NVIDIA·Jetson 系列是广泛应用于图像处理的嵌入式系统，其提供了 GPU 和多核 CPU，在紧凑的封装中提供了足够的计算能力来处理图像数据。NVIDIA·Jetson 平台具有低功耗、高性能和良好的可扩展性，非常适合应用于嵌入式系统中。

在计算平台选择中，考虑到功耗与计算性能，本例使用 Jetson Xavier NX 嵌入式平台。NX 可提供 384 个 NVIDIA CUDA 核心、48 个 Tensor 核心、6 块 Carmel ARM CPU 和两个 NVIDIA 深度学习加速器引擎，提供高达 21 TOPS 的性能。再加上超过 59.7 GB/s 的显存带宽、视频编码和解码等特性，使得 Jetson Xavier NX 成为能够并行运行多个现代神经网络，并同时处理来自多个传感器的高分辨率数据。

6.2.3.2 软件设计

(1) 目标检测算法简述

在机器人抓取目标的识别定位任务中最核心的算法是目标检测算法。目标检测任务的目的主要是找出图像或视频中所有感兴趣的目标(物体)，并给出物体类别和位置信息。检测算法的发展历程可以大体分为以下几个主要阶段：

① 传统目标检测方法：这类方法通常基于手工设计的特征提取方法和分类器，如 SIFT、HOG 等。它们需要大量的人工调整和参数优化，且检测速度较慢。

② 基于区域提议的目标检测：随着深度学习的快速发展，如今的目标检测通常都是基于深度神经网络进行开发，相较于传统方法，深度学习目标检测算法可以提供更高的检测精度、更强的泛化性能甚至更快的检测速度。基于区域提议的目标检测算法是深度学习时

代最早提出的目标检测算法。它们通常生成候选框，并计算每一个候选框内是否有目标。但这些方法的缺点是速度较慢，训练和测试都需要大量的计算资源和时间。

③ 单阶段目标检测：这类方法在不生成候选框的情况下，直接对图片进行分类和定位。它们通常包括两个分支：检测分支和回归分支。检测分支用于判别是否有目标在该位置，回归分支用于进一步精细定位目标的位置。

④ 端到端目标检测：在单阶段目标检测算法的基础上，研究人员对目标检测算法进行了进一步的改进，实现了对所有组件的整合，通过端到端的方式训练整个网络。

在本例中，我们将使用 YOLO 单阶段目标检测算法。其以快著称，通常适合部署在实时系统中用来进行目标检测任务。YOLO 的发展经历了多个版本。2015 年首次提出了 YOLO。YOLO v1 采用单个卷积神经网络，将输入图像划分为网格，并在每个网格中预测目标的类别和位置。YOLO v2 采用了一些改进策略，包括使用更深的网络结构、更高的分辨率输入图像等技术来提高检测精度和速度。YOLO v3 引入了多尺度特征融合来提高检测精度。YOLO v4、YOLO v5 在 YOLO v3 的基础上采用了更多的技术，包括 SPP、CSP、Mosaic、Drop Block 等，可以进一步提高检测精度和速度。近年来 YOLO 模型还在不断更新，诸如：YOLOX、YOLO v7、YOLO v8、Gold-YOLO 等。随着版本的升级，YOLO 的检测精度和速度不断提高，在本例中我们选用 YOLO v5 目标检测算法。

(2) YOLO v5 模型

YOLO v5 属于一阶段目标检测模型。YOLO v5 包括输入端、主干网络、颈部网络和输出端四个部分，具体模型结构如图 6.6 所示。

在输入端，YOLO v5 使用了马赛克(Mosaic)图像增强方法，通过组合多个不同的图像来生成新的训练图像。Mosaic 随机选择 4 张不同的图像，将这 4 张图像随机拼接成一张大图像，其中每个小图像的位置和大小都是随机的。

在主干网络中，YOLO v5 使用了 Focus 结构和 CSP 结构。Focus 结构是一种用于特征提取的卷积神经网络层，可将输入特征图中的信息进行压缩和组合，从而提取出更高层次的特征表示，其操作过程如图 6.7 所示。

CSP 结构是 YOLO v5 中的一个重要组成部分，用于构建主干网络。其核心思想是将输入特征图分成两部分，一部分经过一个小的卷积网络进行处理，另一部分则直接进行下一层的处理。然后将两部分特征图拼接起来，作为下一层的输入。CSP 结构可以有效地减少网络参数和计算量，同时提高特征提取的效率，其具体结构在图 6.6 中有所展示。

颈部网络 YOLO v5 采用了 FPN＋PAN 的结构。FPN 可实现从深层特征向浅层特征的融合，PAN 可实现从浅层向深层特征的融合。特征的双向融合加强了网络特征融合的能力，从而提高小目标的检测精度。

YOLO v5 目标检测头首先将输入图片分割成 S×S 的网格，如果目标的中心坐落在其中

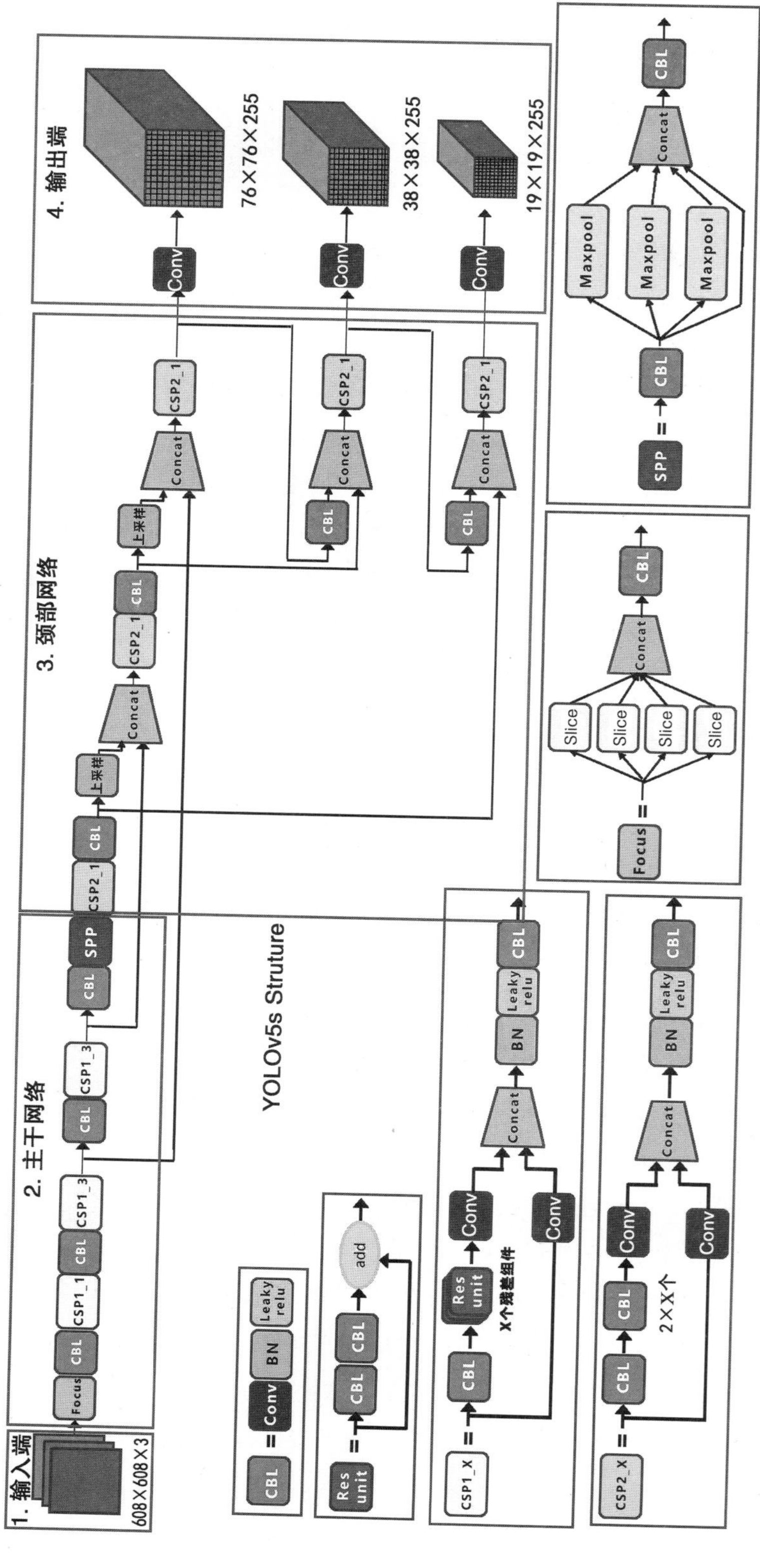

图 6.6　YOLO v5 模型结构

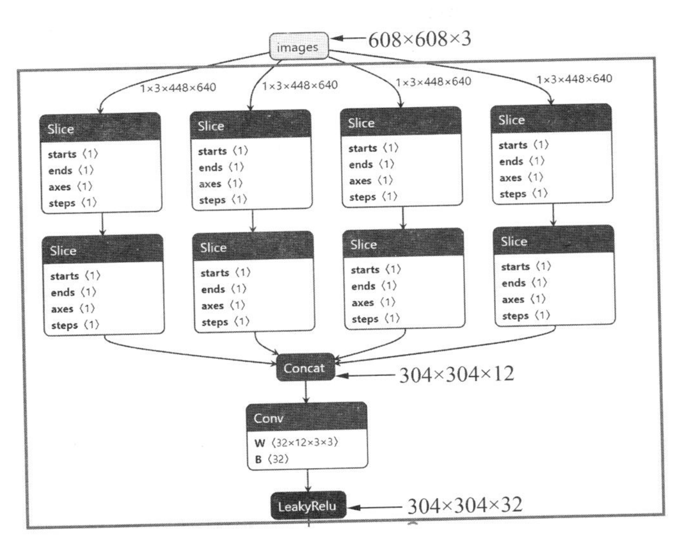

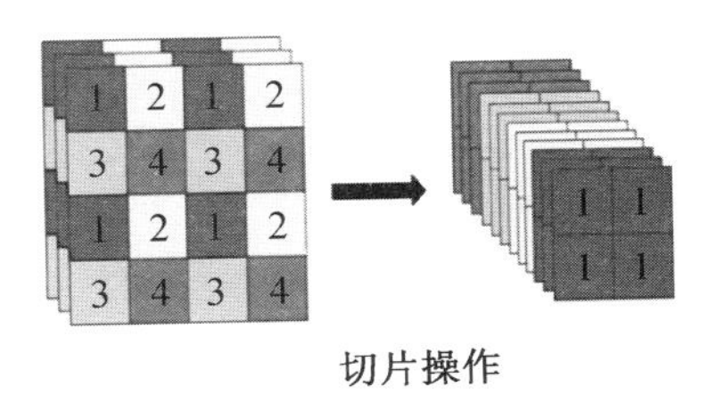

图 6.7　Focus 结构

的一个网格，那么该网格就负责检测这个对象。对于每个网格，都会预测边界框以及边界框的置信度，并且每个单元格还要预测出类别的概率值，用来进行分类。

(3) YOLO 的训练与推理

YOLO 模型在实现过程中包含三个步骤：数据准备、模型的训练及模型的推理(图 6.8)。数据准备需要准备 YOLO 的依赖、准备模型、训练集以及数据对应的标签，只有以上内容均准备完善后才能进行模型的训练。模型的训练是指在已经准备好的数据集上进行训练，用以得到模型权重的过程。模型的推理是指模型加载训练权重，利用其检测待检测目标的过程。

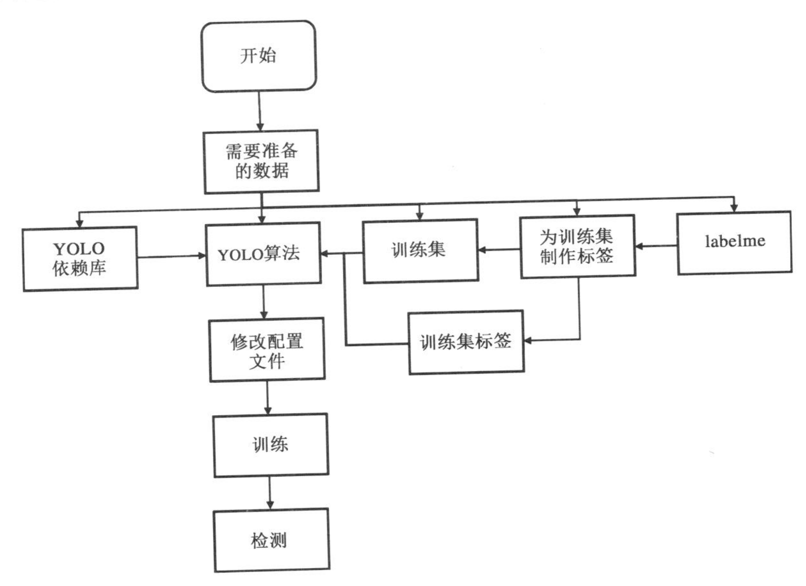

图 6.8　YOLO 模型的实现过程

训练和推理具体过程如下：

训练：

① 数据准备：首先需要准备一个数据集，数据集中包含有标记的目标框和对应的类别信息。

② 定义模型：YOLO 的模型结构包括一个骨干网络(如 DarkNet53)和多个 YOLO 块，每个 YOLO 块包含一些卷积层和下采样层，用于检测目标并输出其位置和类别信息。

③ 损失函数：在训练过程中，需要定义一个损失函数来衡量预测的目标框和真实的目标框之间的差距。常用的损失函数包括均方误差(MSE)和交叉熵损失等。

④ 训练过程：将准备好的数据集输入模型中，通过前向传播计算预测的目标框和真实的目标框之间的损失，然后通过反向传播更新模型的参数。重复以上步骤，直到模型的性能达到要求。训练过程如图 6.9 所示。

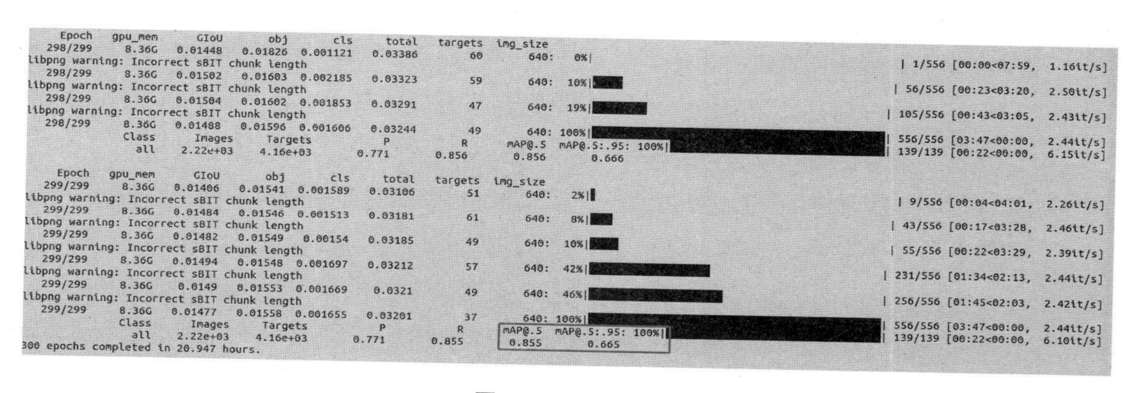

图 6.9 训练过程

推理：

① 数据准备：准备一张或多张待检测的图像。

② 将图像输入已经训练好的 YOLO 模型中，进行前向传播。

③ 输出预测结果：模型会输出目标框及其对应的类别信息，以及每个目标框的置信度分数。

④ 后处理：对预测结果进行后处理，如非极大值抑制(NMS)等，以得到最终的目标检测结果。

以上是 YOLO 的训练和推理过程的大致步骤，具体实现细节可能因不同的实现方式和数据集而有所不同。

6.2.3.3 测试验证

在目标检测实验中，我们拍摄了 128 张图片作为数据集，训练目标检测模型。本例数据集又被分为训练集和验证集两个集合。训练集用于训练深度模型，占整个数据集的大部分，总共 108 张。验证集用于调整模型参数和选择最佳模型，应占整个数据集的一小部分，共 20 张。验证集用于在训练过程中对模型进行评估，通过计算模型的准确率、误差等指标来选择最优的模型和参数。在实际工作中，应当再设置测试集用于评估模型的泛化能力和性能，但由于本例中样本数较少，所以验证集与测试集共享数据。

图 6.10 为目标检测的结果，系统检测测试结果 mAP0.5 达到了 0.995，mAP0.95 达到了 0.921。以上结果说明系统不仅可以有效识别红色正方形工件，而且可以准确框出其所在区域。

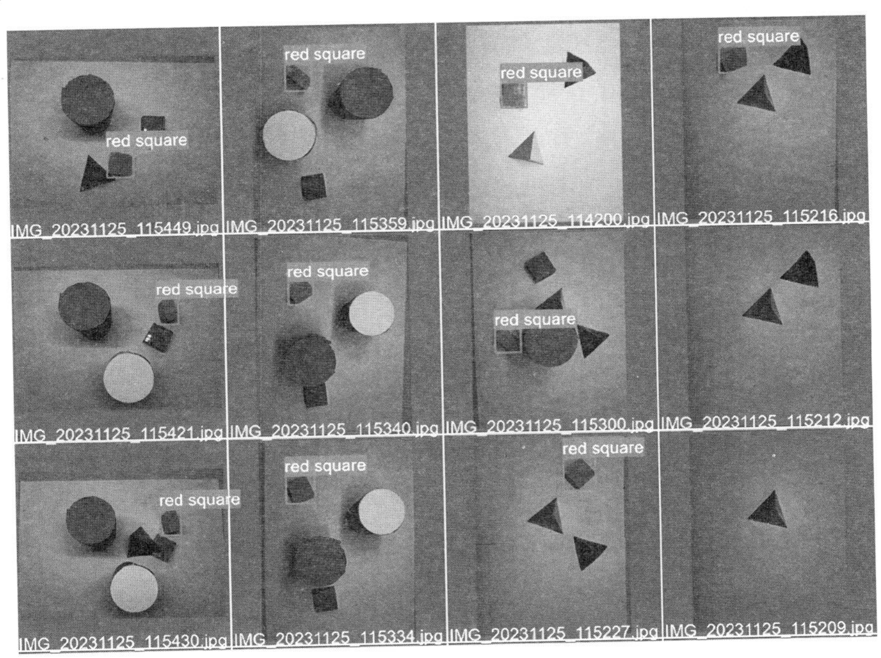

图 6.10

图 6.10　目标检测结果

6.2.3.4　设计总结

随着计算机视觉技术的发展，其已经广泛应用于机器人领域。本例简单地展示了在机器人抓取作业中，计算机视觉系统识别目标物体并定位的过程。首先，通过图像处理算法和神经网络模型的训练，计算机视觉技术可以对不同形状、尺寸、颜色的目标物体实现准确的检测和识别。在实际抓取机器人的应用中，计算机视觉技术可以用于检测不同种类的产品，以及判断其重量、大小、形状等特征，从而实现机械手臂的精准抓取和搬运。

需要指出的是，本例主要是介绍了基于 YOLO v5 的设计基本过程和步骤，还有很多环节可以进一步提升改善，如可以扩大在不同背景、角度或光照环境下的数据集，以提高识别可靠性和环境适应力，目标检测模型也只是使用了 YOLO v5 模型，并没有针对性的改进提升等。读者完全可以尝试设计其他方法。

6.3 惯性导航累积误差的智能预测与修正

卫星导航 GNSS 经常会因信号遮挡而导致定位输出中断。惯性导航系统(Inertial Navigation System,INS)是一种自主式导航系统,不易受到外部环境的干扰,可以在 GNSS 信号被遮挡时保持连续的定位输出,从而弥补卫星定位的不足。但其最大的缺点是具有误差累积效应,定位精度会随定位过程的进行而不断下降。

随着人工智能技术的飞速发展,由于机器学习算法具有强大的自学习以及非线性映射能力,近年来国内外学者研究了基于机器学习的方法来建立 INS 累积误差模型,并将其引入组合导航定位系统中,对 GNSS 失效时 INS 的累积误差进行预测和补偿,从而提高定位精度。读者可以参考本书 4.4.2 节和附件Ⅲ中的内容,查阅相关文献,自行思考 INS 累积误差智能预测与修正的软硬件系统设计过程。

6.4 本章小结

本章通过几个案例介绍了智能感知系统设计的基本过程和步骤。应当指出,这些案例介绍的设计内容还是较为初步的考虑。实际上,一个实用的感知系统要考虑的因素有很多,除了实现的技术途径外,还要考虑经济成本、功耗、体积、可靠性、环境适应性等,而很多因素往往存在矛盾和冲突。一个好的设计者应在不断的实践过程中总结提升,针对实际需求逐步形成全面、系统、平衡最优的设计理念和方法。

习　题

1. 6.1 节中还有哪些特征向量可以用于区分障碍物的种类?

2. 6.1 节中除了 SVM 以外,还可以使用哪些分类器进行目标识别? 试给出 1～2 个使用其他分类器的设计思路。

3. 从传感器和算法的角度分别思考如何提高车辆和行人目标的检测精度。

4. 思考在 6.2 节中,可以从哪些方面改进目标检测网络,并简述改进方法。

5. 依据表 4.2 累积时间和位置误差数据,重新构建支持向量回归算法,实现对 50～

60 s 时间区间的位置累积误差预测。

6. 依据表 4.2 累积时间和位置误差数据，构建长短期记忆网络，实现对 50～60 s 时间区间的位置累积误差预测，并分析其与习题 5 预测结果的区别。

附件 I

基于 K-Means 的图像分割算法

图像分割旨在针对输入图像的像素点进行聚类/分类，现存的分割算法多基于神经网络架构搭建。但如一些 K-Means 传统聚类算法同样可以取得一定的归类效果。在如下 K-Means 聚类算法介绍中，我们将主要关注算法中的一些参数设定对预测结果带来的影响。具体如表 I.1 所示：

表 I.1　K-Means 聚类算法流程

算法 I：K-Means 聚类
输入：待聚类图像像素点 输出：k 簇聚类样本

```
1: import cv2
2: import matplotlib.pyplot as plt
3: import numpy as np
4: def seg_kmeans_color():
5:     img = cv2.imread('test_k-means.jpg', cv2.IMREAD_COLOR)
6:     b, g, r = cv2.split(img)
7:     img = cv2.merge([r, g, b])
8:     img_flat = img.reshape((img.shape[0] * img.shape[1], 3))
9:     img_flat = np.float32(img_flat)
10:    criteria = (cv2.TERM_CRITERIA_EPS + cv2.TermCriteria_MAX_ITER, 20, 0.5)
11:    flags = cv2.KMEANS_RANDOM_CENTERS
12:    compactness, labels, centers = cv2.kmeans(img_flat, 2, None, criteria, 10, flags)
13:    compactness, labels_3, centers = cv2.kmeans(img_flat, 3, None, criteria, 10, flags)
14:    compactness, labels_4, centers = cv2.kmeans(img_flat, 4, None, criteria, 10, flags)
15:    img_output_2 = labels.reshape((img.shape[0], img.shape[1]))
16:    img_output_3 = labels_3.reshape((img.shape[0], img.shape[1]))
17:    img_output_4 = labels_4.reshape((img.shape[0], img.shape[1]))
18:    plt.subplot(221), plt.imshow(img), plt.title('input')
19:    plt.subplot(222), plt.imshow(img_output_2, 'gray'), plt.title('k-means,K=2')
20:    plt.subplot(223), plt.imshow(img_output_3, 'gray'), plt.title('k-means,K=3')
21:    plt.subplot(224), plt.imshow(img_output_4, 'gray'), plt.title('k-means,K=4')
```

（1）算法构建

① 导入 Opencv-python(即 cv2)、Matplotlib 及 Numpy 库。其中，Opencv-python 多用于读取、写入和处理图像和视频，并提供一些图像处理函数；Matplotlib 是一个 Python 的 2D 绘图库，它以各种硬拷贝格式和跨平台的交互式环境生成出版质量级别的图形。通过 Matplotlib，开发者可以仅需要几行代码，便可以生成直方图、功率谱、条形图、错误图、散点图等；Numpy 是一个开源的 Python 科学计算库，用于快速处理任意维度的数组。Numpy 支持常见数组和矩阵操作。对于同样数值计算任务，使用 Numpy 比直接使用 Python 要简洁得多。(代码 1～3 行内容解释)

② 定义聚类函数，并采用 cv2. IMREAD_COLOR格式提取输入彩色图像(如图Ⅰ.1 所示)。考虑到读取的图像三通道分别为 B(Blue)、G(Green)及 R(Red)，需要将其转化为正常三通道格式，因此采用 split 及 merge 函数分别执行分割及合并操作。(代码 4～7 行内容解释)

图Ⅰ.1　输入彩色图像

③ 需要改变输入特征的维度，这一步骤主要由于聚类算法在代码实现中是针对二维数组。(代码 8～9 行内容解释)

④ 需要指定 K-Means 算法的聚类参数。具体地，需指定聚类算法的迭代终止条件，如最大迭代次数及精度要求。(代码 10 行内容解释，其中 20 为最大迭代次数，0.5 为精度要求)

⑤ 通过指定初始质心，并调用 Opencv-python 的 K-Means 函数，给定聚类对象、种类 k、步骤④参数、最大迭代次数，获取不同聚类类别的聚类结果。其中代码 13～14 行为同类代码的不同参数设置，均返回三个变量，分别表示算法最终收敛情况、样本点所属簇编号、簇质心。(代码 11～14 行内容解释)

⑥ 将样本点所属簇编号组成的一维数据转化为二维数组(即灰色图图像，单通道)，并调用 matplotlib 函数，进行画板分割及展示。

（2）实验结果

最终实验效果如图Ⅰ.2 所示。随着 k 值的增加，图像背景像素点的聚类更加规整，墙体边缘与明暗灯光的划分十分精细。然而，随着 k 值的不断增加，针对猫身上像素点的聚类并不是十分有效，其主要原因在于图像背景所包含的纹理信息丰富度远远小于猫，那么要出色地完成猫所包含的像素点的聚类任务，则需要选取恰当的聚类数 k。关于这一问题，读者可以借鉴 4.2.1.2 节所介绍的科学选取 k 值的方案自行完善实验。

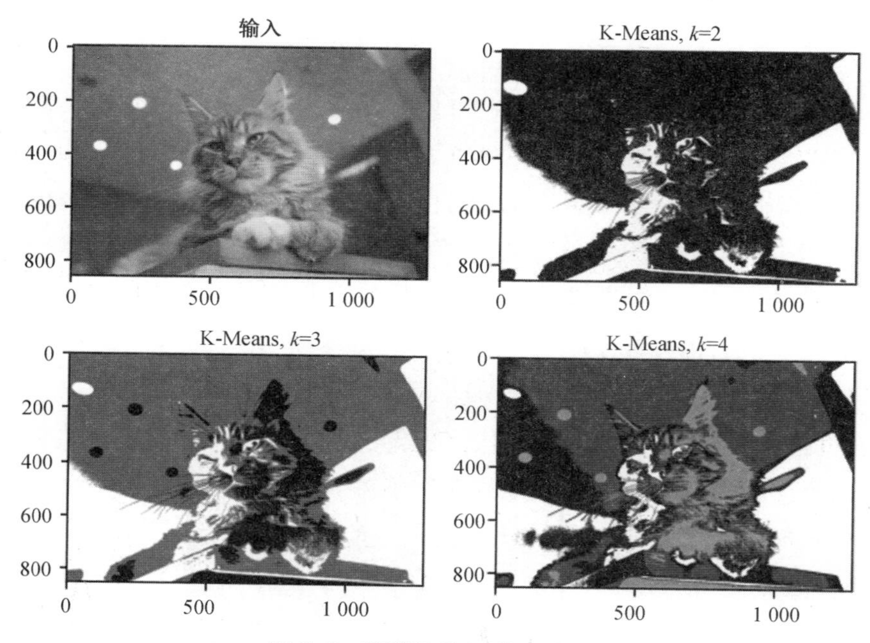

图Ⅰ.2　聚类结果(K 代表簇数)

附件Ⅱ 基于卷积神经网络的手写数字识别

（1）数据处理

在神经网络训练过程中，我们需要针对输入样本进行处理。处理的方式包含两种：数据划分及数据转化。所谓数据划分，即我们大体按照 7∶2∶1 的比例（需要说明的是，这个比例非固定，可自由选择，但现如今的算法基本采用这一比例要求）将现有样本分别划分为训练集、验证集及测试集（验证集并非必要包含）。其中训练集用于神经网络学习样本特征，调整卷积层等参数，使其更好地拟合样本数据特征。验证集多搭配训练集使用，用于在训练过程中对当前模型参数进行校验。测试集则用于测试网络在非训练样本上的表现能力，是否满足我们实际生产工作要求。而数据转化则集中在数据变形之上，通过数据尺寸、类别转化及归一化处理，提高模型的训练精度和速度。为此，如表Ⅱ.1 所示，我们首先定义一个数据处理函数 def_mnist_data。

表Ⅱ.1　卷积神经网络算法流程(一)

算法Ⅱ：卷积神经网络手写字体分类算法——数据处理
输入：样本数据 输出：数据划分及转化 1：mnist = tf.keras.datasets.mnist 2：(train_data, train_target), (test_data, test_target) = mnist.load_data() 3：train_data = train_data.reshape(−1, 28, 28, 1) 4：test_data = test_data.reshape(−1, 28, 28, 1) 5：train_data = train_data / 255.0 6：test_data = test_data / 255.0 7：train_target = tf.keras.utils.to_categorical(train_target, num_classes=10) 8：test_target = tf.keras.utils.to_categorical(test_target, num_classes=10)

① 加载手写公共数据集 mnist（其由美国国家标准与技术研究院收集整理，由 6 万张训练样本和 1 万张测试样本组成，在 tensorflow.keras 框架可以直接导入。tensorflow 是一种非常流行的机器学习框架，它有助于开发、训练和部署机器学习模型；keras 是一个高级机器学习和深度学习 API，它的目的是简化和加速机器学习模型的构建，使其变得更加可用，以便开发人员可以轻松地训练模型并评估它们），并按照训练∶验证=6∶1（本案例中，

测试集为我们手写字体)进行训练数据划分。(代码 1~2 行内容解释)

② 在 keras 框架中,卷积神经网络所处理的样本需为四维数据,分别为图像数量、图像高度、图像宽度、图像通道数。然而,由 mnist 所加载的数据尺寸(即 train_data、test_data)则为三维数据,具体为图像数量、图像高度、图像宽度(图像通道数为 1)。因此,需要针对上述训练样本进行尺寸转化,并基于归一化处理提高网络训练速率和收敛精度。(代码 3~6 行内容解释)

③ 由于手写字体分类为监督学习,因此,需要对标签值进行处理,转为独热编码输送至网络进行损失函数计算,并基于第四章的反向传播优化参数。举个例子,假设当前输入样本为 mnist 数据集中"4"字形样本,那么其标签值应该为 5,通过独特编码将其转化为[0, 0, 0, 0, 1, 0, 0, 0, 0, 0]格式输送至神经网络,用于将其与全连接层预测结果进行损失函数计算。(代码 7~8 行内容解释)

(2) 算法构建与训练

在训练阶段,需要关注如何构建算法以及如何将数据加载至算法之中,并且其中可能出现的尺寸匹配问题,如表Ⅱ.2 及图Ⅱ.1 所示。

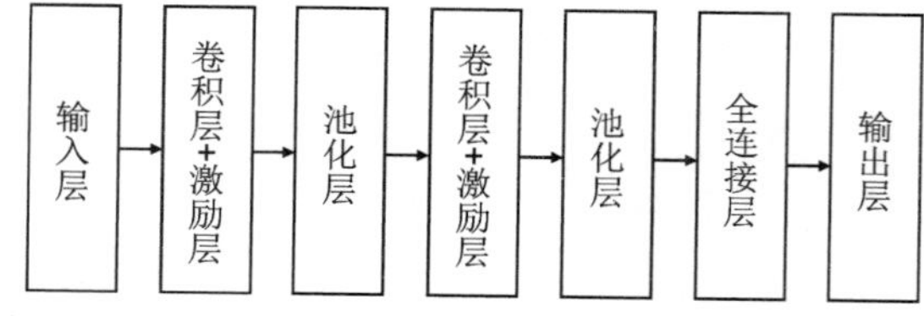

图Ⅱ.1 网络架构

表Ⅱ.2 卷积神经网络算法流程(二)

算法Ⅱ:卷积神经网络手写字体分类算法——算法构建及训练

输入:样本数据

输出:模型预估结果,并反向传播计算损失函数

```
1:  model = Sequential()
2:  model.add(Convolution2D(input_shape=(28, 28, 1), filters=32, kernel_size=5, strides=1,
    padding='same', activation='relu'))
3:  model.add(MaxPooling2D(pool_size=2, strides=2, padding='same', ))
    model.add(Convolution2D(64, 5, strides=1, padding='same', activation='relu'))
4:  model.add(MaxPooling2D(2, 2, 'same'))
5:  model.add(Flatten())
6:  model.add(Dense(1024, activation='relu'))
7:  model.add(Dropout(0.5))
8:  model.add(Dense(10, activation='softmax'))
9:  model.compile(optimizer = Adam(lr = 1e - 4), loss = 'categorical_crossentropy', metrics =
    ['accuracy'])
10: model.fit(train_data, train_target, batch_size=64, epochs=10, validation_data=(test_data, test_
    target))
```

① 神经网络模型一般包含卷积、池化、激活层及全连接层。如 2 行代码所示，首先，Convolution2D 代表卷积层，其包含了输入特征尺寸(特征尺寸需要和输入数据尺寸严格匹配)，filters 代表卷积核个数，kernel_size 为卷积核大小，strides 代表每次卷积核移动的步长，激活函数则为 4.3.3.3 节所阐述的 ReLU 函数。padding＝“same”是为了防止随着卷积深入，特征尺寸不断缩减，而在特征图四周补充 0。其次，MaxPooling2D 代表平均池化，可以将平均池化看作卷积核的一种变形，主要目的是针对卷积区域提取特征图中关键要素点。再者，经过上述 1～4 行卷积池化的特征提取，将获取到关于输入手写字体的重要表征信息，但如何将表征信息转化为网络的预测结果，则需要搭配 5～8 行代码实现。具体地，Flatten 主要用于将特征图拉平，即将每个特征点作为神经元进行后续全连接推理操作。Dense 为全连接层，用于不断对神经元进行采样及获取最终 10 类推理结果(即代码第 6、8 行)。Dropout 是一种神经网络优化思路，旨在防止由于网络复杂度导致算法过拟合问题(即在训练样本中表现优异，但在测试集中准确率不高)。代码第 9 行则针对训练参数进行设置，其中 optimizer 为网络优化器设定，采用 Adam 优化算法并搭配学习率为 1e－4 进行参数调节；loss 为损失函数设置，为二元交叉熵损失函数；metrics＝['accuracy']代表深度学习使用精度来衡量模型拟合度和精度的重要标准。代码第 10 行则为网络训练代码，其中 train_data、train_target 为网络训练数据及标签，batch_size 为网络每次迭代时所处理的数据量，epochs 为网络针对全部样本的训练次数。

② 基于以上网络模型搭建，模型训练过程如图Ⅱ.2 所示，其中 x/60 000 代表当前 Epoch 模型已训练的数据量 x，总计需要完成 10 次 Epoch 训练；loss 及 accuracy 分别代表神经网络在训练集整体的损失值和准确率；val_loss 和 val_accuracy 则为网络在验证集整体的损失值及准确率。可以发现经过 10 次训练以后，本案例所搭建的神经网络在训练集上的识别准确率已达到 99%以上，表明模型损失值已收敛到极低点。

```
59072/60000 [============================>.]59072/60000 [============================>.] - ETA: 2s - loss: 0.0217 - acc: 0.9931
59136/60000 [============================>.]59136/60000 [============================>.] - ETA: 2s - loss: 0.0217 - acc: 0.9931
59200/60000 [============================>.]59200/60000 [============================>.] - ETA: 1s - loss: 0.0218 - acc: 0.9931
59264/60000 [============================>.]59264/60000 [============================>.] - ETA: 1s - loss: 0.0218 - acc: 0.9931
59328/60000 [============================>.]59328/60000 [============================>.] - ETA: 1s - loss: 0.0217 - acc: 0.9931
59392/60000 [============================>.]59392/60000 [============================>.] - ETA: 1s - loss: 0.0217 - acc: 0.9931
59456/60000 [============================>.]59456/60000 [============================>.] - ETA: 1s - loss: 0.0217 - acc: 0.9931
59520/60000 [============================>.]59520/60000 [============================>.] - ETA: 1s - loss: 0.0217 - acc: 0.9931
59584/60000 [============================>.]59584/60000 [============================>.] - ETA: 1s - loss: 0.0217 - acc: 0.9931
59648/60000 [============================>.]59648/60000 [============================>.] - ETA: 0s - loss: 0.0217 - acc: 0.9931
59712/60000 [============================>.]59712/60000 [============================>.] - ETA: 0s - loss: 0.0217 - acc: 0.9930
59776/60000 [============================>.]59776/60000 [============================>.] - ETA: 0s - loss: 0.0217 - acc: 0.9931
59840/60000 [============================>.]59840/60000 [============================>.] - ETA: 0s - loss: 0.0217 - acc: 0.9930
59904/60000 [============================>.]59904/60000 [============================>.] - ETA: 0s - loss: 0.0217 - acc: 0.9930
59968/60000 [============================>.]59968/60000 [============================>.] - ETA: 0s - loss: 0.0217 - acc: 0.9930
60000/60000 [==============================]60000/60000 [==============================] - 155s 3ms/step - loss: 0.0217 - acc: 0.9930 - val_loss:
 0.0254 - val_acc: 0.9912

Process finished with exit code 0
```

图Ⅱ.2　算法训练过程

(3) 算法测试

为了验证算法所训练出的模型的有效性，将参数模型重新导入网络中，并输入测试样本进行测试。具体如表Ⅱ.3所示。

表Ⅱ.3　卷积神经网络算法流程(三)

算法Ⅱ：卷积神经网络手写字体分类算法——算法测试
输入：测试数据
输出：模型测试结果
1：model = load_model('mnist.h5')
2：img = Image.open('test_2.png')
3：img = img.resize(28, 28)
4：gray = np.array(img.convert('L'))
5：gray_inv = (255 - gray) / 255.0
6：image = gray_inv.reshape((1, 28, 28, 1))
7：prediction = model.predict(image)
8：prediction = np.argmax(prediction, axis=1)

第1行代码用于将上述训练好的mnist.h5参数模型载入网络模型之中，通过代码2～5行针对输入图像进行尺寸规整、灰度处理、归一化、转化为四维数据。并针对每张输入图像得到最终的预测结果(代码6～8行)。预测结果如图Ⅱ.3所示，模型具有精准的手写字体识别精度。

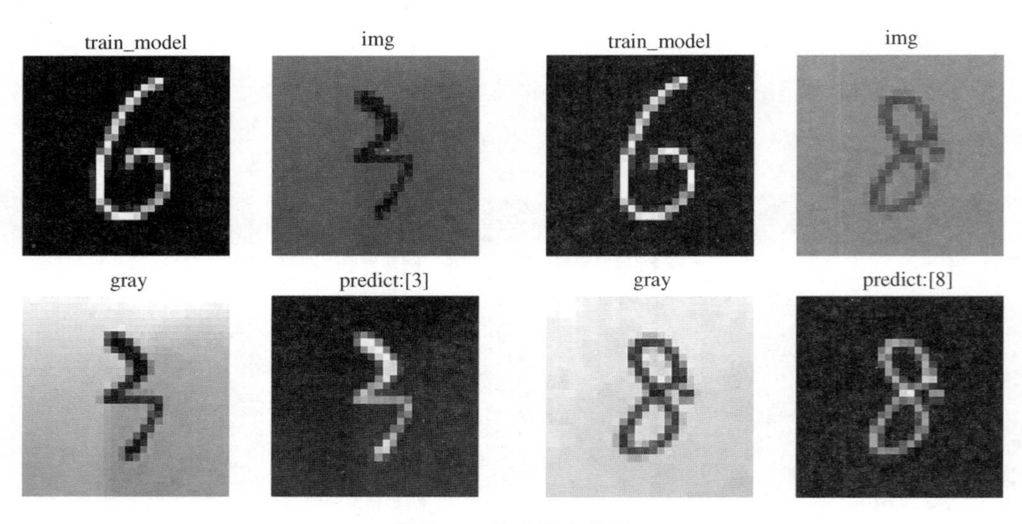

图Ⅱ.3　算法输出结果

附件Ⅲ 基于 SVR 的惯性导航累积误差预测

案例选择某惯性导航在某次 60 s 定位误差作为研究对象，并选择其中前 40 s 数据进行 SVR 训练，用于预测后 20 s 误差数据。原始误差数据如表Ⅲ.1 所示，具体算法流程见表Ⅲ.2。

① 代码第 1 行采用 pandas(pd)库中的 read_csv 函数读取 CSV 文件，返回大小为 60×2 的表格型数据结构。采用 iloc 函数并分别设定索引列数(即代码第 2～3 行的[0]、[1]索引值)获取数据中时间及误差信息，赋值给变量名 x 及 y。代码第 4～7 行为采用 fit_transform 函数对输入数据进行均值和方差的计算，并依次将数据转化为标准的正态分布。

表Ⅲ.1 惯性导航累积误差数据

时间/s	误差/m
1	0
2	0.291 507
…	…
59	−11.584 8
60	−11.960 9

② 采用 train_test_split 函数将数据进行划分。其中，函数的输入分别为时间数组、误差值数组、20 组测试集数量。返回值分别为训练时间数组、测试时间数组、训练误差数组及测试误差数组，对应的尺寸分别为 40×1、20×1、40×1 及 20×1。

表Ⅲ.2 SVR 算法流程

算法Ⅲ：基于 SVR 的惯性导航累积误差预测

输入：前 40 s 定位误差数据

输出：模型后 20 s 误差预测结果

```
1: dataset = pd.read_csv('error.csv')
2: x = dataset.iloc[:, [0]].values
3: y = dataset.iloc[:, [1]].values
4: sc_x=StandardScaler()
5: sc_y=StandardScaler()
6: x=sc_x.fit_transform(x)
7: y=sc_y.fit_transform(y)
8: x_train, x_test, y_train, y_test = train_test_split(x, y, test_size = 20)
9: model = SVR(kernel = 'rbf', C=20, gamma=0.25, epsilon=0.001)
10: model.fit(x_train, y_train)
11: y_pred = model.predict(x_test)
12: y_pred=sc_y.inverse_transform(y_pred.reshape(-1, 1))
```

③ 代码第 9 行从 sklearn 库中调用 SVR 函数，并确定核函数为径向基函数(其他常见的核函数还有线性核及多项式核)、正则化系数(即 C)、带宽参数(即 gamma)及误差容忍度参数(即 epsilon)，用于拟合训练数据。代码第 10 行代表将 40 组误差数据集标签送入 SVR，并进行网络训练。训练后的结果将用于对 41～60 s 时间段进行误差预测(代码第 11～12 行)，实验结果如图Ⅲ.1 及表Ⅲ.3 所示，SVR 模型在预测开始时间点的误差评估较为准确，但随着时间的推移，所推理的误差逐渐增大。

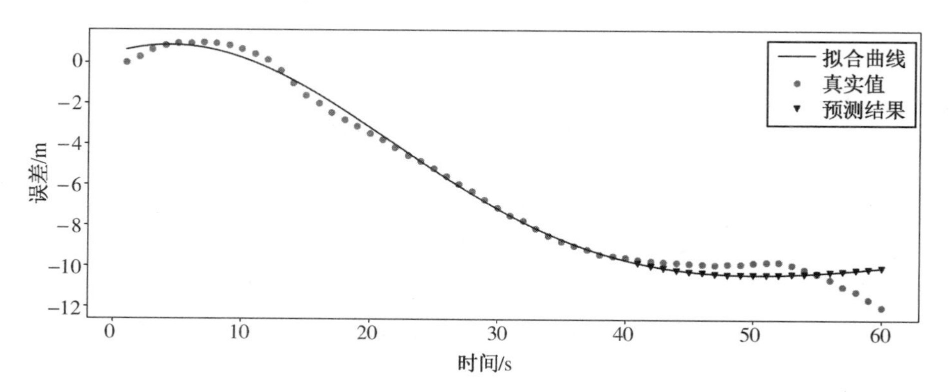

图Ⅲ.1 原始累积误差数据及预测结果(曲线为拟合函数，三角形/点状分别为预测结果及真实值)

表Ⅲ.3 惯性导航累积误差预测值与真实值

时间/s	预测值/m	真实值/m	时间/s	预测值/m	真实值/m
41	−9.838 16	−9.636 57	51	−10.403 8	−9.743 95
42	−9.963 79	−9.709 18	52	−10.392 0	−9.756 16
43	−10.071 9	−9.759 86	53	−10.371 4	−9.887 88
44	−10.163 1	−9.783 08	54	−10.342 6	−10.103 2
45	−10.238 4	−9.820 88	55	−10.306 6	−10.314 8
46	−10.298 5	−9.854 83	56	−10.263 9	−10.618 1
47	−10.344 5	−9.895 89	57	−10.215 5	−10.934
48	−10.377 0	−9.868 8	58	−10.161 8	−11.195 8
49	−10.397 2	−9.851 91	59	−10.103 6	−11.584 8
50	−10.405 8	−9.804 12	60	−10.041 4	−11.960 9

附件Ⅳ

基于 ARIMA 模型的雨量预测算法

案例选择西雅图 2015 年 1 月 1 日至 2016 年 3 月 31 日的每日降雨量，其中 2015 年 1 月 1 日至 2016 年 1 月 31 日每日降雨量作为模型训练数据（图Ⅳ.1），用于通过 AIC 准则预测模型的自回归阶数（p 值）及移动平均模型阶数（q 值）。进而采用 ARIMA(p,d,q)模型预测西雅图 2016 年 2 月 1 日及 2016 年 2 月 2 日降雨量。算法如表Ⅳ.1 所示。

表Ⅳ.1 ARIMA 算法流程(一)

算法Ⅳ：基于 ARIMA 模型的雨量预测算法——获取参数
输入：训练数据 输出：自回归阶数 p、移动平均模型阶数 q 1：ChinaBank=pd.read_csv ('seattleWeather_1948-2017.csv',index_col='Date',parse_dates=['Date']) 2：ChinaBank.index = pd.to_datetime(ChinaBank.index) 3：sub = ChinaBank.loc['2015-01':'2016-03','Close'] 4：train = sub.loc['2015-01':'2016-01'] 5：test = sub.loc['2016-02':'2016-03'] 6：train_results=sm.tsa.arma_order_select_ic(train,ic=['aic',],trend='n',max_ar=8, max_ma=8) 7：print('AIC', train_results.aic_min_order)

① 获取参数。采用 pandas(pd)库中的 read_csv 函数读取 CSV 文件，将返回 Excel 表格中所排列的时间及其对应降雨量数据。随后通过 pandas 库中 to_datetime 函数获取所有时间索引值。考虑到案例仅采用原始数据（1948—2017）的部分年限内容（2015—2016）。因此，需要对全部索引值进行选择，并进行训练和测试划分，即代码的第 3～5 行内容解释。随后，sm.tsa.arma_order_select_ic 将针对训练样本调用 AIC 准则获取 ARIMA 模型的自回归阶数 $p=2$，移动平均模型阶数 $q=1$。

② 基于步骤①，开始搭建 ARIMA 预测模型。值得说明的是，除了上述两个参数之外，由于 ARIMA 模型用于处理平稳序列，因此需要针对数据进行判断。而本案例中的雨量数据并不存在季节性或者拥有某种趋势。因此，本案例将差分参数 d 设置为 0。具体如表Ⅳ.2 所示。

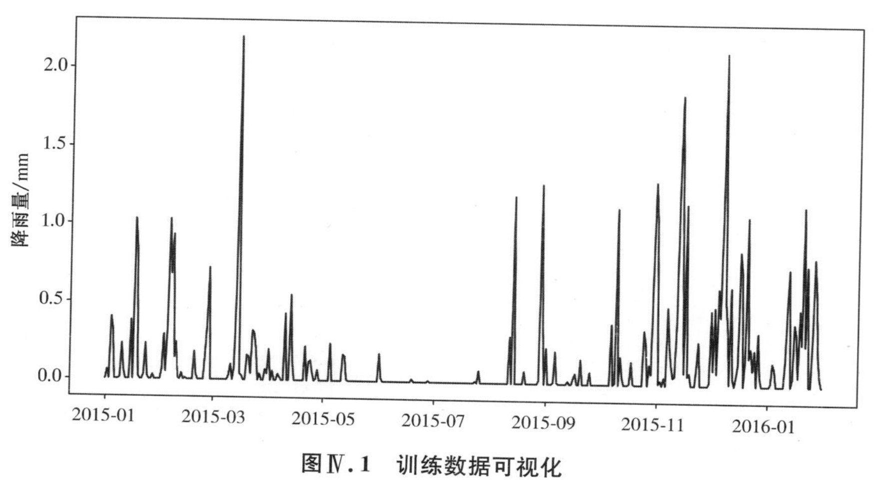

图Ⅳ.1 训练数据可视化

表Ⅳ.2 ARIMA 算法流程(二)

算法Ⅳ：基于 ARIMA 模型的雨量预测算法——模型训练和测试
输入：p、d 及 q 参数值 输出：测试结果 1：p = 2 2：d = 0 3：q = 1 4：model = sm.tsa.ARIMA(train, order=(p,d,q)) 5：results = model.fit() 6：predict_sunspots = results.predict(dynamic=False) 7：pred = results.predict('2016-02-01','2016-02-02',dynamic=True, typ='levels') 8：print(pred)

代码第 1、3 行为步骤①中所获取的 p、q 数值，结合 $d=0$ 将其导入 ARIMA 模型中(代码第 4 行，其中 train 为训练数据)并进行训练。其训练返回值即为公式(4.71)中的估计参数 c，ϕ_1，…，ϕ_p，θ_1，…，θ_q。基于此，模型针对训练数据的拟合程度如图Ⅳ.2 所示，其针对训练数据的高突变特征拟合并不十分充分。

基于拟合 ARIMA 模型，将其用于测试西雅图 2016 年 2 月 1 日及 2016 年 2 月 2 日的降雨量数据，最终结果如表Ⅳ.3 所示。

表Ⅳ.3 ARIMA 算法预测结果

日期	预测结果/mm	真实值/mm
2016-02-01	0.148 557	0.11
2016-02-02	0.199 220	0.14

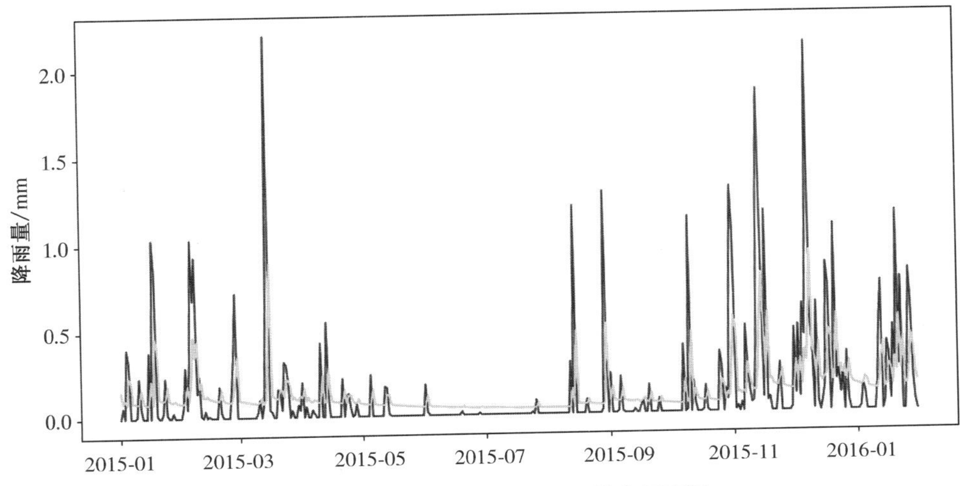

图Ⅳ.2 ARIMA 模型拟合训练样本示意图

附件Ⅴ

基于 LSTM 模型的股价预测算法

(1) 数据处理

案例Ⅴ选择某只股票从 2014 年 1 月至 2015 年 4 月的收盘价作为任务对象。与案例Ⅱ直接将总体数据按照 7∶2∶1 的比例划分训练、验证及测试不同,时序数据处理需要按照时间关联顺序进行训练和测试划分。原始数据及数据处理代码分别如图Ⅴ.1 及表Ⅴ.1 所示。

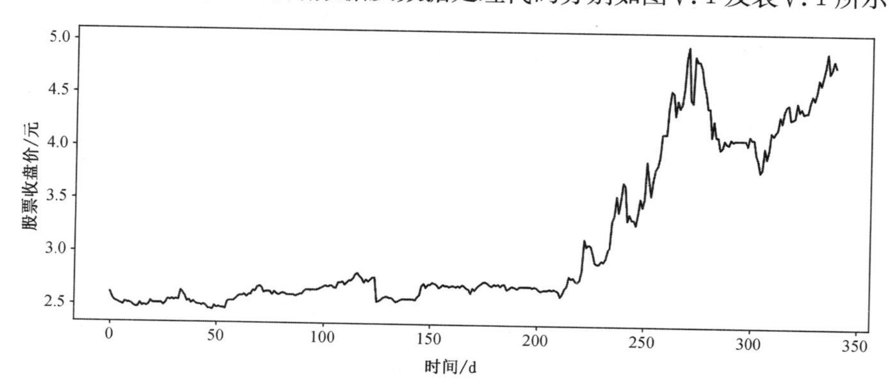

图Ⅴ.1 原始股价数据图例

表Ⅴ.1 LSTM 算法流程(一)

算法Ⅴ:基于 LSTM 模型的股价预测算法——数据处理
输入:总体数据 输出:训练和测试数据划分 1: data = pd.read_csv('test_test.csv') 2: data = data.iloc[:, 1:2].values 3: data = np.array(data).astype(np.float32) 4: trainData_x = [] 5: trainData_y = [] 6: testData_x =[] 7: testData_y = [] 8: seq_length = 8 9: n_feature = 5 10: data = data.reshape(−1, n_feature) 11: for i in range(59): 12:   tmp_x = data[i: i + seq_length, :] 13:   trainData_x.append(tmp_x) 14:   tmp_y = data[i + seq_length, :] 15:   trainData_y.append(tmp_y) 16: testData_x.append(data[59: 67,:]) 17: testData_y.append(data[67,:])

代码 1～3 行用于使用 read_csv、iloc 及 Numpy 库中的 array 函数进行数据读取、选择([:,1:2]代表选择每一行的收盘价列数据,为 340 组)及转化为数组。接下来,将针对数据进行训练及测试划分。在进行 4～15 行代码讲解之前,先回顾 4.5.3.1～4.5.3.4 节所阐述的输入数据维度 $X_t \in \mathbb{R}^{n \times d}$,其中 n 为模型一次迭代所处理的数据量,即批次大小(batch),d 为当前时间步输入维度。举个例子,假设网络正在预测"你""好"之后的输出文字,它的真实标签为"吗"。每个文字均由 10 维向量组成,则当前时间步应为 2,批次大小为 1,即由两个 LSTM 在同一层次串联,分别将"你""好"输入至 LSTM,其每个 LSTM 的输入维度均为 1×10。

再者,图Ⅴ.2 所示的遗忘门、输入门等操作,本质上均是由输入特征与上一层的隐藏特征之间的全连接层操作。因此,在 LSTM 中,同样需要关注输入特征与隐藏特征之间的维度匹配。依照上述预测"你""好"之后的输出文字案例,已知当前每个 LSTM 的输入维度为 1×10(即图Ⅴ.3 中输入层由 10 个输入神经元组成),设置隐藏层维度为 1×5(即图Ⅴ.3 中隐藏层由 5 个隐藏神经元组成,这一步骤在代码中同样需要大家自行设置),那么输入层到隐藏层之间的权重矩阵维度为 10×5,隐藏层输出维度为 1×5。

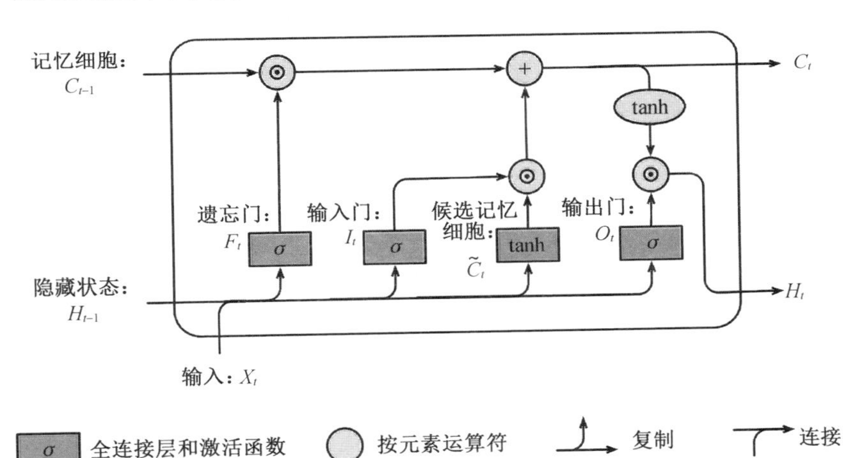

图Ⅴ.2 长短期记忆网络

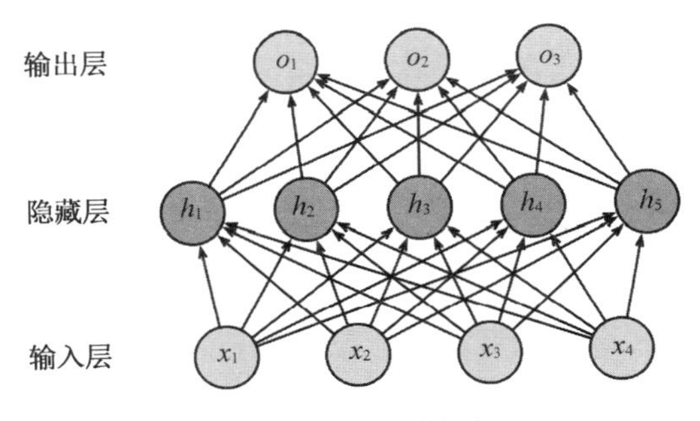

图Ⅴ.3 多层感知机

基于以上分析，在数据划分中，需要设置输入维度 d 及我们希望在一层中串联多少个 LSTM 网络(即多少时间步)。具体如表Ⅴ.1 所示，我们首先建立 4 个空列表用于存放训练和测试数据及标签(代码 4～7 行内容解释)。seq_length＝8 则为案例所设置的时间步，即一层神经网络由 8 个 LSTM 模块组成。那么每一 LSTM 的输入维度是多少呢?

为了解决这个疑问，首先通过设定 n_feature＝5 变量，并通过 reshape 函数将原来 340×1 的股价数组，转化为 68×5(代码第 9～10 行内容解释)。随后，通过循环函数，循环次数为 59 次，每次分别将 8 个 1×5 的数组作为训练数据载入 trainData_x 空列表之中，将第 9 组、维度为 1×5 数组作为标签载入 trainData_y 空列表之中，并按顺序加 1 循环。(通俗来说，即网络训练由 8 个 LSTM 组成，每个 LSTM 输入维度 1×5，即第一次前 8 组 1×5 数据分别作为 8 个 LSTM 的输入，第 9 组作为标签，用于计算损失函数，下一组输入顺序加 1 进行。)

而关于测试数据，案例选择将第 60 至 67 组数据输入至空列表 testData_x 中，并将对应标签值输入至 testData_y(代码 16～17 行内容解释)。

(2) 模型构建及训练

① 基于以上关于 LSTM 网络机理及维度介绍，这一部分读者需要更加关注一些参数的设定及意义。具体如表Ⅴ.2 所示。

表Ⅴ.2 LSTM 算法流程(二)

算法Ⅴ：基于 LSTM 模型的股价预测算法——模型搭建

输入：输入、隐藏及输出神经元个数，LSTM 层数

输出：LSTM 网络构建

```
1:  class Net(nn.Module):
2:      def __init__(self, in_dim=5, hidden_dim=10, output_dim=30, n_layer=1):
3:          super(Net, self).__init__()
4:          self.in_dim = in_dim
5:          self.hidden_dim = hidden_dim
6:          self.output_dim = output_dim
7:          self.n_layer = n_layer
8:          self.lstm=nn.LSTM(input_size=in_dim,hidden_size=hidden_dim,num_layers=
9:          n_layer)
10:         self.linear = nn.Linear(hidden_dim, output_dim)
11:     def forward(self, x):
12:         _, (h_out, _) = self.lstm(x)
13:         print(h_out.shape)
14:         h_out = h_out.view(h_out.shape[0],-1)
15:         h_out = self.linear(h_out)
16:         return h_out
```

代码 1～8 行用于定义模型参数，组合 LSTM 网络，其中 in_dim 为每个 LSTM 输入神经元个数，步骤(1)中，设置的每个 LSTM 输入特征维度为 1×5，那么 in_dim 参数为 5。倘若将其更改为 20，则代码会提示输入特征尺寸不匹配问题。hidden_dim、output_dim 分别表示隐藏及输出神经元个数，这个参数可以自由决定，本案例分别设置为 10 及 5。n_layer 为 LSTM 层数，本案例设置为 1。关于每一层由多少 LSTM 组成这一参数，并不需要自行设置，网络会根据输入特征维度中所包含的时间步进行自动分配。

如 11 行代码所示，LSTM 网络的输出由三个组成，我们更加关注最后一时间步的隐藏状态 h_out。并通过 view 函数及 linear 函数将 h_out 进行线性回归。

② 网络训练主要包含导入 LSTM 网络模型、定义损失函数、定义优化器及模型训练。具体如表Ⅴ.3 所示。

表Ⅴ.3　LSTM 算法流程(三)

算法Ⅴ：基于 LSTM 模型的股价预测算法——模型训练

```
输入：总体数据
输出：模型预估结果，并反向传播计算损失函数
1：train = True
2：EPOCH = 800
3：learning_rate = 0.01
4：if train：
5：      model = Net()
6：      loss_func = torch.nn.MSELoss()
7：      optimizer = torch.optim.Adam(model.parameters(), lr=learning_rate)
8：      for epoch in range(epoch)
9：          for iteration, X in enumerate(trainData_x):
10：                 X = torch.tensor(X).float()
11：                 X = torch.unsqueeze(X, 0)
12：                 output = model(X)
13：                 output = torch.squeeze(output)
14：                 loss = loss_func(output, torch.tensor(trainData_y[iteration]))
15：                 optimizer.zero_grad()
16：                 loss.backward()
17：                 optimizer.step()
18：        torch.save({'state_dict': model.state_dict()}, 'checkpoint.pth.tar')
```

代码 1～7 行用于确定训练开始，并将表Ⅴ.2 所定义的 LSTM 网络引入，命名为 model。损失函数基于均方误差损失(MSELoss)定义，并采用 Adam 优化器进行参数调节。

代码第 8 行为从 0 开始循环训练网络参数，通过网络针对输入数据的预测、预测结果与真实值的损失计算及反向传播优化参数步骤促使网络达到更好性能。

考虑到神经网络针对张量数据进行处理，代码第10～11行将数组转为张量赋值给 X，并通过 unsqueeze 将二维张量 X（尺寸为 8×5）扩充至三维（尺寸为 $1\times8\times5$）。这一步骤目的在于LSTM的输入需要为三维张量，分别为（batch，序列长度，输入维度）。在本案例中，通过代码第10～11行，batch设置为1；序列长度为8，代表一层由8个LSTM组成的网络；输入维度为5，与网络设计时的输入神经元个数完全契合。

将经过数据类型处理、维度转化后的数据 X 输入神经网络，得到尺寸为 1×5 输出（代码第12行内容解释）。通过 squeeze 函数对输出进行降维（代码第13行内容解释），并送至损失函数中进行损失值计算。通过梯度归0、反向传播及参数更新进行网络参数学习（代码第14～17行内容解释）。待800次Epoch学习完成之后，将模型参数保存为checkpoint. pth. tar格式。

（3）算法测试

如上所述，案例选择第60次、维度为 8×5 的股价来预测2015年4月17日至4月23日的每日收盘价。具体如表Ⅴ.4所示，代码1～2行中eval()函数代表模型开始预测，并建立空列表用于保存模型的预测结果。代码3～8行分别为提取测试数据、转为张量、维度扩充、网络预测、预测结果降维、导入空列表中。算法的最终预测结果如图Ⅴ.4及表Ⅴ.5所示。

表Ⅴ.4　LSTM算法流程(四)

算法Ⅴ：基于LSTM模型的股价预测算法——模型测试

输入：测试数据
输出：模型预测结果

```
1: model.eval()
2: predict = []
3: for X in testData_x:
4:        X = torch.tensor(X).float()
5:        X = torch.unsqueeze(X, 0)
6:        output = model(X)
7:        output = torch.squeeze(output)
8:        predict.append(output.data.numpy())
```

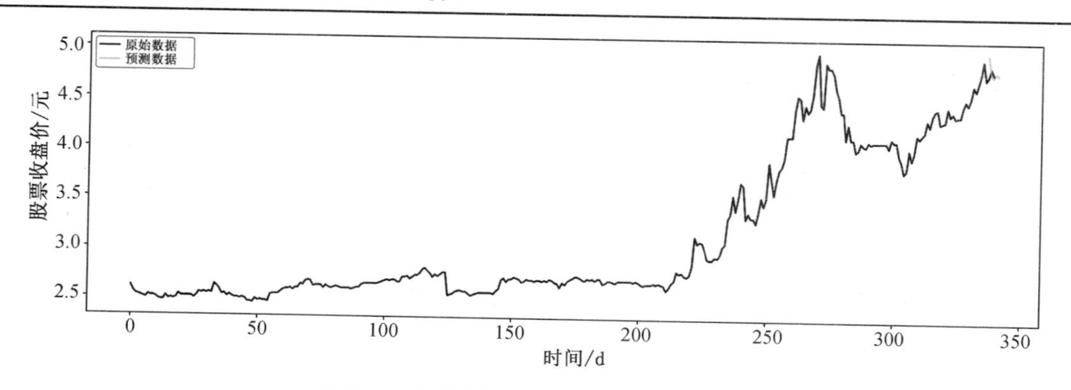

图Ⅴ.4　股价预测结果与原始数据叠加图

表Ⅴ.5　LSTM 算法预测结果

日期	预测收盘价/元	真实收盘价/元
2015-04-17	4.983 3	4.93
2015-04-20	4.805 5	4.74
2015-04-21	4.773 3	4.78
2015-04-22	4.817 7	4.86
2015-04-23	4.792 8	4.8

可以得出，经过时序数据训练得到的网络，所预测的收盘价虽与真实值存在略微差距，但总体数值变化趋势与原始数据是契合的，这验证了 LSTM 处理时序数据的有效性。在此基础上，可以进一步思考如何有效地提升模型的预估能力。调整网络参数（如隐藏神经元个数）或增加每一天的时间变量信息（如当天是否有利好政策发布等）也许是一些比较好的思路。

附件Ⅵ

基于支持向量机的障碍物感知算法

案例选择 KITTI 数据集中的三帧点云数据作为研究对象，对其中存在的行人和车辆目标进行检测和分类。目前 3D 点云目标检测算法多基于深度学习架构搭建，但是一些传统算法也能实现较好的效果，如支持向量机（SVM）和 DBSCAN 聚类算法。在下面算法介绍中（如表Ⅵ.1），我们将主要关注一些参数设定对结果带来的影响。

表Ⅵ.1　点云障碍物检测分类算法流程

算法Ⅵ：点云障碍物检测分类

输入：待检测目标点云

输出：k 簇聚类样本

```
1: import open3d as o3d
2: import numpy as np
3: from sklearn.cluster import DBSCAN
4: from sklearn.svm import SVC
5: from sklearn.model_selection import train_test_split
6: from sklearn.preprocessing import StandardScaler
7: point_cloud = o3d.io.read_point_cloud("your_test_pointcloud_file.pcd")
8: leaf_size = 0.1
9: downsampled_point_cloud = point_cloud.voxel_down_sample(voxel_size=leaf_size)
10: sensor_height = 0.5
11: ground_removed_point_cloud = downsampled_point_cloud.select_by_index(
        np.where(downsampled_point_cloud.points[:, 2] > sensor_height))
12: eps = 0.2
13: min_samples = 5   # DBSCAN 中的最小样本数
14: clustering = DBSCAN(eps=eps, min_samples=min_samples).fit_predict(ground_removed
    _point_cloud.points)
15: unique_clusters = np.unique(clustering)
16: features = []
17: for cluster_id in unique_clusters:
18:     if cluster_id == -1:
```

（续表）

```
19:            continue
20:        cluster_indices = np. where(clustering == cluster_id)
21:        cluster_points = ground_removed_point_cloud. select_by_index(cluster_indices[0])
22:        points = np. asarray(cluster_points. points)
23:        if len(points) > 0:
24:            length = np. max(points, axis=0) - np. min(points, axis=0)
25:            width = np. max(points, axis=1) - np. min(points, axis=1)
26:            height = np. max(points, axis=2) - np. min(points, axis=2)
27:            aspect_ratio = width / height if height ! = 0 else 0
28:            reflectance_variance = np. var(points[: , 3])
29:            reflectance_mean = np. mean(points[: , 3])
30:            features. append([length, width, height, aspect_ratio, reflectance_variance, reflectance_
mean])
31: features = np. array(features)
32:     def load_labels_for_training():
33:         labels = []
34:         with open("path_to_your_labels_file. txt", "r") as file:
35:             for line in file:
36:                 label = line. strip()
37:                 labels. append(label)
38:         return labels
39: labels = load_labels_for_training()
40: X_train, X_test, y_train, y_test = train_test_split(features, labels, test_size=0. 2, random_
state=42)
41: X_train_scaled = scaler. fit_transform(X_train)
42: X_test_scaled = scaler. transform(X_test)
43: svm_classifier = SVC()
44: svm_classifier. fit(X_train_scaled, y_train)
45: accuracy = svm_classifier. score(X_test_scaled, y_test)
```

（1）算法构建

① 导入点云处理需用到的库，如 Open3d、Numpy 以及聚类和 SVM 支持向量机需要用到的库 Sklearn。Open3d 可以实现点云的读入操作，并且可以对读入的点云进行降采样等操作；Numpy 是一个开源的 Python 科学计算库，用于快速处理任意维度的数组。Numpy 支持常见数组和矩阵操作。对于同样数值计算任务，使用 Numpy 比直接使用 Python 要简洁的多。Sklearn(scikit-learn)是一个用于机器学习、数据挖掘和数据分析的 Python 库。它提供了各种工具，包括用于分类、回归、聚类、降维、模型选择、预处理等多种机器学习任

务的算法和函数。(代码 1～6 行内容解释)

② 对点云进行读取和降采样处理：使用 Open3d 内置的 read_point_cloud()函数来对 pcd 文件中的点云数据进行读取，读取之后设置降采样体素尺寸为 0.1 m，并用内置库中的 voxel_down_sample()函数来对点云进行降采样，降采样之后根据传感器高度来滤除地面点，本案例中传感器高度设置为 0.5 m，使用 select_by_index()函数来滤除低于传感器高度的点，获取非地面点云用于后续聚类和分类算法。(代码 7～11 行内容解释)

③ 点云聚类和特征提取：设置邻域半径为 0.2 m，最小聚类点数为 5，然后采用 Sklearn 中封装好的 DBSCAN 库来对去除地面点之后的点云进行聚类处理得到聚类簇，并提取出聚类簇的特征，包含簇的长、宽、高、宽高比、其中点的反射率平均值和反射率方差。(代码 12～31 行内容解释)

④ 支持向量机分类：首先从点云数据中提取了特征，并加载了相应的标签数据用于分类器的训练。通过 train_test_split 函数将特征和标签数据分割成训练集和测试集。然后使用 StandardScaler 对特征进行标准化处理，使得特征具有相似的尺度，避免某些特征对分类器的影响过大。创建了一个 SVC 类的实例，这是 Sklearn 库中实现的支持向量分类器。通过 fit 方法将标准化后的训练集特征数据 X_train_scaled 和对应的标签数据 y_train 传递给分类器进行训练。使用测试集的特征数据 X_test_scaled 进行预测，并与测试集的真实标签 y_test 进行比较，得到分类器的准确率(accuracy)作为评估指标。(代码 32～44 行内容解释)

(2) 算法测试

本案例选择了 KITTI 数据集中的三帧点云来进行测试，对其中存在的人和车目标进行检测和分类，此处直接使用训练好的 SVM 模型来对这三帧点云进行预测，得到检测出的障碍物及其类别。算法预测过程及结果如表Ⅵ.2 和图Ⅵ.1 所示。

表Ⅵ.2　点云聚类簇算法预测过程

算法Ⅵ：SVM 预测

输入：待分类目标点云聚类簇

输出：k 簇聚类样本类别

```
1: import open3d as o3d
2: import numpy as np
3: from sklearn.cluster import DBSCAN
4: from sklearn.svm import SVC
5: from sklearn.model_selection import train_test_split
6: from sklearn.preprocessing import StandardScaler
7: test_features_scaled = scaler.transfom(test_data_features)
8: predictions = svm_classfier.predict(test_features_scaled)
```

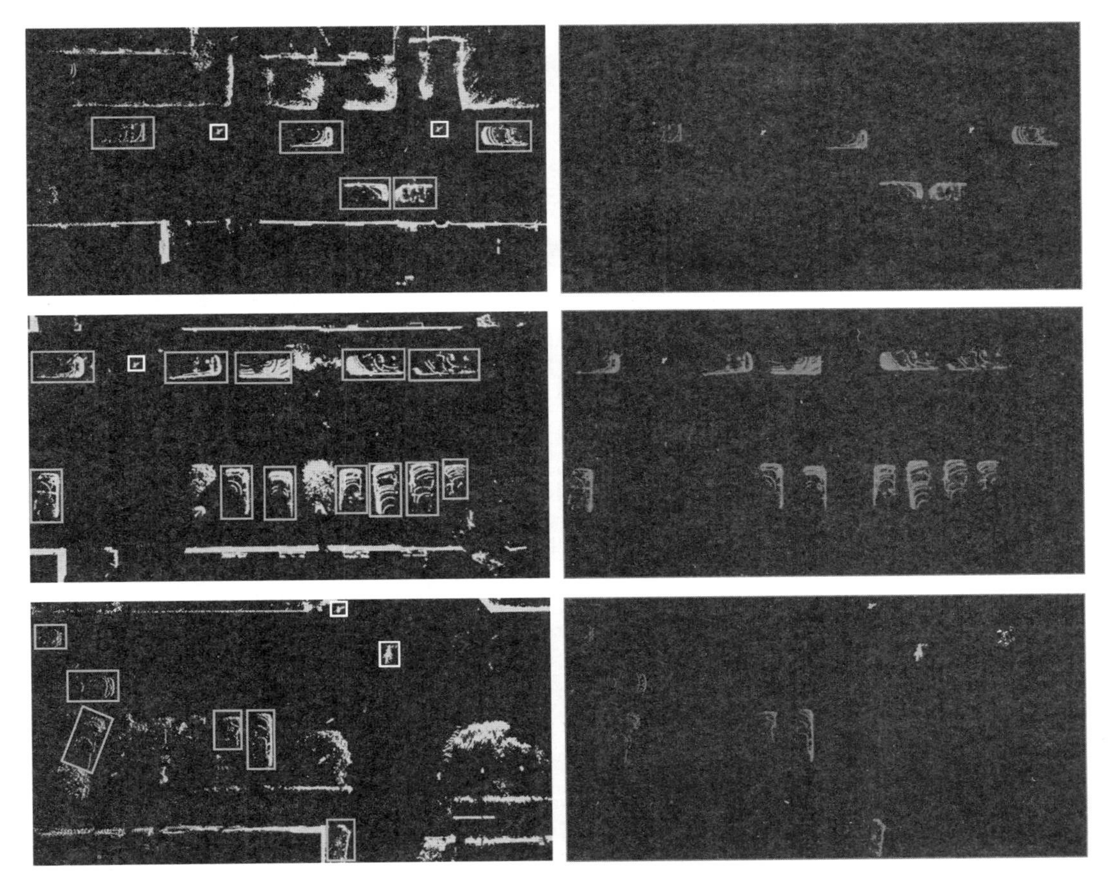

图Ⅵ.1　点云聚类簇分类结果

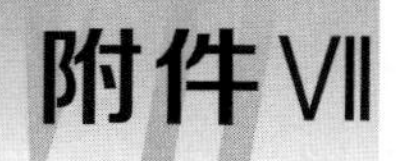

机器人抓取目标的识别定位

Ⅶ.1 YOLO v5 训练测试实验

案例使用的是 YOLO v5-6.1 的代码，可以从 Github 上下载。网址为：https://github.com/ultralytics/yolov5/tree/v6.1。YOLO 代码的介绍首先从代码结构开始，如图Ⅶ.1 所示。

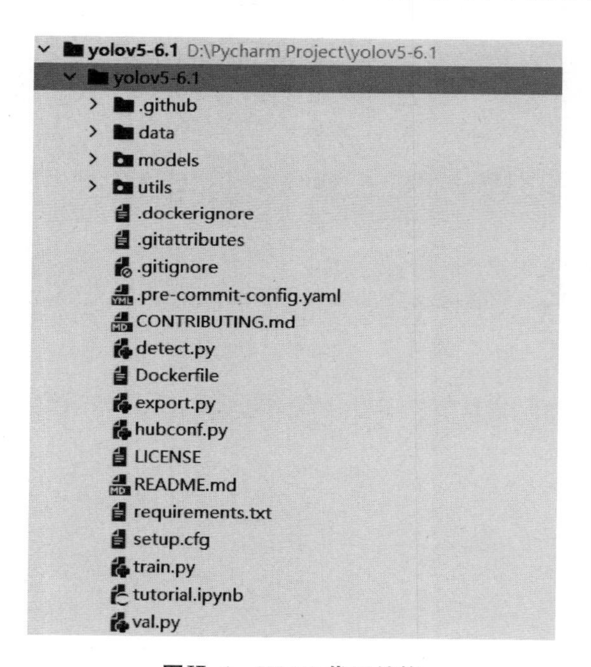

图Ⅶ.1 YOLO 代码结构

① data：主要存放一些超参数的配置文件（这些 yaml 文件是用来配置训练集和测试集还有验证集的路径的，其中还包括目标检测的种类数和种类的名称）。如果是训练自己的数据集，那么就需要修改其中的 yaml 文件。但是自己的数据集不建议放在这个路径下面，而是建议把数据集放到 yolov5 项目的同级目录下面。

② models：里面主要是一些网络构建的配置文件和函数，其中包含了该项目的四个不同的版本，分别是 s、m、l、x。从名字就可以看出这几个版本的大小。它们的检测测度分别

都是从快到慢，但是精确度分别是从低到高。这就是所谓的鱼和熊掌不可兼得。如果训练自己的数据集，就需要修改这里面相对应的 yaml 文件来训练自己模型。

③ utils：存放的是工具类的函数，里面有 loss 函数、metrics 函数、plots 函数等。

④ weights：放置训练好的权重参数 pt 文件；detect. py：利用训练好的权重参数进行目标检测，可以进行图像、视频和摄像头的检测；train. py：训练自己的数据集的函数；val. py：测试训练结果的函数；hubconf. py：pytorch hub 相关代码；tutorial. ipynb：jupyter notebook 演示文件；requirements. txt：这是一个文本文件，里面写着使用 yolov5 项目的环境依赖包的一些版本，可以利用该文本导入相应版本的包。

想要使用该代码训练自己的模型需要修改 data 中的 yaml 文件，yaml 文件记录了数据训练集、验证集、测试集的路径，并记录了数据集的类别数以及类别名称，如图Ⅶ. 2 所示。

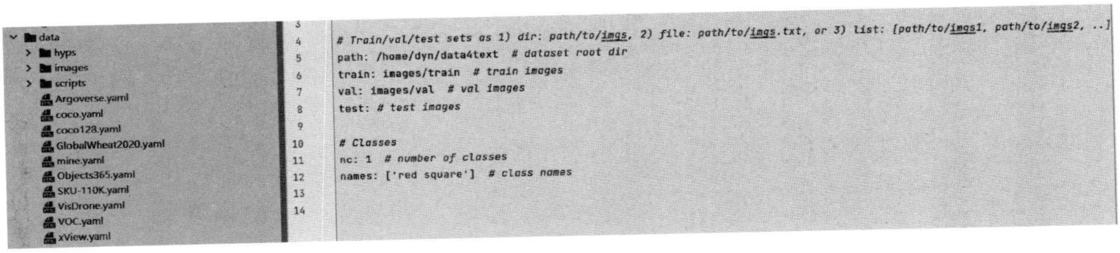
data
hyps
images
scripts
Argoverse.yaml
coco.yaml
coco128.yaml
GlobalWheat2020.yaml
mine.yaml
Objects365.yaml
SKU-110K.yaml
VisDrone.yaml
VOC.yaml
xView.yaml
Train/val/test sets as 1) dir: path/to/imgs, 2) file: path/to/imgs.txt, or 3) list: [path/to/imgs1, path/to/imgs2, ..]
path: /home/dyn/data4text # dataset root dir
train: images/train # train images
val: images/val # val images
test: # test images
Classes
nc: 1 # number of classes
names: ['red square'] # class names

图Ⅶ. 2 编辑数据集配置文件

⑤ 在编辑好数据集后，可以通过 train. py 训练模型，在这里需要介绍 train. py 中的超参数，超参数的具体含义如表Ⅶ. 1 所示。

表Ⅶ. 1 train. py 中超参数的含义

超参数	含义
weights	权重文件
cfg	模型配置文件(nc、depth_multiple、width_multiple、anchors、backbone、head 等)
data	数据集(path、train、val、test、nc、names、download 等)
hyp	初始超参文件
epochs	训练轮次
batch-size	训练批次大小
img-size	原始图片分辨率
resume	断点续训，默认 false
nosave	不保存模型，默认 false(保存)
notest	是否只测试最后一轮，默认 false(每轮训练完都测试 mAP)
workers	dataloader 中的最大 work 数(线程个数)

（续表）

超参数	含义
device	训练的设备(CPU、GPU)
single-cls	数据集是否只有一个类别,默认 false
rect	训练集是否采用矩形训练,默认 false
noautoanchor	不自动调整 anchor,默认 false(自动调整 anchor)
evolve	是否进行超参进化,默认 false
multi-scale	是否使用多尺度训练,默认 false
label-smoothing	标签平滑增强,默认 0.0 不增强,要增强一般就设为 0.1
linear-lr	是否使用 linear lr 线性学习率,默认 False,使用 cosine lr
cache-image	是否提前缓存图片到内存 cache,加速训练,默认 false
project	训练结果保存的根目录,默认是 runs/train
name	训练结果保存的目录,默认是 exp,最终路径为:runs/train/exp
exist-ok	文件不存在就新建或 increment name,默认 false(默认文件都是不存在的)
save_period	默认−1,不需要 log model 信息
local_rank	rank 为进程编号 −1 且 gpu=1 时不进行分布式 −1 且多块 gpu 使用 DataParallel 模式

在以上超参数中,weights、cfg、data、epochs、batch-size 与 img-size 是最为重要且常用的几个。在设置超参数后,可以运行 train. py 训练,得到模型权重。

⑥ 模型的推理实现有两种方式,一种是通过 torch. hub. load 实现,如表Ⅶ. 2 所示。

表Ⅶ. 2　目标检测推理算法流程

目标检测推理
输入:检测图片地址 输出:检测结果 1:import torch 2:Modelmodel = torch. hub. load('ultralytics/yolov5', 'yolov5s') 3:img ='/home/dyn/data4text/test/156. png' 4:results = model(img) 5:results. print()

也可以通过 defect. py 实现推理,通过在命令行输入 python defect. py,后续输入相关参数即可实现 yolo 推理。在 defect. py 中也存在很多超参数,具体含义如表Ⅶ. 3 所示。

表Ⅶ.3 defect.py中超参数的含义

超参数	含义
weights	权重文件
source	检测的文件
data	数据集参数文件
imgsz	置信度
iou_thres	NMS IOU 大小
max_det	每张图像的最大检测量
device	计算设备,cpu 或 gpu 计算
view_img	展示图片结果，默认 false
save_txt	将结果保存到 txt
save_conf	是否保存置信度
save_crop	保存裁剪的预测框
nosave	是否保存图片或视频
classes	按类别筛选
augment	增强推理
visualize	可视化功能
update	更新模型
name	将结果保存到项目/名称
Line_thickness	边界框像素
hide_labels	隐藏标签
hide_conf	隐藏置信度
half	半精度推理
dnn	使用 opencv dnn 进行 onnx 推理
vid_stride	视频流帧步

其中 weights、source、data、imgsz 与 iou_thres 是自己部署模型时需要设置的参数。

Ⅶ.2 YOLO v5 部署实验

在Ⅶ.1 中介绍了如何使用 YOLO v5 的代码训练需要的模型,后续将介绍如何将 YOLO v5 部署在 NX 开发板,并使 YOLO 算法能够达到速度 30 帧/秒的要求。下面是具体操作过程:

(1) jetson nx 烧录操作系统

① 硬件准备：首先是硬件的准备，需要准备 jetson nx 8 G 内存版、64 G 以上空间的 TF 存储卡、TF 读卡器。

② 下载 OS 镜像。

③ 格式化 TF 存储卡。选择 TF 卡盘符(图中是 E：\)，选择 Quick format，然后点击 Format 开始格式化，如图Ⅶ.3 所示。

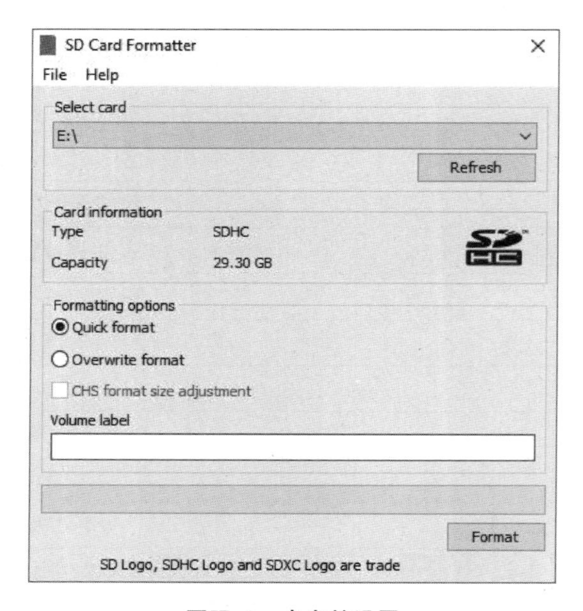

图Ⅶ.3　卡盘符设置

④写入镜像。点击 Select image，选择 jetson-nx-jp461-sd-card-image.zip，点击 Select drive 选择 TF 卡，点击 Flash 写入，如图Ⅶ.4 所示。

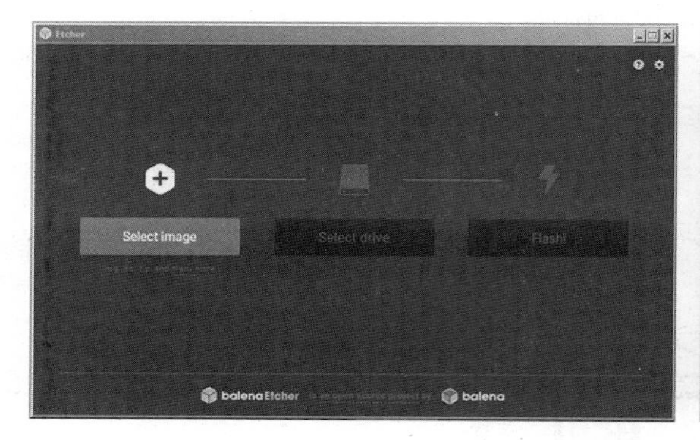

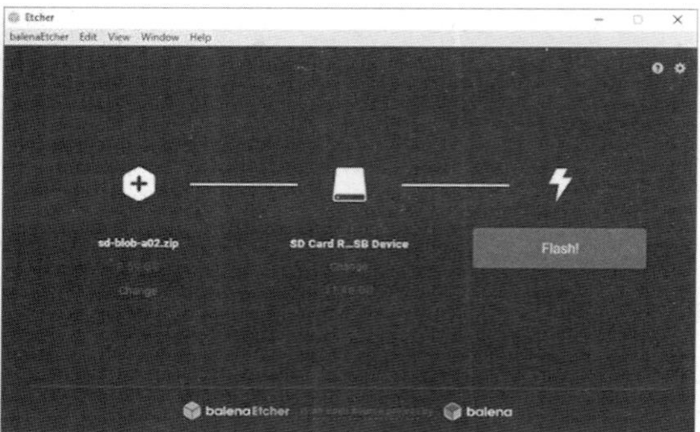

图Ⅶ.4　写入镜像

⑤ 初始化 OS。

(2) jetson nx 安装 YOLO v5

① 下载 pytorch、torchvision。如果需要下载其他版本,请进入官网:https://forums.developer.nvidia.com/t/pytorch-for-jetson-version-1-10-now-available/72048 下载相关库。本案例使用的是 PyTorch 1.8.0 和 torchvision v0.9.0。注意 PyTorch 版本需和 torchvision 版本对应,否则容易出现安装错误。

② 安装 PyTorch。安装 PyTorch 需要先进入离线安装包目录,在目录下打开终端,输入以下命令:sudo apt-get install python3-pip libopenblas-base libopenmpi-dev;pip3 install Cython;pip3 install numpy torch-1.7.0-cp36-cp36m-linux_aarch64.whl。

③ 安装 torchvision。安装 torchvision 需要先安装相关库,在终端输入以下命令:sudo apt-get install libjpeg-dev zlib1g-dev libpython3-dev libavcodec-dev libavformat-dev libswscale-dev。然后找到 torchvision 安装包,输入以下命令解压 vision-0.9.0.zip:unzip vision-0.9.0.zip;cd vision-0.9.0;export BUILD_VERSION=0.9.0;python3 setup.py install -user。

④ 安装 jtop 监控(装完框架后执行,选装)。jtop 是一个实时监控系统,它提供了有关计算机硬件使用情况的详细信息,包括 CPU、GPU、内存等。使用终端安装,过程如下:python3 -m pip install --upgrade pip;sudo -H pip3 install -U jetson-stats;sudo reboot。查看 jtop,效果如图Ⅶ.5 所示。

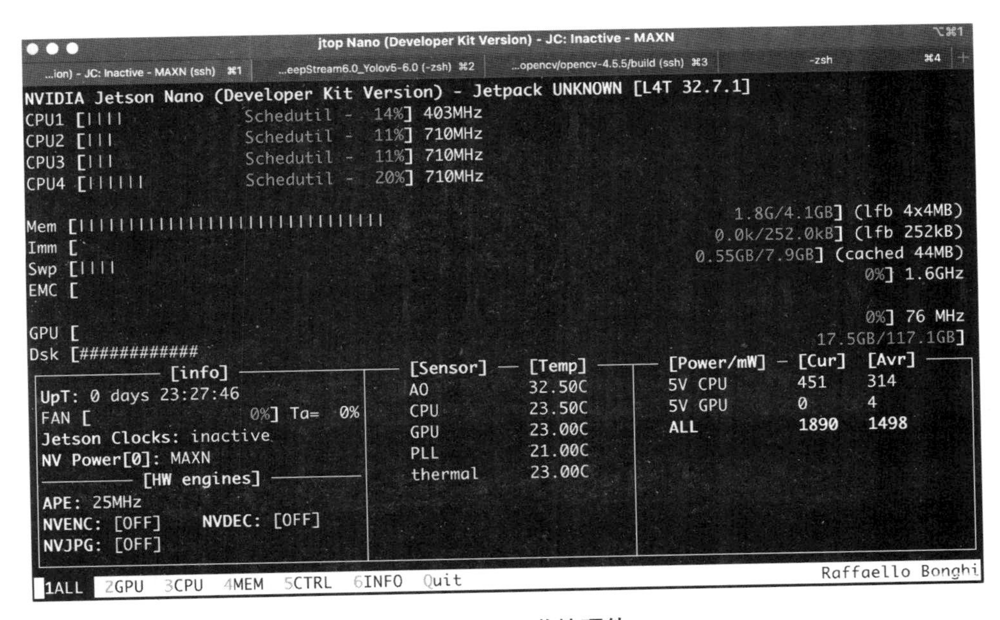

图Ⅶ.5 jtop 监控硬件

⑤ 安装 YOLO v5。当 PyTorch 与 torchvision 安装完成后,开始配置 YOLO v5 所需

环境。使用提供的 yolo. zip，按以下过程部署 YOLO：cd yolov5；pip3 install-r requirements. txt。可能安装出错，把错误的包直接离线安装。下载完安装包后，使用离线安装命令，如：pip3 install matplotlib-3. 3. 3-cp36-cp36m-linux_aarch64. whl 安装相应缺失的库。环境安装完成后，NX 连接摄像头，使用以下指令来测试 yolov5。检测图像：python3 detect. py --source data/images/bus. jpg --weights yolov5n. pt --img 640；检测视频：python3 detect. py --source video. mp4 --weights yolov5n. pt --img 640；使用摄像头：python3 detect. py --source 0 --weights yolov5n. pt --img 640。

(3) jetson nx 安装 TensorRTX

以上环节完成后，YOLO v5 已经成功部署到 NX 上，但是经过测试，检测速度在 15～20 帧，并不能达到 30 帧的设计要求。所以后续将安装 TensorRTx 为 YOLO v5 加速，使检测速度达到设计要求。

① 选择合适版本的 TensorRTx。对照 YOLO v5 版本，选择合适版本的 TensorRTx。可参考 https://github. com/wang-xinyu/tensorrtx/tree/master/yolov5 的介绍，下载合适的 tensorRTX。

② 修改配置文件。在 yololayer. h 修改检测类别数量、输入画面大小，本例采用如下设置：static constexpr int CLASS_NUM = 80；static constexpr int INPUT_H = 640；static constexpr int INPUT_W = 640。

③ 编译运行。首先生成. wts 文件。将 TensorRTx yolov5 下的 gen_wts. py 复制到 yolov5 目录下，命令如下：cp {tensorrtx}/yolov5/gen _ wts. py {ultralytics}/yolov5；cd {ultralytics}/yolov5；运行，生成 wts，python gen_wts. py -w {. pt 模型文件名} -o {. wts 文件名}。如：python gen_wts. py -w yolov5s. pt -o yolov5s. wts。运行完成后目录下有一个文件 yolov5s. wts。生成 wts 文件后进行编译，过程如下：cd {tensorrtx}/yolov5/；mkdir build；cd build；cp {ultralytics}/yolov5/yolov5s. wts {tensorrtx}/yolov5/build；cmake；make。

④ 编译完成后，生成模型的 engine 文件，如：sudo . /yolov5 -s yolov5s. wts yolov5s. engine s。

⑤ 生成 engine 文件后，对 YOLO 进行测试，首先安装 PyCuda：export CPATH = $CPATH：/usr/local/cuda-10. 2/targets/aarch64-linux/include；export LIBRARY _ PATH = $LIBRARY _ PATH：/usr/local/cuda-10. 2/targets/aarch64-linux/lib；pip3 install pycuda -user。

⑥ 安装 pycuda 之后，命令端口执行：python3 yolo_trt_demo. py，yolo_trt_demo. py 是使用摄像头运行 YOLO 目标检测模型的代码。经过 TensorRTx 加速后的 YOLO 检测模型，检测速度达到了 30 帧左右，达到了设计指标。

参考文献

[1] 葛运建，张建军，戈瑜，等. 无所不在的传感与机器人感知[J]. 自动化学报，2002，28(S1)：125-133.

[2] Huang J L，Qing L B，Han L M，et al. A collaborative perception method of human-urban environment based on machine learning and its application to the case area[J]. Engineering Applications of Artificial Intelligence，2023，119：105746.

[3] 赵丹，肖继学，刘一. 智能传感器技术综述[J]. 传感器与微系统，2014，33(9)：4-7.

[4] 宋爱国，梁金星，莫凌飞. 智能传感器技术[M]. 南京：东南大学出版社，2023.

[5] 詹全. 闭环数字孪生智慧交通管理系统[J]. 中国交通信息化，2021(10)：107-109.

[6] Kuutti S，Bowden R，Jin Y，et al. A Survey of deep learning applications to autonomous vehicle control[J]. IEEE Transactions on Intelligent Transportation Systems，2020，22(2)：712-733.

[7] Altun M，Celenk M. Road scene content analysis for driver assistance and autonomous driving[J]. IEEE Transactions on Intelligent Transportation Systems，2017，18(12)：3398-3407.

[8] Dikmen M，Burns C M. Autonomous driving in the real world：Experiences with tesla autopilot and summon[C]//Proceedings of the 8th International Conference on Automotive User Interfaces and Interactive Vehicular Applications. Ann Arbor MI USA. ACM，2016：225-228.

[9] 陈栋，张翔，陈能成. 智慧城市感知基站：未来智慧城市的综合感知基础设施[J]. 武汉大学学报(信息科学版)，2022，47(2)：159-180.

[10] Arias J，Khan A A，Rodriguez-Uría J，et al. Analysis of smart thermostat thermal models for residential building[J]. Applied Mathematical Modelling，2022，110：241-261.

[11] Kontogiannis D，Bargiotas D，Daskalopulu A. Fuzzy control system for smart energy management in residential buildings based on environmental data[J]. Energies，2021，14(3)：752.

[12] Zhang J G，Shan Y H，Huang K Q. ISEE Smart Home (ISH)：Smart video analysis for home security[J]. Neurocomputing，2015，149：752-766.

[13] 林露. 智能安防的感知和识别关键技术研究[D]. 杭州：浙江大学，2019.

[14] 张耿. 基于工业物联网的智能制造服务主动感知与分布式协同优化配置方法研究[D]. 西安：西北工业大学，2018.

[15] 周峰，周晖，刁赢龙. 泛在电力物联网智能感知关键技术发展思路[J]. 中国电机工程学报，2020，40(1)：70-82.

[16] 杨志，张华，张磊，等. 基于移动 GIS 的生态环境智能感知方法[J]. 测绘通报，2019(11)：145-148.

[17] Michael Mille. 万物互联：智能技术改变世界[M]. 赵铁成，译. 北京：人民邮电出版社，2016.
[18] 阳俊. 面向健康监测的多源数据感知与分析[D]. 武汉：华中科技大学，2018.
[19] Zheng C, Li W, Shi Y X, et al. Stretchable self-adhesive and self-powered smart bandage for motion perception and motion intention recognition[J]. Nano Energy, 2023, 109: 108245.
[20] Yao P, Sui X Y, Liu Y H, et al. Vision-based environment perception and autonomous obstacle avoidance for unmanned underwater vehicle[J]. Applied Ocean Research, 2023, 134: 103510.
[21] 刘伟，伊同亮. 关于军事智能与深度态势感知的几点思考[J]. 军事运筹与系统工程，2019，33(4)：66-70.
[22] 高杨，李东生，程泽新. 无人机分布式集群态势感知模型研究[J]. 电子与信息学报，2018，40(6)：1271-1278.
[23] 张新钰，邹镇洪，李志伟，等. 面向自动驾驶目标检测的深度多模态融合技术[J]. 智能系统学报，2020，15(4)：758-771.
[24] 徐帆. 基于物体候选区域和改进随机蕨的室内物体识别算法研究[D]. 武汉：武汉理工大学，2016.
[25] 刘河，杨艺. 智能系统[M]. 北京：电子工业出版社，2020.
[26] 甄先通. 自动驾驶汽车环境感知[M]. 北京：清华大学出版社，2020.
[27] 乔玉晶. 机器人感知系统设计及应用[M]. 北京：化学工业出版社，2021.
[28] 朱欣华，邹丽新，朱桂荣. 智能仪器原理与设计[M]. 北京：高等教育出版社，2011.
[29] 罗志增，席旭刚，高云园. 智能检测技术与传感器[M]. 西安：西安电子科技大学出版社，2020.
[30] 宋凯. 智能传感器理论基础及应用[M]. 北京：电子工业出版社，2021.
[31] 陈雯柏. 智能传感器技术[M]. 北京：清华大学出版社，2022.
[32] 王振世. 大话万物感知：从传感器到物联网[M]. 北京：机械工业出版社，2020.
[33] 解相吾，解文博. 物联网技术基础[M]. 2 版. 北京：清华大学出版社，2022.
[34] 吴功宜，吴英. 智能物联网导论[M]. 北京：机械工业出版社，2022.
[35] 焦宝玉，韩艳茹，岳若锋. 关于传感器在机器人中的应用分析[J]. 信息记录材料，2021，22(3)：181-182.
[36] 陈艳梅，薛亮. 智能网联汽车环境感知技术揭秘[J]. 汽车与配件，2022(17)：59-63.
[37] 盛晶，王利恒. 基于双目视觉的自动跟踪系统设计[J]. 光电子技术，2022，42(4)：292-297.
[38] 王迪迪，候嘉豪，王富全，等. 基于双目视觉的目标检测与测距研究[J]. 电子制作，2022，30(21)：58-61.
[39] 徐陶祎，程浩龙，卢奕巧，等. 双目视觉和激光感知的机器人障碍物定位[J]. 激光杂志，2022，43(12)：179-184.
[40] 杜毅，杨国仁. 车载双目相机与惯性导航融合下的道路信息采集[J]. 物联网技术，2022，12(8)：10-12.
[41] 董尧尧，曲卫，邱磊. 毫米波雷达手势识别综述[J]. 兵器装备工程学报，2021，42(8)：119-125.
[42] 董洲洋，朱兆涵，徐健. 全球导航卫星系统时间精度分析[J]. 测绘与空间地理信息，2021，44(11)：17-19.

[43] bit_kaki. 卫星定位原理[EB/OL]. (2018-07-23)[2024-07-29]. https://blog.csdn.net/bit_kaki/article/details/81163371? spm=1001.2014.3001.5501

[44] 北斗卫星导航系统. 美国的 GPS 系统[EB/OL]. (2011-05-16)[2024-07-29]. http://www.beidou.gov.cn/zy/kpyd/201710/t20171011_4625.html

[45] 北斗卫星导航系统. 俄罗斯的 GLONASS 卫星系统[EB/OL]. (2011-05-06)[2024-07-29]. http://www.beidou.gov.cn/zy/kpyd/201710/t20171011_4621.html

[46] 袁树友. 上曜星月. 中国北斗 100 问[M]. 北京：解放军出版社，2017.

[47] 张祥文,陈正伟. WGS84 与 CGCS2000 坐标的精密转换方法和程序实现 [EB/OL]. (2021-09-27)[2024-07-29]. https://www.tuyuangis.com/blog/127.html

[48] 帅立国，陈慧玲，怀红旗. 触觉传感与显示技术现状及发展趋势[J]. 振动、测试与诊断，2016，36(6)：1035-1043.

[49] 包玉龙，徐斌，舒昊鑫，等. 触觉传感器研究现状与展望[J]. 装备制造技术，2019(11)：17-21.

[50] 青年东大说. 东南大学学生科技节开幕|李培根院士寄语东大学子胸怀自由的心灵[EB/OL]. (2017-04-24)[2024-07-29]. https://www.sohu.com/a/136217525_656118

[51] 张蔚敏，蒋阿芳，纪学毅. 人工智能芯片产业现状[J]. 电信网技术，2018(2)：67-71.

[52] 石侃. 详解 FPGA：人工智能时代的驱动引擎[M]. 北京：清华大学出版社，2021.

[53] 吴建明. NPU 的算法,架构及优势分析[EB/OL]. (2023-04-18)[2024-07-29]. https://zhuanlan.zhihu.com/p/622714547? utm_id=0

[54] 石海明,曾华锋. 类脑芯片：人类智慧的“终极复制”[EB/OL]. (2019-02-09)[2024-07-29]. https://www.sohu.com/a/293819537_778557

[55] 中国安防协会. 类脑芯片：使计算机能够像人脑一样思考[EB/OL]. (2023-09-04)[2024-07-29]. https://mp.weixin.qq.com/s? __biz=MjM5NTY4NTM1OQ==&mid=2650669134&idx=1&sn=0ce938062a83a5dce4a8e57176ba0bbf&chksm=befe16ce89899fd80d495427983c44dbb4c9928bdac5861b4144aa863803109034cdd360f042&scene=27

[56] 聂含伊，杨希，张文喆. 面向多领域的高性能计算机应用综述[J]. 计算机工程与科学，2018，40(S1)：145-153.

[57] 朱莹. 浅谈高性能计算机的发展现状和瓶颈[J]. 科技情报开发与经济，2008(18)：123-125.

[58] 苏曙光，沈刚. 嵌入式系统原理与设计[M]. 武汉：华中科技大学出版社，2011.

[59] 卜向红，杨爱喜，古家军. 边缘计算：5G 时代的商业变革与重构[M]. 北京：人民邮电出版社，2019.

[60] 葛悦涛，尹晓桐. 边缘计算的发展趋势综述[J]. 无人系统技术，2019(2)：60-64.

[61] 王哲. 边缘计算发展现状与趋势展望[J]. 自动化博览，2021，38(2)：22-29.

[62] 王良明. 云计算通俗讲义[M]. 3 版. 北京：电子工业出版社，2019.

[63] 倪亚路. 云服务器研究综述和应用探讨[J]. 电子世界，2018(21)：80-81.

[64] 林和安，王强. 云端运算与云计算机[J]. 广东印刷，2011(2)：7-10.

[65] 熊茂华，熊昕. 物联网技术与应用开发[M]. 西安：西安电子科技大学出版社，2012.

[66] 吴思楠，周世杰，秦志光. 近场通信技术分析[J]. 电子科技大学学报，2007，36(6)：1296-1299.
[67] 张相飞，周芝梅，王永刚，等. NFC技术原理及应用[J]. 科技风，2019(5)：69-70，75.
[68] 张秀爱. 蓝牙技术综述及其发展前景[J]. 中国科技信息，2008(16)：128，131.
[69] 彭业顺，李嘉玲，徐振飞，等. 蓝牙室内定位技术综述及展望[J]. 日用电器，2021(12)：58-64.
[70] 蒲泓全，贾军营，张小娇，等. ZigBee网络技术研究综述①[J]. 计算机系统应用，2013，22(9)：6-11.
[71] 穆乃刚. ZigBee技术简介[J]. 电信技术，2006(3)：84-86.
[72] 赵景宏，李英凡，许纯信. Zigbee技术简介[J]. 电力系统通信，2006，27(07)：54-56.
[73] 顾瑞红，张宏科. 基于ZigBee的无线网络技术及其应用[J]. 电子技术应用，2005，31(6)：1-3.
[74] 拉都·波佩斯库泽雷廷，伊尔贾·拉都什，米哈伊·阿德里安·里贾尼. 车联网通信技术[M]. 北京：机械工业出版社，2016.
[75] 鲍海森. 浅析下一代车联网V2X技术[J]. 信息技术与信息化，2017(9)：111-114.
[76] 喻尚，杨艳，张正轩，等. 车载无线通信技术浅析[J]. 汽车电器，2021(3)：46-47，50.
[77] 林建喜，郑欒，宗尧，等. 基于专用短程通信的港口车路协同[J]. 上海船舶运输科学研究所学报，2021，44(4)：56-62.
[78] 张书侨. DSRC无线通信模式的原理及应用[J]. 数字通信世界，2014(9)：43-45.
[79] 星闪联盟. 星闪1.0空口技术性能评估报告[EB/OL]. (2021-04-15)[2024-07-29]. http://www.sparklink.org.cn/news_info.php?id=464
[80] 星闪联盟. 星闪无线短距通信技术(SparkLink 1.0)安全白皮书—网络安全[EB/OL]. (2022-12-29)[2024-07-29]. http://www.sparklink.org.cn/news_info.php?id=638
[81] 张泽勇. 窄带物联网NB-IoT关键技术探究[J]. 通讯世界，2021，28(11)：12-14.
[82] 郑志彬，陈德，吴昊. 新兴窄带物联网技术NB-IoT[J]. 物联网学报，2017，1(3)：24-32.
[83] 泽耀科技. 穿透障碍，实现远距离通信！探秘LoRa技术的优势与挑战[EB/OL]. (2023-06-15)[2024-07-29]. https://zhuanlan.zhihu.com/p/637294675
[84] 张同须. LTE现状及未来发展综述[J]. 电信工程技术与标准化，2010，23(11)：1-6.
[85] 傅强. 5G移动通信技术发展与应用趋势[J]. 通信电源技术，2019，36(12)：190-191.
[86] 王营，王冬冬. 基于4G移动通信网络发展规划研究分析[J]. 卷宗，2019，9(15)：247-248.
[87] 郑志霞，张琴，陈雪娇. 传感器与检测技术[M]. 厦门：厦门大学出版社，2018.
[88] 盛骤，谢式千，潘承毅. 概率论与数理统计(第四版)简明本[M]. 北京：高等教育出版社，2009.
[89] 唐建华. 管道漏磁内检测数据预处理方法[M]. 沈阳：东北大学出版社，2019.
[90] 李庆扬，王能超，易大义. 数值分析：数值算法分析与高效算法设计[M]. 5版. 武汉：华中科技大学出版社，2018.
[91] 张俊. 匠人手记：一个单片机工作者的实践与思考[M]. 2版. 北京：北京航空航天大学出版社，2014.
[92] 金靖. 仪器和传感器中的实时数字信号处理[M]. 北京：北京航空航天大学出版社，2020.
[93] 树盟. python实现IIR高通低通，带通，带阻滤波器详解及应用案例[EB/OL]. (2021-03-04)[2024-

07-29]. https://blog.csdn.net/weixin_43545253/article/details/114377195
[94] 李媛. 小波变换及其工程应用[M]. 北京：北京邮电大学出版社，2010.
[95] 陈伟. 汽车列车制动协调性测试关键技术的研究[D]. 南京：东南大学，2012.
[96] 黄小平，王岩. 卡尔曼滤波原理及应用：MATLAB仿真[M]. 北京：电子工业出版社，2015.
[97] 秦永元，张洪钺，汪叔华. 卡尔曼滤波与组合导航原理[M]. 2版. 西安：西北工业大学出版社，2012.
[98] 西湖大学无人系统. 扩展卡尔曼滤波器实例与推导[EB/OL]. (2023-03-29)[2024-07-29]. https://zhuanlan.zhihu.com/p/550160197? utm_id=0
[99] 李旭. 自主车辆多传感器导航与横向鲁棒控制的研究[D]. 南京：东南大学，2006.
[100] 李旭. 智能车路系统测评关键技术及方法[M]. 北京：科学出版社，2022.
[101] Chen L C, Zhu Y K, Papandreou G, et al. Encoder-decoder with atrous separable convolution for semantic image segmentation[C]//European Conference on Computer Vision. Cham: Springer, 2018: 801-818.
[102] Chollet F. Xception: deep learning with depthwise separable convolutions [C]//2017 IEEE Conference on Computer Vision and Pattern Recognition (CVPR). Honolulu, HI, USA. IEEE, 2017: 1251-1258.
[103] Jeffery Heaton. 人工智能算法:第1卷：基础算法[M]. 北京：人民邮电出版社，2020.
[104] Jeffery Heaton. 人工智能算法:第3卷：深度学习和神经网络[M]. 北京：人民邮电出版社，2021.
[105] 王雪. 人工智能与信息感知[M]. 北京：清华大学出版社，2018.
[106] 阿斯顿·张，李沐，扎卡里·C. 立顿，等. 动手学深度学习[M]. 北京：人民邮电出版社，2019.
[107] 姚期智. 人工智能[M]. 北京：清华大学出版社，2022.
[108] 刘艳，韩龙哲，李沫沫. Python机器学习：原理、算法及案例实战[M]. 北京：清华大学出版社，2021.
[109] 伊恩·古德费洛，约书亚·本吉奥，亚伦·库维尔，等. 深度学习[M]. 赵申剑，黎彧君，符天凡，等译. 北京：人民邮电出版社，2017.
[110] 李航. 统计学习方法[M]. 2版. 北京：清华大学出版社，2019.
[111] 邱锡鹏. 神经网络与深度学习[M]. 北京：机械工业出版社，2020.
[112] Mohri M, Rostamizadeh A, Talwalkar A. Foundations of Machine Learning [M]. MIT Press, 2018.
[113] 周志华. 机器学习[M]. 北京：清华大学出版社，2016.
[114] Hyndman R J, Athanasopoulos G. Forecasting: principles and practice[M]. OTexts, 2018.
[115] 东南大学自动化学院. 微机实验及课程设计教程[M]. 2018. 2.
[116] 剩下的盛夏. 算力网络调研笔记[EB/OL]. (2023-01-03)[2024-07-29]. https://blog.csdn.net/weixin_44879611/article/details/127044290
[117] 李庆祥，王东生，李玉和. 现代精密仪器设计[M]. 北京：清华大学出版社，2004.
[118] 尚振东，张登攀，牛群峰. 智能仪器设计[M]. 北京：清华大学出版社，2019.